H. Unbehauen

Regelungstechnik II

Heinz Unbehauen

Regelungstechnik II

Zustandsregelungen, digitale und nichtlineare Regelsysteme

4., durchgesehene Auflage

Mit 91 Bildern

Friedr. Vieweg & Sohn Braunschweig/Wiesbaden

1. Auflage 1983
2., durchgesehene Auflage 1985
3., durchgesehene Auflage 1986
4., durchgesehene Auflage 1987

Vieweg ist ein Unternehmen der Verlagsgruppe Bertelsmann.

Umschlaggestaltung: Peter Neitzke, Köln

ISBN 978-3-528-33348-5 ISBN 978-3-322-86468-0 (eBook)
DOI 10.1007/978-3-322-86468-0

Vorwort

Der vorliegende Band II der "Regelungstechnik" führt gemäß der Zielsetzung des Bandes I die Behandlung der Regelungstechnik als methodische Wissenschaft fort. Dabei wurden bezüglich der Stoffauswahl weitgehend solche Analyse- und Syntheseverfahren ausgesucht, die bei der Realisierung moderner Regelkonzepte benötigt werden. Hierzu gehören insbesondere die Grundlagen zur Behandlung von Regelsystemen im Zustandsraum sowie die Grundkenntnisse der digitalen Regelung. Daneben muß aber der Regelungsingenieur auch die Methoden zur Darstellung nichtlinearer Regelsysteme beherrschen, da viele technische Prozesse nichtlineare Elemente enthalten, und damit die übliche Linearisierung meist nicht mehr angewandt werden kann. Der Stoff des Buches entspricht dem Umfang einer weiterführenden regelungstechnischen Vorlesung, wie sie für Studenten der Ingenieurwissenschaften an Universitäten und Technischen Hochschulen heute weitgehend angeboten wird. Das Buch wendet sich aber nicht nur an Studenten, sondern auch an Ingenieure der industriellen Praxis, die sich für regelungstechnische Methoden zur Lösung praktischer Probleme interessieren. Es ist daher außer zum Gebrauch neben Vorlesungen auch zum Selbststudium vorgesehen. Deshalb wurde der Stoff auch nach didaktischen Gesichtspunkten ausgewählt, wobei die zahlreichen Rechenbeispiele zur Vertiefung desselben beitragen sollen.

Das Buch umfaßt drei größere Kapitel. Im Kapitel 1 werden lineare kontinuierliche Systeme im Zustandsraum behandelt. Dabei werden zunächst die Zustandsgleichungen im Zeit- und Frequenzbereich gelöst. Nach der Einführung einiger wichtiger Grundbeziehungen aus der Matrizentheorie werden dann für Eingrößensysteme die wichtigsten Normalformen definiert; weiterhin wird die Transformation von Zustandsgleichungen auf Normalform durchgeführt. Die Definition der Begriffe der Steuerbarkeit und Beobachtbarkeit als Systemeigenschaften bilden dann den Übergang zu einer ausführlichen Darstellung des Syntheseproblems im Zustandsraum. Dabei wird insbesondere die Synthese von Zustandsreglern durch Polvorgabe für Ein- und Mehrgrößenregelsysteme eingehend behandelt, wobei auch das Problem der Zustandsrekonstruktion mittels Beobachter einbezogen wird.

Im Kapitel 2 werden zunächst die Grundlagen zur Beschreibung linearer diskreter Systeme besprochen, wobei sich nach Einführung der z-Transformation auch die Übertragungsfunktion diskreter Systeme definieren läßt. Die Stabilität diskreter Systeme kann dann in einfacher Weise analysiert werden. Einen breiten Raum nimmt auch hier die Synthese digitaler Regelsysteme ein. Hier werden bei dem Entwurf auf endliche Einstellzeit gerade die für digitale Regelungen besonders typischen Eigenschaften genutzt. Den Abschluß dieses Kapitels bildet die Behandlung diskreter Systeme im Zustandsraum.

Das Kapitel 3 ist der Analyse und Synthese nichtlinearer Regelsysteme gewidmet. Es wird gezeigt, daß es hierfür keine so allgemein anwendbare Theorie wie für lineare Systeme gibt, sondern nur bestimmte Verfahren, hauptsächlich zur Analyse der Stabilität, existieren, auf deren wichtigste dann eingegangen wird. So stellen die Beschreibungsfunktion und die Phasenebenendarstellung wichtige und erprobte Verfahren zur Behandlung nichtlinearer Regelsysteme dar. Die Methode der Phasenebene erweist sich dabei auch für die Synthese von Relaisregelsystemen und einfachen zeitoptimalen Regelungen als sehr vorteilhaft. Eine recht allgemeine Behandlung sowohl linearer als auch nichtlinearer Systeme ermöglicht die Stabilitätstheorie von Ljapunow, deren wichtigste Grundzüge dargestellt werden. Abschließend wird das für die praktische Anwendung so wichtige Popov-Stabilitätskriterium behandelt.

Auch bei diesem zweiten Band war es mein Anliegen, aus didaktischen Gründen den Stoff so darzustellen, daß der Leser sämtliche wesentlichen Zwischenschritte und die einzelnen Gedanken selbständig nachvollziehen kann. Als Voraussetzung für das Verständnis des Stoffes dient Band I. Darüber hinaus sollte der Leser die Grundkenntnisse der Matrizenrechnung beherrschen, wie sie gewöhnlich in den mathematischen Grundvorlesungen für Ingenieure vermittelt werden.

Das Buch entstand aus einer gleichnamigen Vorlesung, die ich seit 1976 an der Ruhr-Universität Bochum halte. Durch meine Studenten und Mitarbeiter habe ich zahlreiche Anregungen bei der Abfassung des Manuskripts erhalten. Ihnen allen gilt mein Dank. Besonders möchte ich meinen derzeitigen und früheren Mitarbeitern, den Herrn Dr. K. Zeiske, Dr. Chr. Schmid, F. Böttiger, J. Dastych, H. Loest, F. Ley, F. Haase und F. Siebierski danken, die mit Verbesserungsvorschlägen, mit dem Durchrechnen von Beispielen sowie mit der kritischen Durchsicht des Manuskripts zum Gelingen dieses Buches beigetragen haben. Dem Vieweg-Verlag danke ich für die gute Zusammenarbeit. Ganz besonderer Dank gilt Frau E. Schmitt für die große Geduld und Sorgfalt, die für die Herstellung der Druckvorlage erforderlich war. Fräulein Vollbrecht danke ich für das sorgfältige Zeichnen der Bilder.

Bochum, Januar 1983 H. Unbehauen

Inhalt

Inhaltsübersichten zu:

H. Unbehauen, Regelungtechnik I

1. Einführung in die Problemstellung der Regelungstechnik
2. Einige wichtige Eigenschaften von Regelsystemen
3. Beschreibung linearer kontinuierlicher Systeme im Zeitbereich
4. Beschreibung linearer kontinuierlicher Systeme im Frequenzbereich
5. Das Verhalten linearer kontinuierlicher Regelsysteme
6. Stabilität linearer kontinuierlicher Regelsysteme
7. Das Wurzelortskurven-Verfahren
8. Klassische Verfahren zum Entwurf linearer kontinuierlicher Regelsysteme
9. Identifikation von Regelkreisgliedern mittels deterministischer Signale

H. Unbehauen, Regelungstechnik III

1. Grundlagen der statistischen Behandlung von Regelsystemen
2. Statistische Bestimmung dynamischer Eigenschaften linearer Systeme
3. Systemidentifikation mittels Korrelationsanalyse
4. Systemidentifikation mittels Parameterschätzverfahren
5. Adaptive Regelsysteme
6. Entwurf optimaler Zustandsregler
7. Sonderformen des optimalen linearen Zustandsreglers für zeitinvariante Mehrgrößensysteme

1. Behandlung linearer kontinuierlicher Systeme im Zustandsraum

Die Darstellung dynamischer Systeme im Zustandsraum entspricht vom mathematischen Standpunkt aus im einfachsten Fall der Umwandlung einer Differentialgleichung n-ter Ordnung in ein äquivalentes System von n Differentialgleichungen erster Ordnung. Die Anwendung dieser Darstellung auf regelungstechnische Probleme führte seit etwa 1957 zu einer beträchtlichen Erweiterung der Regelungstheorie, so daß man gelegentlich zwischen den "modernen" und den "klassischen" Methoden der Regelungstechnik unterschieden hat. Der Grund für diese Entwicklung ist hauptsächlich darin zu suchen, daß zur gleichen Zeit erstmals leistungsfähige Digitalrechner zur Verfügung standen, die eine breite Anwendung der Methoden des Zustandsraums gestatteten und die auch die numerische Lösung sehr komplexer Problemstellungen ermöglichten. Besonders bei der Behandlung von Systemen mit mehreren Ein- und Ausgangsgrößen, nichtlinearen und zeitvarianten Systemen eignet sich die Zustandsraumdarstellung vorzüglich. Diese Systemdarstellung erlaubt außerdem im Zeitbereich eine einfache Formulierung dynamischer Optimierungsprobleme, die zum Teil analytisch, zum Teil auch nur numerisch lösbar sind.

Ein zweiter wichtiger Grund für die Anwendung dieser Darstellungsform ist die grundsätzliche Bedeutung des Begriffs des *Zustands eines dynamischen Systems*. Physikalisch gesehen ist der Zustand eines dynamischen Systems durch den Energiegehalt der im System vorhandenen Energiespeicher bestimmt. Allein aus der Kenntnis des Zustands zu einem beliebigen Zeitpunkt $t = t_0$ folgt das Verhalten des Systems für alle anderen Zeiten. Natürlich muß dazu der Einfluß äußerer Größen, z. B. in der Form des Zeitverlaufs der Eingangsgrößen, bekannt sein. Der Zustand eines Systems mit n Energiespeichern wird durch n *Zustandsgrößen* beschrieben, die zu einem *Zustandsvektor* zusammengefaßt werden. Der entsprechende n-dimensionale Vektorraum ist der *Zustandsraum*, in dem jeder Zustand als Punkt und jede Zustandsänderung des Systems als Teil einer Trajektorie darstellbar ist. Gegenüber der klassischen Systemdarstellung ist damit eine eingehendere Analyse der Systeme und ihrer inneren Struktur möglich.

In diesem Kapitel können aus Platzgründen nur die wichtigsten Grundlagen der Methoden des Zustandsraums behandelt werden. Daher erfolgt weitgehend eine Beschränkung auf lineare zeitinvariante Systeme.

1.1. Die Zustandsraumdarstellung

Bevor die Zustandsraumdarstellung linearer kontinuierlicher Systeme in allgemeiner Form angegeben wird, soll für ein einfaches *Beispiel* die Umwandlung einer Differentialgleichung zweiter Ordnung in zwei Differentialgleichungen erster Ordnung durchgeführt und anhand eines Blockschaltbildes interpretiert werden. Dazu wird der im Bild 1.1.1 dargestellte gedämpfte mechanische Schwinger betrachtet, mit der Masse m, der Dämpfungskonstanten d und der Federkonstanten c, der durch eine Kraft u(t) erregt wird. Die Differentialgleichung für den Weg y(t) als Ausgangsgröße lautet

$$m\ddot{y}(t) + d\dot{y}(t) + cy(t) = u(t) \quad , \tag{1.1.1a}$$

und aus der umgeformten Gleichung

$$\ddot{y}(t) = \frac{1}{m}\,[u(t) - d\dot{y}(t) - cy(t)] \tag{1.1.1b}$$

läßt sich ein Blockschaltbild dieses Systems herleiten, indem man $\ddot{y}(t)$ zweifach integriert und entsprechende Rückführungen von y(t) und $\dot{y}(t)$

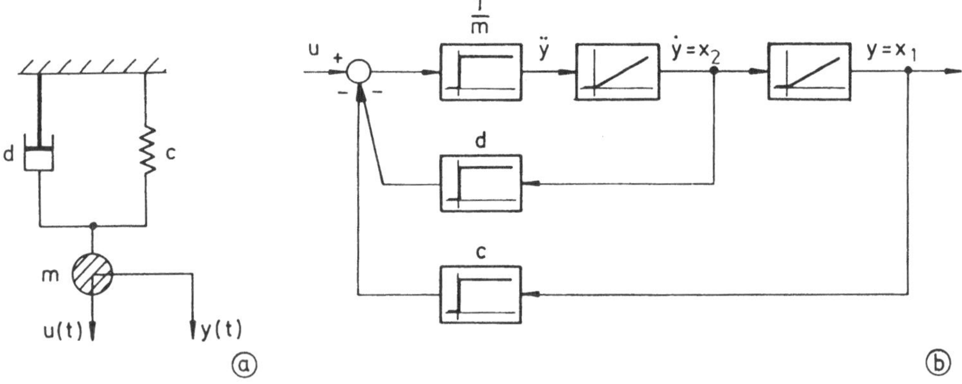

Bild 1.1.1. Mechanischer Schwinger (a) und sein Blockschaltbild (b) der Schwingungsdifferentialgleichung 2. Ordnung

vorsieht. Es ist nun naheliegend, die Ausgänge der I-Glieder als Zustandsgrößen $x_1(t)$, $x_2(t)$ aufzufassen, also in Gl.(1.1.1) die Substitution

$$x_1(t) = y(t) \tag{1.1.2a}$$

$$x_2(t) = \dot{y}(t) \tag{1.1.2b}$$

vorzunehmen. Diese Zustandsgrößen haben unmittelbar auch physikalische Bedeutung: $x_1(t)$ beschreibt den Weg und stellt somit ein Maß für die potentielle Energie der Feder dar, während die Geschwindigkeit $x_2(t) = \dot{y}(t)$ ein Maß für die kinetische Energie der Masse ist. Damit ergibt sich aus dem Blockschaltbild oder direkt aus den Gleichungen das gewünschte System von Differentialgleichungen erster Ordnung

$$\dot{x}_1(t) = x_2(t) \qquad (1.1.3a)$$

$$\dot{x}_2(t) = -\frac{c}{m} x_1(t) - \frac{d}{m} x_2 + \frac{1}{m} u(t) \quad . \qquad (1.1.3b)$$

Wird dieses Gleichungssystem in Matrizenschreibweise dargestellt, so erhält man

$$\begin{bmatrix} \dot{x}_1(t) \\ \dot{x}_2(t) \end{bmatrix} = \begin{bmatrix} 0 & 1 \\ -\frac{c}{m} & -\frac{d}{m} \end{bmatrix} \cdot \begin{bmatrix} x_1(t) \\ x_2(t) \end{bmatrix} + \begin{bmatrix} 0 \\ \frac{1}{m} \end{bmatrix} u(t) \qquad (1.1.4)$$

oder

$$\dot{\underline{x}}(t) = \underline{A}\ \underline{x}(t) + \underline{b}\ u(t) \qquad (1.1.5)$$

mit

$$\underline{x}(t) = \begin{bmatrix} x_1(t) \\ x_2(t) \end{bmatrix}, \quad \underline{A} = \begin{bmatrix} 0 & 1 \\ -\frac{c}{m} & -\frac{d}{m} \end{bmatrix}, \quad \underline{b} = \begin{bmatrix} 0 \\ \frac{1}{m} \end{bmatrix} \quad .$$

Die Ausgangsgröße ist durch Gl.(1.1.2a) gegeben und wird in dieser vektoriellen Darstellung durch die Beziehung

$$y(t) = \underline{c}^T\ \underline{x}(t) \quad \text{mit} \quad \underline{c}^T = [1 \quad 0] \qquad (1.1.6)$$

beschrieben.

Es sei an dieser Stelle darauf hingewiesen, daß in der weiteren Darstellung unterstrichene Kleinbuchstaben Spaltenvektoren bezeichnen, während Matrizen durch große Buchstaben mit Unterstreichung gekennzeichnet werden. Der hochgestellte Index T gibt bei Matrizen oder Vektoren jeweils deren Transponierte an.

Bei dem soeben besprochenen Beispiel handelt es sich um ein System mit nur *einer* Eingangsgröße $u(t)$ und *einer* Ausgangsgröße $y(t)$, also um ein *Eingrößensystem*. Ein *Mehrgrößensystem* mit r Eingangsgrößen $u_1(t), u_2(t), \dots, u_r(t)$ und m Ausgangsgrößen $y_1(t), y_2(t), \dots, y_m(t)$ ist dadurch darstellbar, daß die Größen $u(t)$ und $y(t)$ durch die Vektoren $\underline{u}(t)$ und $\underline{y}(t)$ mit den Elementen $u_i(t)$ und $y_i(t)$ ersetzt werden. Damit lautet die allgemeine Form der *Zustandsraumdarstellung* (oder oft kürzer *Zustandsdarstellung*) eines linearen, zeitinvarianten dynamischen Systems der Ordnung n

$$\dot{\underline{x}}(t) = \underline{A}\,\underline{x}(t) + \underline{B}\,\underline{u}(t) \quad , \qquad \underline{x}(t_o) = \underline{x}_o \tag{1.1.7a}$$

$$\underline{y}(t) = \underline{C}\,\underline{x}(t) + \underline{D}\,\underline{u}(t) \quad . \tag{1.1.7b}$$

Hierbei bedeuten

$$\underline{x}(t) = \begin{bmatrix} x_1(t) \\ \vdots \\ x_n(t) \end{bmatrix}$$ Zustandsvektor

$$\underline{u}(t) = \begin{bmatrix} u_1(t) \\ \vdots \\ u_r(t) \end{bmatrix}$$ Eingangs- oder Steuervektor

$$\underline{y}(t) = \begin{bmatrix} y_1(t) \\ \vdots \\ y_m(t) \end{bmatrix}$$ Ausgangsvektor

$$\underline{A} = \begin{bmatrix} a_{11} \cdots a_{1n} \\ \vdots \qquad \vdots \\ a_{n1} \cdots a_{nn} \end{bmatrix}$$ (nxn)-Systemmatrix

$$\underline{B} = \begin{bmatrix} b_{11} \cdots b_{1r} \\ \vdots \qquad \vdots \\ b_{n1} \cdots b_{nr} \end{bmatrix}$$ (nxr)-Eingangs- oder Steuermatrix

$$\underline{C} = \begin{bmatrix} c_{11} \cdots c_{1n} \\ \vdots \qquad \vdots \\ c_{m1} \cdots c_{mn} \end{bmatrix}$$ (mxn)-Ausgangs- oder Beobachtungsmatrix

$$\underline{D} = \begin{bmatrix} d_{11} \cdots d_{1r} \\ \vdots \qquad \vdots \\ d_{m1} \cdots d_{mr} \end{bmatrix}$$ (mxr)-Durchgangsmatrix

Gl.(1.1.7a) ist die (vektorielle) *Zustandsdifferentialgleichung* oder kurz *Zustandsgleichung*. Sie beschreibt die Dynamik des Systems. Wird als Eingangsvektor $\underline{u}(t) = \underline{0}$ gewählt, so ergibt sich die homogene Gleichung

$$\dot{\underline{x}}(t) = \underline{A}\,\underline{x}(t) \quad , \quad \underline{x}(t_o) = \underline{x}_o \tag{1.1.8}$$

die das Eigenverhalten des Systems oder das autonome System kennzeichnet. Die Systemmatrix $\underline{A}$ enthält also die vollständige Information über das

Eigenverhalten und damit auch z. B. über die Stabilität des Systems. Entsprechend beschreibt die Steuermatrix $\underline{B}$ nur die Art des Einwirkens der äußeren Erregung, also der Eingangsgrößen.

Gl. (1.1.7b) wird als *Ausgangs-* oder *Beobachtungsgleichung* bezeichnet. Sie gibt im wesentlichen den Zusammenhang zwischen den Ausgangsgrößen und den Zustandsgrößen an, der durch die Matrix $\underline{C}$ als (rein statische) Linearkombination der Zustandsgrößen gegeben ist. Dazu kommt bei manchen Systemen noch ein direkter proportionaler Einfluß der Eingangsgrößen auf die Ausgangsgrößen über die Durchgangsmatrix $\underline{D}$. Derartige Systeme werden auch als *sprungfähig* bezeichnet.

Diese Zusammenhänge sind anhand des Blockschaltbildes oder auch des Signalflußdiagramms in Bild 1.1.2, die man aus den Gln. (1.1.7a, b) erhält, unmittelbar ersichtlich.

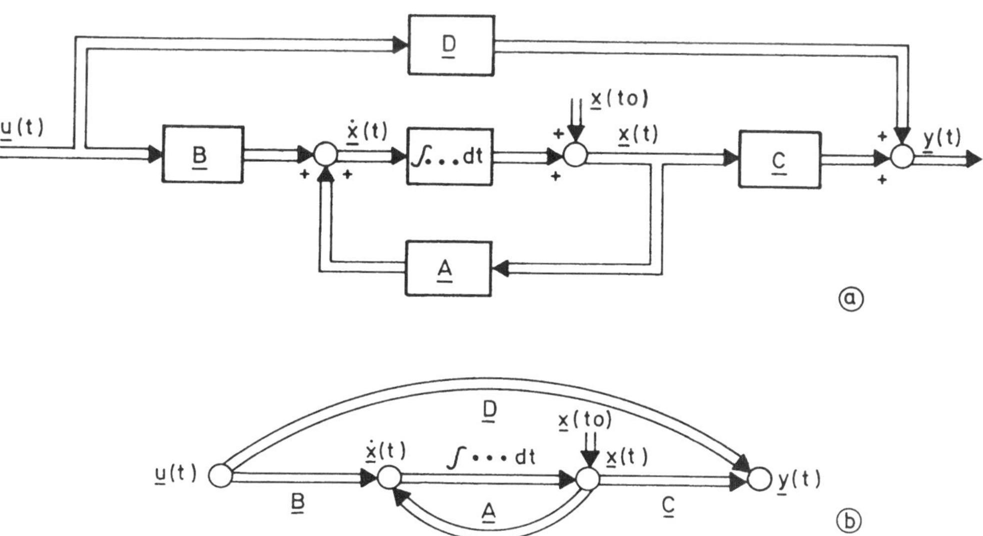

Bild 1.1.2. Blockschaltbild (a) und Signalflußdiagramm (b) des Mehrgrößensystems nach Gln. (1.1.7a) und (1.1.7b)

Es sei abschließend noch erwähnt, daß diese Zustandsdarstellung auch für lineare *zeitvariante* Systeme anwendbar ist [1.1]. In diesem Fall ist mindestens ein Element der Matrizen $\underline{A}$, $\underline{B}$, $\underline{C}$ und $\underline{D}$ eine Funktion der Zeit, und die Gln. (1.1.7a, b) gehen über in die allgemeinere Form

$$\dot{\underline{x}}(t) = \underline{A}(t)\underline{x}(t) + \underline{B}(t)\underline{u}(t) \tag{1.1.9a}$$

$$\underline{y}(t) = \underline{C}(t)\underline{x}(t) + \underline{D}(t)\underline{u}(t) \quad . \tag{1.1.9b}$$

Die allgemeinste Form der Zustandsdarstellung eines linearen oder nichtlinearen, zeitinvarianten oder zeitvarianten dynamischen Systems wird später im Abschnitt 3.7 verwendet. Sie gliedert sich ebenfalls in Zustandsgleichung und Ausgangsgleichung und lautet

$$\dot{\underline{x}}(t) = \underline{f}_1 [\underline{x}(t), \underline{u}(t), t] \qquad (1.1.10a)$$

$$\underline{y}(t) = \underline{f}_2 [\underline{x}(t), \underline{u}(t), t] \quad . \qquad (1.1.10b)$$

$\underline{f}_1$ und $\underline{f}_2$ sind hierbei beliebige lineare oder nichtlineare Vektorfunktionen der Dimension n bzw. m.

1.2. Lösung der Zustandsgleichung im Zeitbereich

1.2.1. Die Fundamentalmatrix

Zunächst soll ein System 1. Ordnung betrachtet werden, dessen Zustandsgleichung die skalare Differentialgleichung

$$\dot{x}(t) = ax(t) + bu(t) \qquad (1.2.1)$$

ist. Die Anfangsbedingung im Zeitpunkt $t_0 = 0$ sei

$$x(0) = x_0 \quad .$$

Durch Anwendung der Laplace-Transformation erhält man aus Gl. (1.2.1)

$$sX(s) - x_0 = aX(s) + bU(s)$$

und daraus

$$X(s) = \frac{1}{s-a} x_0 + \frac{1}{s-a} bU(s) \quad . \qquad (1.2.2)$$

Die Rücktransformation in den Zeitbereich liefert unmittelbar als Lösung von Gl. (1.2.1)

$$x(t) = e^{at} x_0 + \int_0^t e^{a(t-\tau)} bu(\tau) d\tau \quad . \qquad (1.2.3)$$

Nun ist es naheliegend, für den vektoriellen Fall der Zustandsgleichung entsprechend Gl. (1.1.7a) die gleiche Struktur der Lösungsgleichung anzusetzen und die skalaren Größen entsprechend Gl. (1.1.7a) durch Vektoren bzw. Matrizen zu ersetzen. Dies führt rein formal auf die Beziehung

$$\underline{x}(t) = e^{\underline{A}t} \underline{x}_0 + \int_0^t e^{\underline{A}(t-\tau)} \underline{B}\, \underline{u}(\tau) d\tau \quad . \qquad (1.2.4)$$

Dabei ergibt sich allerdings die Schwierigkeit der Definition der Matrix-Exponentialfunktion $e^{\underline{A}t}$. Sie muß in Analogie zum skalaren Fall die Bedingung

$$\frac{d}{dt} e^{\underline{A}t} = \underline{A}\, e^{\underline{A}t} \tag{1.2.5}$$

erfüllen. Diese Bedingung wird erfüllt, wenn die e-Funktion als unendliche Reihe auf die Matrix-Funktion (1.2.5) angewendet wird.

Damit folgt

$$\begin{aligned} e^{\underline{A}t} &= \underline{I} + \underline{A}t + \underline{A}^2 \frac{t^2}{2!} + \underline{A}^3 \frac{t^3}{3!} + \underline{A}^4 \frac{t^4}{4!} + \ldots \\ &= \sum_{k=o}^{\infty} \underline{A}^k \frac{t^k}{k!} \quad . \end{aligned} \tag{1.2.6}$$

Man kann zeigen, daß diese Reihe für alle Matrizen $\underline{A}$ und für $|t| < \infty$ absolut konvergiert. Deshalb ist die gliedweise Differentiation nach der Zeit zulässig und man erhält

$$\begin{aligned} \frac{d}{dt} e^{\underline{A}t} &= \underline{A} + \underline{A}^2 t + \underline{A}^3 \frac{t^2}{2!} + \underline{A}^4 \frac{t^3}{3!} + \ldots \\ &= \underline{A}(\underline{I} + \underline{A}t + \underline{A}^2 \frac{t^2}{2!} + \underline{A}^3 \frac{t^3}{3!} + \ldots) \\ &= \underline{A}\, e^{\underline{A}t} \quad . \end{aligned}$$

Die Bedingung in Gl.(1.2.5) ist damit erfüllt und Gl.(1.2.6) kann als Definitionsgleichung für die Funktion $e^{\underline{A}t}$ benutzt werden.

Um die Gültigkeit von Gl.(1.2.4) nachzuweisen, wird diese Gleichung in die Form

$$\underline{x}(t) = e^{\underline{A}t}\, \underline{x}_o + e^{\underline{A}t} \int_o^t e^{-\underline{A}\tau}\, \underline{B}\, \underline{u}(\tau)d\tau$$

gebracht und unter Berücksichtigung von Gl.(1.2.5) die Ableitung gebildet:

$$\begin{aligned} \dot{\underline{x}}(t) &= \underline{A}\, e^{\underline{A}t}\, \underline{x}_o + \underline{A}\, e^{\underline{A}t} \int_o^t e^{-\underline{A}\tau}\, \underline{B}\, \underline{u}(\tau)d\tau + e^{\underline{A}t}\, e^{-\underline{A}t}\, \underline{B}\, \underline{u}(t) \\ &= \underline{A}\, [e^{\underline{A}t}\, \underline{x}_o + \int_o^t e^{\underline{A}(t-\tau)}\, \underline{B}\, \underline{u}(\tau)d\tau] + \underline{B}\, \underline{u}(t) \\ &= \underline{A}\, \underline{x}(t) + \underline{B}\, \underline{u}(t) \quad . \end{aligned}$$

Damit ist nachgewiesen, daß der Lösungsansatz gemäß Gl.(1.2.4) die Zustandsdifferentialgleichung, Gl.(1.1.7a), erfüllt.

Im allgemeinen wird Gl.(1.2.4) auch in der Form

$$\underline{x}(t) = \underline{\Phi}(t)\ \underline{x}_o + \int_o^t \underline{\Phi}(t-\tau)\ \underline{B}\ \underline{u}(\tau)d\tau \qquad (1.2.7)$$

geschrieben, wobei die Matrix

$$\underline{\Phi}(t) = e^{\underline{A}t} \qquad (1.2.8)$$

als *Fundamental-* oder *Übergangsmatrix* bezeichnet wird. Diese Matrix spielt bei den Methoden des Zustandsraums eine wichtige Rolle. Sie ermöglicht gemäß Gl.(1.2.7) auf einfache Weise die Berechnung des Systemzustands für alle Zeiten t allein aus der Kenntnis eines Anfangszustands $\underline{x}_o$ im Zeitpunkt $t_o = 0$ und des Zeitverlaufs des Eingangsvektors. Der Term $\underline{\Phi}(t)\ \underline{x}_o$ in Gl.(1.2.7) beschreibt die homogene Lösung der Zustandsgleichung, die auch als *Eigenbewegung* oder als *freie Reaktion* des Systems bezeichnet wird. Der zweite Term entspricht der partikulären Lösung, also dem durch die äußere Erregung (*erzwungene Reaktion*) gegebenen Anteil.

Anmerkung:

Ist der Anfangszeitpunkt $t_o \neq 0$, so ändert sich Gl.(1.2.7) nur formal, indem das Argument t durch $t-t_o$ ersetzt und t_o als untere Integrationsgrenze eingesetzt wird:

$$\underline{x}(t) = \underline{\Phi}(t-t_o)\ \underline{x}(t_o) + \int_{t_o}^t \underline{\Phi}(t-\tau)\ \underline{B}\ \underline{u}(\tau)d\tau \quad . \qquad (1.2.7a)$$

Beispiel 1.2.1:

Gegeben sei die Zustandsgleichung

$$\dot{\underline{x}}(t) = \begin{bmatrix} 0 & 6 \\ -1 & -5 \end{bmatrix} \underline{x}(t) + \begin{bmatrix} 0 \\ 1 \end{bmatrix} u(t), \quad \underline{x}(0) = \underline{x}_o = \begin{bmatrix} 3 \\ 1 \end{bmatrix}$$

sowie die zugehörige Fundamentalmatrix $\underline{\Phi}(t)$ in analytischer Form:

$$\underline{\Phi}(t) = \begin{bmatrix} (3e^{-2t} - 2e^{-3t}) & (6e^{-2t} - 6e^{-3t}) \\ (-e^{-2t} + e^{-3t}) & (-2e^{-2t} + 3e^{-3t}) \end{bmatrix} .$$

(Methoden zur Ermittlung von $\underline{\Phi}(t)$ in dieser Form werden in den Abschnitten 1.4 und 1.5 besprochen.)

Unter Berücksichtigung der gegebenen Anfangsbedingung soll nun der zeitliche Verlauf des Zustandsvektors für einen Einheitssprung

$u(t) = 1$, $t \geq 0$ mit Hilfe von Gl. (1.2.7) bestimmt werden. Zunächst erhält man für den Term $\underline{\Phi}(t-\tau)\ \underline{B}\ \underline{u}(\tau)$ gerade die zweite Spalte der Matrix $\underline{\Phi}(t-\tau)$, und damit folgt als Lösung

$$\underline{x}(t) = \begin{bmatrix} (3e^{-2t} - 2e^{-3t}) & (6e^{-2t} - 6e^{-3t}) \\ (-e^{-2t} + e^{-3t}) & (-2e^{-2t} + 3e^{-3t}) \end{bmatrix} \begin{bmatrix} 3 \\ 1 \end{bmatrix} +$$

$$+ \int_0^t \begin{bmatrix} 6e^{-2(t-\tau)} - 6e^{-3(t-\tau)} \\ -2e^{-2(t-\tau)} + 3e^{-3(t-\tau)} \end{bmatrix} d\tau$$

oder nach Ausführen der Multiplikation und Integration

$$\underline{x}(t) = \begin{bmatrix} 15e^{-2t} - 12e^{-3t} \\ 6e^{-3t} - 5e^{-2t} \end{bmatrix} + \begin{bmatrix} 1 - 3e^{-2t} + 2e^{-3t} \\ e^{-2t} - e^{-3t} \end{bmatrix}$$

$$\underline{x}(t) = \begin{bmatrix} 1 + 12e^{-2t} - 10e^{-3t} \\ 5e^{-3t} - 4e^{-2t} \end{bmatrix} .$$

Ebenso läßt sich beispielsweise die Rampenantwort dieses Systems bestimmen, indem $\underline{x}_0 = \underline{0}$ und $u(t) = t$, $t \geq 0$ gesetzt wird. Dies ergibt

$$\underline{x}(t) = \int_0^t \begin{bmatrix} 6e^{-2(t-\tau)} - 6e^{-3(t-\tau)} \\ -2e^{-2(t-\tau)} + 3e^{-3(t-\tau)} \end{bmatrix} \tau\, d\tau$$

$$\underline{x}(t) = \begin{bmatrix} t - \frac{5}{6} + \frac{3}{2} e^{-2t} - \frac{2}{3} e^{-3t} \\ \frac{1}{6} - \frac{1}{2} e^{-2t} + \frac{1}{3} e^{-3t} \end{bmatrix} .$$

1.2.2. Eigenschaften der Fundamentalmatrix

Aufgrund der Gl. (1.2.8) ergeben sich die folgenden Eigenschaften der Fundamentalmatrix eines zeitinvarianten Systems:

a) $\underline{\Phi}(0) = e^{\underline{A} \cdot 0} = \underline{I}$ (Einheitsmatrix). (1.2.9)

b) $\underline{\Phi}(t)$ ist stets invertierbar. Es gilt:

$$\underline{\Phi}^{-1}(t) = (e^{\underline{A}t})^{-1} = e^{\underline{A}(-t)} = \underline{\Phi}(-t) \quad . \qquad (1.2.10)$$

c) $\underline{\Phi}^k(t) = e^{\underline{A}tk} = \underline{\Phi}(kt) \quad .$ (1.2.11)

d) $\underline{\Phi}(t_1)\ \underline{\Phi}(t_2) = \underline{\Phi}(t_2) \cdot \underline{\Phi}(t_1) = e^{\underline{A}(t_1+t_2)} = \underline{\Phi}(t_1+t_2)$ (1.2.12a)

Hieraus folgt mit $\underline{\Phi}(t_i - t_j) = \underline{\Phi}(t_i)\cdot\underline{\Phi}(-t_j) = \underline{\Phi}(t_i)\cdot\underline{\Phi}^{-1}(t_j)$:

e) $\underline{\Phi}(t_2-t_1)\ \underline{\Phi}(t_1-t_o) = \underline{\Phi}(t_2-t_o)$. (1.2.12b)

Diese Eigenschaften können besonders dann vorteilhaft genutzt werden, wenn $\underline{\Phi}(t)$ nicht in analytischer Form vorliegt. Hat man beispielsweise für $t = T$ die Matrix $\underline{\Phi}(T)$ numerisch bestimmt, so ist es mit Hilfe der Gl. (1.2.11) sehr leicht möglich, zumindest die homogene Lösung nach Gl. (1.2.7) für diskrete Zeitpunkte $t_k = kT$ und beliebige k zu bestimmen.

Anmerkung:

Für zeitvariante Systeme läßt sich ebenfalls eine Fundamentalmatrix $\underline{\Phi}(t,t_o)$ angeben, die natürlich auch vom Anfangszeitpunkt t_o abhängt und die im allgemeinen nicht als Exponentialfunktion darstellbar ist. Sie hat jedoch ähnliche Eigenschaften:

a) $\underline{\Phi}(t_o,t_o) = \underline{I}$,

b) $\underline{\Phi}(t_1,t_o) = \underline{\Phi}^{-1}(t_o,t_1)$,

c) $\underline{\Phi}(t_2,t_1)\underline{\Phi}(t_1,t_o) = \underline{\Phi}(t_2,t_o)$.

Ebenso ist auch die Lösungsgleichung, Gl. (1.2.7), auf zeitvariante Systeme übertragbar:

$$\underline{x}(t) = \underline{\Phi}(t,t_o)\ \underline{x}(t_o) + \int_{t_o}^{t} \underline{\Phi}(t-\tau)\ \underline{B}(\tau)\ \underline{u}(\tau)d\tau \quad .$$

Diese Gleichung ist allerdings kaum mehr analytisch, sondern nur noch numerisch auswertbar.

1.2.3. Die Gewichtsmatrix oder Matrix der Gewichtsfunktionen

Bei der Betrachtung von Regelungssystemen interessiert nicht nur der Zeitverlauf der Zustandsgrößen, sondern auch der Zusammenhang zwischen $\underline{u}(t)$ und dem Ausgangsvektor $\underline{y}(t)$.

Es sei wiederum ein zeitinvariantes System betrachtet, wobei $t_o = 0$ gewählt wird. Setzt man in die Gleichung des Ausgangsvektors

$$\underline{y}(t) = \underline{C}\ \underline{x}(t) + \underline{D}\ \underline{u}(t)$$

für $\underline{x}(t)$ Gl.(1.2.4) ein, so ergibt sich

$$\underline{y}(t) = \underline{C}\, e^{\underline{A}t}\underline{x}(0) + \int_0^t \underline{C}\, e^{\underline{A}(t-\tau)}\underline{B}\,\underline{u}(\tau)d\tau + \underline{D}\,\underline{u}(t) \quad . \tag{1.2.13}$$

Nun wird die (mxr)-Matrix

$$\underline{G}(t) = \underline{C}\, e^{\underline{A}t}\, \underline{B} + \underline{D}\,\delta(t) \tag{1.2.14a}$$

bzw.

$$\underline{G}(t-\tau) = \underline{C}\, e^{\underline{A}(t-\tau)}\, \underline{B} + \underline{D}\,\delta(t-\tau) \tag{1.2.14b}$$

in Gl.(1.2.13) eingeführt. Beachtet man noch, daß aufgrund der Ausblendeigenschaft der δ-Funktion die Beziehung

$$\int_0^t \underline{D}\,\underline{u}(\tau)\,\delta(t-\tau)\,d\tau = \underline{D}\,\underline{u}(t) \tag{1.2.15}$$

gilt, dann erhält man aus Gl.(1.2.13) schließlich

$$\underline{y}(t) = \underline{C}\, e^{\underline{A}t}\,\underline{x}(0) + \int_0^t \underline{G}(t-\tau)\,\underline{u}(\tau)d\tau \quad . \tag{1.2.16}$$

Wie man leicht erkennt (speziell für $\underline{x}(0) = \underline{0}$), stellt diese Beziehung eine Verallgemeinerung des Duhamelschen Faltungsintegrals dar. Daher kann die Matrix

$$\underline{G}(t) = \underline{C}\,\underline{\Phi}(t)\,\underline{B} + \underline{D}\,\delta(t) \tag{1.2.17}$$

auch als Verallgemeinerung der vom skalaren Fall bekannten Gewichtsfunktion $g(t)$ angesehen werden. $\underline{G}(t)$ wird deshalb auch als *Gewichtsmatrix* oder als Matrix der Gewichtsfunktionen zwischen den r Eingangs- und m Ausgangsgrößen bezeichnet.

Beispiel 1.2.2:

Für das System mit der Zustandsdarstellung

$$\dot{\underline{x}} = \begin{bmatrix} 0 & 6 \\ -1 & -5 \end{bmatrix} \underline{x} + \begin{bmatrix} 0 \\ 1 \end{bmatrix} u$$

$$y = [\,1 \quad 0\,]\,\underline{x} \quad \text{und} \quad \underline{x}(0) = \underline{0}$$

lautet die Fundamentalmatrix

$$\underline{\Phi}(t) = e^{\underline{A}t} = \begin{bmatrix} (3e^{-2t} - 2e^{-3t}) & (6e^{-2t} - 6e^{-3t}) \\ (-e^{-2t} + e^{-3t}) & (-2e^{-2t} + 3e^{-3t}) \end{bmatrix} \quad .$$

Mit Gl.(1.2.17) und $\underline{D} = \underline{O}$ folgt als Gewichtsmatrix

$$\underline{G}(t) = [1,\ 0] \begin{bmatrix} (3e^{-2t} - 2e^{-3t}) & (6e^{-2t} - 6e^{-3t}) \\ (-e^{-2t} + e^{-3t}) & (-2e^{-2t} + 3e^{-3t}) \end{bmatrix} \begin{bmatrix} 0 \\ 1 \end{bmatrix} = 6e^{-2t} - 6e^{-3t} \quad .$$

Da das hier zugrunde gelegte System ein Eingrößensystem ist, wird die Gewichtsmatrix hierbei eine skalare Größe, die unmittelbar mit der Gewichtsfunktion $g(t)$ identisch ist.

1.3. Lösung der Zustandsgleichungen im Frequenzbereich

Für die Behandlung der Zustandsgleichungen im Frequenzbereich wird die Laplace-Transformierte von zeitabhängigen Vektoren und Matrizen benötigt. Dazu wird folgende Schreibweise benutzt:

$$\mathcal{L}\{\underline{u}(t)\} = \underline{U}(s) \quad \text{und} \quad \mathcal{L}\{\underline{G}(t)\} = \underline{\underline{G}}(s) \quad . \qquad (1.3.1)$$

Die Transformation ist dabei elementweise zu verstehen.

Zur Berechnung der Übergangsmatrix $\underline{\Phi}(t)$ werden die Zustandsgleichungen, Gln.(1.1.7a) und (1.1.7b), einer Laplace-Transformation unterzogen:

$$s\underline{X}(s) - \underline{x}(0) = \underline{A}\ \underline{X}(s) + \underline{B}\ \underline{U}(s) \qquad (1.3.2)$$

$$\underline{Y}(s) = \underline{C}\ \underline{X}(s) + \underline{D}\ \underline{U}(s) \quad . \qquad (1.3.3)$$

Gl.(1.3.2) kann umgeformt werden zu

$$(s\underline{I} - \underline{A})\ \underline{X}(s) = \underline{x}(0) + \underline{B}\ \underline{U}(s)$$

oder

$$\underline{X}(s) = (s\underline{I} - \underline{A})^{-1}\underline{x}(0) + (s\underline{I} - \underline{A})^{-1}\underline{B}\ \underline{U}(s) \quad , \qquad (1.3.4)$$

da $(s\underline{I} - \underline{A})$ nichtsingulär also invertierbar ist.

Diese Beziehung stellt die Laplace-Transformierte der Gl.(1.2.7) für $t_o = 0$ und somit die Lösung der Zustandsgleichungen im Bild- oder Frequenzbereich dar. Der erste Term der rechten Seite beschreibt die freie Reaktion (Eigenverhalten), der zweite Term die erzwungene Reaktion des Systems. Durch Vergleich der beiden Gln.(1.2.7) und (1.3.4) folgt unmittelbar für die Übergangsmatrix

$$\underline{\Phi}(t) = \mathcal{L}^{-1}\{(s\underline{I} - \underline{A})^{-1}\} \qquad (1.3.5)$$

oder

$$\mathcal{L}\{\underline{\Phi}(t)\} = \underline{\underline{\Phi}}(s) = (s\underline{I} - \underline{A})^{-1} \quad . \qquad (1.3.6)$$

Die Berechnung der Matrix $\underline{\underline{\Phi}}(s)$ ergibt sich aus der Inversen von $(s\underline{I} - \underline{A})$, also

$$\underline{\underline{\Phi}}(s) = \frac{1}{|s\underline{I} - \underline{A}|} \; \mathrm{adj}(s\underline{I} - \underline{A}) \quad . \qquad (1.3.7)$$

Die Adjungierte einer Matrix $\underline{M} = [m_{ij}]$ entsteht bekanntlich dadurch, daß man jedes Element m_{ij} durch den Kofaktor M_{ij} ersetzt und diese entstehende Matrix transponiert. Der Kofaktor M_{ij} ist definiert durch

$$M_{ij} = (-1)^{i+j} \, D_{ij} \quad ,$$

wobei D_{ij} die Determinante derjenigen Matrix ist, die aus $\underline{M}$ durch Streichen der i-ten Zeile und j-ten Spalte entsteht.

Damit besteht die Möglichkeit, die Fundamentalmatrix $\underline{\Phi}(t)$ in analytischer Form zu berechnen. Man bestimmt $\underline{\underline{\Phi}}(s)$ nach Gl. (1.3.7) und transformiert die Elemente dieser Matrix in den Zeitbereich zurück.

Beispiel 1.3.1:

Gegeben sei die Systemmatrix

$$\underline{A} = \begin{bmatrix} 0 & 6 \\ -1 & -5 \end{bmatrix} .$$

Dann wird

$$(s\underline{I} - \underline{A}) = \begin{bmatrix} s & -6 \\ 1 & s+5 \end{bmatrix} ,$$

und als adjungierte Matrix erhält man

$$\mathrm{adj}(s\underline{I} - \underline{A}) = \begin{bmatrix} s+5 & 6 \\ -1 & s \end{bmatrix} .$$

Mit $|s\underline{I} - \underline{A}| = s^2 + 5s + 6 = (s+2)(s+3)$ folgt schließlich

$$\underline{\underline{\Phi}}(s) = (s\underline{I} - \underline{A})^{-1} = \frac{1}{(s+2)(s+3)} \begin{bmatrix} s+5 & 6 \\ -1 & s \end{bmatrix} .$$

Die Rücktransformation in den Zeitbereich liefert:

$$\underline{\Phi}(t) = \begin{bmatrix} (3e^{-2t} - 2e^{-3t}) & (6e^{-2t} - 6e^{-3t}) \\ (-e^{-2t} + e^{-3t}) & (-2e^{-2t} + 3e^{-3t}) \end{bmatrix} .$$

Nachfolgend soll aus der Zustandsdarstellung eines Mehrgrößensystems dessen *Übertragungsmatrix* $\underline{\underline{G}}(s)$ hergeleitet werden, mit der die Laplace-Transformierte des Ausgangsvektors durch

$$\underline{Y}(s) = \underline{\underline{G}}(s)\ \underline{U}(s) \text{ mit } \underline{\underline{G}}(s) = [G_{ij}(s)];\ i = 1,2,\ldots,m;\ j = 1,2,\ldots,r \tag{1.3.8}$$

darstellbar ist, wobei die Größen G_{ij} die Teilübertragungsfunktionen des Mehrgrößensystems beschreiben. Wie im skalaren Fall gilt diese Beziehung nur bei verschwindenden Anfangsbedingungen. Daher wird Gl. (1.3.4) mit $\underline{x}(0) = \underline{0}$ in Gl. (1.3.3) eingesetzt. Damit erhält man

$$\underline{Y}(s) = \underline{C}(s\underline{I} - \underline{A})^{-1}\ \underline{B}\ \underline{U}(s) + \underline{D}\ \underline{U}(s)$$

oder

$$\underline{Y}(s) = [\underline{C}(s\underline{I} - \underline{A})^{-1}\ \underline{B} + \underline{D}]\ \underline{U}(s) \quad . \tag{1.3.9}$$

Daraus folgt gemäß Gl. (1.3.8) für die Übertragungsmatrix

$$\underline{\underline{G}}(s) = \underline{C}\ (s\underline{I} - \underline{A})^{-1}\ \underline{B} + \underline{D} \tag{1.3.10}$$

und mit Gl. (1.3.6) schließlich

$$\underline{\underline{G}}(s) = \underline{C}\ \underline{\underline{\Phi}}(s)\ \underline{B} + \underline{D} \quad . \tag{1.3.11}$$

Ein Vergleich mit Gl. (1.2.17) zeigt, daß diese Übertragungsmatrix genau die Laplace-Transformierte der Gewichtsmatrix $\underline{\underline{G}}(t)$ ist.

Für Eingrößensysteme sind $\underline{B}$ und $\underline{C}$ Vektoren, $\underline{D}$ ist skalar, und man erhält als Übertragungsfunktion

$$G(s) = \underline{c}^T\ (s\underline{I} - \underline{A})^{-1}\ \underline{b} + d \tag{1.3.12}$$

bzw.

$$G(s) = \underline{c}^T\ \underline{\underline{\Phi}}(s)\ \underline{b} + d \quad . \tag{1.3.13}$$

Neben dieser Möglichkeit die Übertragungsfunktion eines Systems aus der gegebenen Zustandsraumdarstellung zu ermitteln, existiert noch eine weitere, die zunehmend bei der rechentechnischen Analyse dynamischer Systeme angewandt wird. Dazu muß von den Gln. (1.3.2) und (1.3.3) ausgegangen werden. Für $\underline{x}(0) = \underline{0}$ folgt aus Gl. (1.3.2)

$$(s\underline{I} - \underline{A})\ \underline{X}(s) - \underline{B}\ \underline{U}(s) = \underline{0} \quad , \tag{1.3.14}$$

und aus Gl. (1.3.3) ergibt sich

$$-\underline{C}\ \underline{X}(s) - \underline{D}\ \underline{U}(s) = -\underline{Y}(s) \quad . \tag{1.3.15}$$

Die beiden Gln. (1.3.14) und (1.3.15) lassen sich in der Form

$$\begin{bmatrix} s\underline{I} - \underline{A} & \underline{B} \\ -\underline{C} & \underline{D} \end{bmatrix} \begin{bmatrix} \underline{X}(s) \\ -\underline{U}(s) \end{bmatrix} = \begin{bmatrix} \underline{0} \\ -\underline{Y}(s) \end{bmatrix} \tag{1.3.16}$$

darstellen. Die Matrix

$$\underline{\underline{P}}(s) = \begin{bmatrix} s\underline{I} - \underline{A} & \underline{B} \\ -\underline{C} & \underline{D} \end{bmatrix} \tag{1.3.17}$$

wird als verallgemeinerte Systemmatrix oder oft auch als Rosenbrock-Matrix bezeichnet [1.2]. Für ein Eingrößensystem ($m = r = 1$) geht diese Matrix über in

$$\underline{\underline{P}}(s) = \begin{bmatrix} s\underline{I} - \underline{A} & \underline{b} \\ -\underline{c}^T & d \end{bmatrix} . \tag{1.3.18}$$

Für die Determinante dieser quadratischen Matrix gilt, wie man nachweisen kann

$$|\underline{\underline{P}}(s)| = \underline{c}^T \operatorname{adj}(s\underline{I} - \underline{A})\, \underline{b} + d\, |s\underline{I} - \underline{A}| . \tag{1.3.19}$$

Schreibt man Gl.(1.3.12) in die Form

$$G(s) = \frac{\underline{c}^T \operatorname{adj}(s\underline{I} - \underline{A})\, \underline{b} + d|s\underline{I} - \underline{A}|}{|s\underline{I} - \underline{A}|} , \tag{1.3.20}$$

dann erkennt man, daß mit Gl.(1.3.19) die Übertragungsfunktion nach der Beziehung

$$G(s) = \frac{|\underline{\underline{P}}(s)|}{|s\underline{I} - \underline{A}|} = \frac{Z(s)}{N(s)} \tag{1.3.21}$$

einfach berechnet werden kann. Anhand eines Beispiels soll die Anwendung der Gl.(1.3.21) gezeigt werden.

Beispiel 1.3.2:

Gegeben sei ein System in der Zustandsraumdarstellung mit

$$\underline{\underline{A}} = \begin{bmatrix} 0 & 1 \\ -12 & 7 \end{bmatrix}, \ \underline{b} = \begin{bmatrix} 0 \\ 1 \end{bmatrix}, \ \underline{c}^T = [-10 \quad 4], \ d = 1 .$$

Für dieses System soll $G(s)$ bestimmt werden. Die zur Berechnung von $Z(s)$ und $N(s)$ benötigte Matrix

$$s\underline{I} - \underline{A} = \begin{bmatrix} s & -1 \\ 12 & s-7 \end{bmatrix}$$

liefert als Determinante $|s\underline{I} - \underline{A}| = s^2 - 7s + 12$.

Die Rosenbrock-Matrix ist gegeben durch

$$\underline{\underline{P}} = \begin{bmatrix} s & -1 & 0 \\ 12 & s-7 & 1 \\ 10 & -4 & 1 \end{bmatrix} .$$

Daraus ergibt sich als Zählerpolynom

$$Z(s) = |\underline{\underline{P}}| = s^2 - 3s + 2 .$$

Somit lautet die gesuchte Übertragungsfunktion

$$G(s) = \frac{(s-1)(s-2)}{(s-3)(s-4)} .$$

1.4. Einige Grundlagen der Matrizentheorie zur Berechnung der Fundamentalmatrix $\underline{\Phi}(t)$

1.4.1. Der Satz von Cayley-Hamilton

Bei der Einführung der Zustandsraumdarstellung wurde festgestellt, daß die Systemmatrix $\underline{A}$ die vollständige Information über das Eigenverhalten des Systems besitzt. Sie muß also insbesondere die Pole des Systems enthalten. In der Übertragungsmatrix nach Gl. (1.3.11) tritt $\underline{\underline{\Phi}}(s)$ als einziger von s abhängiger Term auf. Diese Matrix enthält gemäß Gl. (1.3.7) als gemeinsamen Nenner aller Elemente die Determinante $|s\underline{I} - \underline{A}|$, also ein Polynom n-ter Ordnung, dessen Wurzeln die *Pole des Systems* liefern. Demnach können der reellen quadratischen (nxn)-Matrix $\underline{A}$ genau n reelle oder komplexe Eigenwerte s_i zugeordnet werden, die sich aus der *charakteristischen Gleichung* oder *Eigenwertgleichung*

$$P^*(s) = |s\underline{I} - \underline{A}| = 0 \tag{1.4.1}$$

ergeben. $P^*(s)$ stellt ein Polynom n-ter Ordnung in s dar und ist das *charakteristische Polynom* der Matrix. Gl.(1.4.1) hat also die Form

$$P^*(s) = a_o + a_1 s + a_2 s^2 + \ldots + s^n = \sum_{i=o}^{n} a_i s^i \text{ mit } a_n = 1 \quad . \quad (1.4.2)$$

Hieraus lassen sich die Eigenwerte des Systems ermitteln. Für ein System mit einer Ein- und Ausgangsgröße läßt sich nach Gl.(1.3.21) die Übertragungsfunktion G(s) berechnen. Will man die Pole des Systems bestimmen, so muß man berücksichtigen, daß zwar jeder Pol von G(s) gemäß Gl.(1.4.1) ein Eigenwert von $\underline{A}$ sein muß, jedoch jeder Eigenwert von $\underline{A}$ nicht in jedem Fall ein Pol von G(s) ist, da ein Pol unter Umständen gegen eine Nullstelle gekürzt werden kann. Darauf wird im Abschnitt 1.7 noch näher eingegangen.

Sind alle Eigenwerte auch Pole des Systems, so hat G(s) einen Nennergrad, der gleich der Anzahl n der Zustandsgrößen ist. Anhand der Pole der Übertragungsfunktion läßt sich bekanntlich die *Stabilität* des Systems mittels der klassischen Methoden (z.B. Hurwitz- oder Routh-Kriterium) untersuchen. Im Falle eines Mehrgrößensystems ist asymptotische Stabilität dann gewährleistet, wenn die Pole sämtlicher Teilübertragungsfunktionen in der linken s-Halbebene liegen.

Man kann leicht nachweisen, daß bei einer Diagonalmatrix ebenso wie bei einer Dreiecksmatrix die Eigenwerte genau die Diagonalelemente sind.

Eine zentrale Bedeutung hat für die weiteren Überlegungen der *Satz von Cayley-Hamilton:*

> Jede quadratische Matrix $\underline{A}$ genügt ihrer charakteristischen Gleichung.

Ist demnach $P^*(s)$ nach Gl.(1.4.2) das charakteristische Polynom von $\underline{A}$, so gilt:

$$\underline{P}^*(\underline{A}) = a_o\underline{I} + a_1\underline{A} + a_2\underline{A}^2 + \ldots + \underline{A}^n = \underline{0} \quad . \quad (1.4.3)$$

Dabei sei angemerkt, daß die Bezeichnung $\underline{P}^*(\underline{A})$ analog zu Gl.(1.4.2) beibehalten wird, jedoch $\underline{P}^*(\underline{A})$ eine Matrix darstellt.

Zum *Beweis* dieses Satzes wird die Inverse der Matrix $(s\underline{I} - \underline{A})$ in der Form

$$(s\underline{I} - \underline{A})^{-1} = \frac{1}{|s\underline{I} - \underline{A}|} \operatorname{adj}(s\underline{I} - \underline{A}) = \frac{\operatorname{adj}(s\underline{I} - \underline{A})}{P^*(s)} \quad (1.4.4)$$

geschrieben, wobei für die (nxn)-Polynommatrix

$$\operatorname{adj}(s\underline{I} - \underline{A}) = \sum_{i=o}^{n-1} \underline{A}_i s^i$$

gilt. Hierbei besitzen die Matrizen $\underline{A}_i$ die Dimension (nxn). Durch Multiplikation der Gl.(1.4.4) mit $P^*(s)\ (s\underline{I} - \underline{A})$ von links folgt

$$P^*(s)\underline{I} = (s\underline{I} - \underline{A})\ \mathrm{adj}(s\underline{I} - \underline{A}) \quad ,$$

und durch Einsetzen von Gl.(1.4.2) und des Ausdruckes für $\mathrm{adj}(s\underline{I} - \underline{A})$ erhält man

$$\sum_{i=o}^{n} a_i s^i\ \underline{I} = (s\underline{I} - \underline{A}) \sum_{i=o}^{n-1} \underline{A}_i s^i \quad .$$

Der Koeffizientenvergleich gleicher Potenzen von s liefert

$$\begin{aligned}
a_o\ \underline{I} &= -\underline{A}\ \underline{A}_o \\
a_1\ \underline{I} &= -\underline{A}\ \underline{A}_1 + \underline{A}_o \\
a_2\ \underline{I} &= -\underline{A}\ \underline{A}_2 + \underline{A}_1 \\
&\ \vdots \\
a_{n-1}\underline{I} &= -\underline{A}\ \underline{A}_{n-1} + \underline{A}_{n-2} \\
\underline{I} &= \qquad\quad + \underline{A}_{n-1} \quad .
\end{aligned}$$

Nun wird die erste dieser Gleichungen von links mit $\underline{I}$, die zweite mit $\underline{A}$ usw. und die letzte mit $\underline{A}^n$ multipliziert. Durch Addition dieser so entstandenen Gleichungen folgt schließlich

$$a_o\underline{I} + a_1\ \underline{A} + a_2\ \underline{A}^2 + \ldots + \underline{A}^n = \underline{O} \quad ,$$

womit Gl.(1.4.3) bewiesen ist.

Dieser wichtige Satz soll an einem Beispiel noch etwas weiter diskutiert werden.

Beispiel 1.4.1:

Gegeben sei die Matrix

$$\underline{A} = \begin{bmatrix} 1 & 1 \\ o & -2 \end{bmatrix} \quad .$$

Mit

$$(s\underline{I} - \underline{A}) = \begin{bmatrix} s-1 & -1 \\ o & s+2 \end{bmatrix}$$

erhält man als charakteristische Gleichung

$$P^*(s) = (s-1)(s+2) = s^2 + s - 2 = o \quad ,$$

und indem s durch $\underline{A}$ ersetzt wird, muß gelten:

$$\underline{P}^*(\underline{A}) = \underline{A}^2 + \underline{A} - 2\ \underline{I} = \underline{O} \quad . \qquad (1.4.5)$$

Tatsächlich wird

$$\underline{P}^*(\underline{A}) = \begin{bmatrix} 1 & -1 \\ 0 & 4 \end{bmatrix} + \begin{bmatrix} 1 & 1 \\ 0 & -2 \end{bmatrix} - \begin{bmatrix} 2 & 0 \\ 0 & 2 \end{bmatrix} = \begin{bmatrix} 0 & 0 \\ 0 & 0 \end{bmatrix} = \underline{0} \quad .$$

Im weiteren soll für dieses Beispiel an zwei Fällen noch gezeigt werden, wie mit Hilfe des Satzes von Cayley-Hamilton beliebige Potenzen von $\underline{A}$ einfach berechnet werden können:

a) Aus Gl.(1.4.5) folgt durch Multiplikation mit $\underline{A}^{-1}$:

$$\underline{A} + \underline{I} - 2\,\underline{A}^{-1} = \underline{0}$$

und damit

$$\underline{A}^{-1} = \frac{1}{2}\,(\underline{A} + \underline{I}) = \begin{bmatrix} 1 & 0{,}5 \\ 0 & -0{,}5 \end{bmatrix} \quad .$$

b) Um beispielsweise die Summe $\underline{A}^3 + 2\underline{A}^2$ zu berechnen, wird $\underline{A}^2$ mit Hilfe von Gl.(1.4.5) ersetzt durch

$$\underline{A}^2 = 2\,\underline{I} - \underline{A} \quad .$$

$\underline{A}^3$ ergibt sich durch Multiplikation dieser Gleichung mit $\underline{A}$, und durch Einsetzen von $\underline{A}^2$ folgt schließlich

$$\underline{A}^3 = -2\,\underline{I} + 3\,\underline{A} \quad .$$

Damit gilt für obiges Beispiel:

$$\underline{A}^3 + 2\,\underline{A}^2 = 2\,\underline{I} + \underline{A} = \begin{bmatrix} 3 & 1 \\ 0 & 0 \end{bmatrix} \quad .$$

1.4.2. Anwendung auf Matrizenfunktionen

Zunächst wird ein allgemeines Polynom F(s) der Ordnung p betrachtet

$$F(s) = f_o + f_1 s + \ldots + f_p s^p \quad . \tag{1.4.6}$$

Weiterhin sei

$$P^*(s) = a_o + a_1 s + \ldots + a_n s^n \tag{1.4.7}$$

ein gegebenes Polynom der Ordnung n mit $n < p$. Dann kann F(s) durch P*(s) dividiert werden und man erhält für F(s) die Darstellung

$$F(s) = Q(s)\;P^*(s) + R(s) \quad . \tag{1.4.8}$$

Hierbei ist Q(s) das Ergebnis der Division und R(s) ein Restpolynom von höchstens (n-1)-ter Ordnung. Nun bildet man in entsprechender Weise nach Gl.(1.4.6) die *Matrizenfunktion*

$$\underline{F}(\underline{A}) = f_o\underline{I} + f_1\underline{A} + \ldots + f_p\underline{A}^p \quad . \tag{1.4.9}$$

Dabei sei $\underline{A}$ eine (nxn)-Matrix, deren charakteristisches Polynom gerade $P^*(s)$ ist. Dann ist analog zu Gl.(1.4.8) folgende Aufspaltung möglich:

$$\underline{F}(\underline{A}) = \underline{Q}(\underline{A})\ \underline{P}^*(\underline{A}) + \underline{R}(\underline{A}) \quad .$$

Da nach Cayley-Hamilton aber $\underline{P}^*(\underline{A}) = \underline{O}$ ist, gilt

$$\underline{F}(\underline{A}) = \underline{R}(\underline{A}) = \alpha_o\underline{I} + \alpha_1\underline{A} + \ldots + \alpha_{n-1}\underline{A}^{n-1} \quad . \tag{1.4.10}$$

Als unmittelbare Konsequenz aus dem Satz von Cayley-Hamilton ergibt sich somit:

> Jede (nxn)-Matrizenfunktion $\underline{F}(\underline{A})$ der Ordnung $p \geq n$ entsprechend Gl. (1.4.9) ist durch eine Funktion von höchstens (n-1)-ter Ordnung darstellbar.

Ein Beispiel hierfür wurde bereits zuvor berechnet, indem alle Potenzen $\underline{A}^i$ mit $i \geq n$ mit Hilfe des charakteristischen Polynoms eliminiert wurden.

Man kann zeigen, daß Gl.(1.4.10) auch für $p \to \infty$ gilt, also wenn $\underline{F}(\underline{A})$ eine unendliche Summe ist, sofern der Grenzwert für $p \to \infty$ existiert. Damit kann diese Beziehung auch zur Berechnung der Matrix-Exponentialfunktion $\underline{F}(\underline{A}) = e^{\underline{A}t}$ nach Gl.(1.2.6) benutzt werden, und die Fundamentalmatrix $e^{\underline{A}t}$ muß in der Form

$$\begin{aligned}\underline{\Phi}(t) &= e^{\underline{A}t} = \alpha_o(t)\underline{I} + \alpha_1(t)\underline{A} + \ldots + \alpha_{n-1}(t)\underline{A}^{n-1} \\ &= \underline{R}(\underline{A})\end{aligned} \tag{1.4.11}$$

darstellbar sein, wobei die Koeffizienten α_j Zeitfunktionen sind, da die Zeit auch in der Potenzreihe explizit auftritt. Zur Berechnung dieser Koeffizienten wird noch einmal Gl.(1.4.8) betrachtet. Setzt man für s die Eigenwerte s_i der Matrix $\underline{A}$ ein, so folgt wegen $P^*(s_i) = 0$ die Beziehung

$$F(s_i) = R(s_i) \quad . \tag{1.4.12}$$

Die beiden Polynome stimmen also für die Eigenwerte überein.

Somit gilt mit $F(s_i) = e^{s_i t}$ analog zu Gl.(1.4.11) für $i = 1,2,\ldots,n$

$$e^{s_i t} = \alpha_o(t) + \alpha_1(t)s_i + \ldots + \alpha_{n-1}(t)s_i^{n-1} \quad . \qquad (1.4.13)$$

Damit ergeben sich für die n-Eigenwerte s_i gerade n Gleichungen zur Berechnung der n unbekannten Koeffizienten $\alpha_j(t)$. Allerdings ist hier vorausgesetzt, daß alle n Eigenwerte s_i verschieden sind. Treten jedoch mehrfache Eigenwerte auf, so ergeben sich für jeden Eigenwert s_k der Vielfachheit m_k jeweils m_k Gleichungen der Form:

$$\frac{d^\mu}{ds^\mu} e^{st}\bigg|_{s=s_k} = \frac{d^\mu}{ds^\mu} [\alpha_o(t) + \alpha_1(t)s + \ldots + \alpha_{n-1}(t)s^{n-1}]\bigg|_{s=s_k} \qquad (1.4.14)$$

$$\text{für } \mu = 0,1,\ldots,m_k-1 \quad .$$

Beispiel 1.4.2:

Es ist die Fundamentalmatrix $\underline{\Phi}(t)$ für das in einem früheren Beispiel bereits benutzte System mit folgender Systemmatrix zu berechnen:

$$\underline{A} = \begin{bmatrix} 0 & 6 \\ -1 & -5 \end{bmatrix} \quad .$$

Die charakteristische Gleichung lautet:

$$P^*(s) = |s\underline{I} - \underline{A}| = \begin{bmatrix} s & -6 \\ 1 & s+5 \end{bmatrix} = s^2 + 5s + 6 = 0 \quad .$$

Es ergeben sich folgende Eigenwerte:

$$s_1 = -2 \quad \text{und} \quad s_2 = -3 \quad .$$

Nun wird der Ansatz entsprechend Gl. (1.4.11) gemacht

$$\underline{\Phi}(t) = e^{\underline{A}t} = \alpha_o(t)\underline{I} + \alpha_1(t)\underline{A} = \begin{bmatrix} \alpha_o(t) & 0 \\ 0 & \alpha_o(t) \end{bmatrix} + \begin{bmatrix} 0 & 6\alpha_1(t) \\ -\alpha_1(t) & -5\alpha_1(t) \end{bmatrix} \quad .$$

Die Koeffizienten α_o und α_1 werden dann mittels Gl. (1.4.13) bestimmt:

$$e^{-2t} = \alpha_o(t) - 2\alpha_1(t)$$

$$e^{-3t} = \alpha_o(t) - 3\alpha_1(t) \quad .$$

Die Lösung dieser beiden Gleichungen liefert die gesuchten Zeitfunktionen

$$\alpha_o(t) = 3e^{-2t} - 2e^{-3t} \quad \text{und} \quad \alpha_1(t) = e^{-2t} - e^{-3t} \quad .$$

Somit erhält man schließlich als Übergangsmatrix

$$\underline{\Phi}(t) = \begin{bmatrix} \alpha_o & 6\alpha_1 \\ -\alpha_1 & \alpha_o-5\alpha_1 \end{bmatrix} = \begin{bmatrix} (3e^{-2t}-2e^{-3t}) & (6e^{-2t}-6e^{-3t}) \\ (-e^{-2t}+e^{-3t}) & (-2e^{-2t}+3e^{-3t}) \end{bmatrix} .$$

1.4.3. Der Entwicklungssatz von Sylvester

Durch Gl. (1.4.12) ist die Aufgabe der Bestimmung des "Ersatzpolynoms" $\underline{R}(\underline{A})$ für eine Matrizenfunktion $\underline{F}(\underline{A})$ auf folgendes Problem zurückgeführt:

Man bestimme ein Polynom R(s) der Ordnung n-1, das in n "Stützstellen" s_i die vorgegebenen Funktionswerte

$$F(s_i) = R(s_i)$$

annimmt. Sind dabei s_i die Eigenwerte der Matrix $\underline{A}$, so ist $\underline{R}(\underline{A})$ das gesuchte Polynom und es gilt

$$\underline{F}(\underline{A}) = \underline{R}(\underline{A}) .$$

Es handelt sich hier um ein Interpolationsproblem, das eine eindeutige Lösung hat. Hierfür ist die *Interpolationsformel von Lagrange*

$$R(s) = \sum_{j=1}^{n} [F(s_j) \prod_{\substack{i=1 \\ i \neq j}}^{n} \frac{s_i - s}{s_i - s_j}] \tag{1.4.15}$$

anwendbar. Ersetzt man nun die Variable s durch die Matrix $\underline{A}$ und demgemäß s_i im Zähler durch $s_i\underline{I}$, so erhält man unmittelbar den *Sylvesterschen Entwicklungssatz:*

$$\underline{R}(\underline{A}) = \sum_{j=1}^{n} [F(s_j) \prod_{\substack{i=1 \\ i \neq j}}^{n} \frac{s_i\underline{I} - \underline{A}}{s_i - s_j}] . \tag{1.4.16}$$

Durch Anwendung dieser Beziehung speziell auf $\underline{F}(\underline{A}) = e^{\underline{A}t} = \underline{\Phi}(t)$ mit $F(s_j) = e^{s_j t}$ folgt schließlich

$$\underline{\Phi}(t) = \sum_{j=1}^{n} [e^{s_j t} \prod_{\substack{i=1 \\ i \neq j}}^{n} \frac{s_i\underline{I} - \underline{A}}{s_i - s_j}] . \tag{1.4.17}$$

Hierbei sind die Größen s_j die Eigenwerte von $\underline{A}$, die in diesem Fall wiederum alle verschieden sein müssen. Diese Beziehung entspricht dem Gleichungssystem nach Gl. (1.4.13) und schließt Gl. (1.4.11) mit ein.

Sie ist besonders für die Auswertung mit Hilfe des Digitalrechners geeignet. Ihre Anwendung geschieht in drei Schritten:

1. Bestimmung der Eigenwerte von $\underline{A}$,
2. Berechnung der Produkte in der Klammer von Gl.(1.4.17),
3. Berechnung von $\underline{\Phi}(t)$ durch Aufsummieren der Produkte.

Beispiel 1.4.3:

Für das früher bereits gewählte Beispiel mit der Systemmatrix

$$\underline{A} = \begin{bmatrix} 0 & 6 \\ -1 & -5 \end{bmatrix}$$

und den Eigenwerten $s_1 = -2$ und $s_2 = -3$ erhält man für die beiden Produkte:

$$\frac{s_2\underline{I} - \underline{A}}{s_2 - s_1} = \frac{1}{-3-(-2)} \begin{bmatrix} -3 & -6 \\ 1 & -3+5 \end{bmatrix} = \begin{bmatrix} 3 & 6 \\ -1 & -2 \end{bmatrix}$$

$$\frac{s_1\underline{I} - \underline{A}}{s_1 - s_2} = \frac{1}{-2-(-3)} \begin{bmatrix} -2 & -6 \\ 1 & -2+5 \end{bmatrix} = \begin{bmatrix} -2 & -6 \\ 1 & 3 \end{bmatrix} .$$

Hiermit wird

$$\underline{\Phi}(t) = e^{-2t} \begin{bmatrix} 3 & 6 \\ -1 & -2 \end{bmatrix} + e^{-3t} \begin{bmatrix} -2 & -6 \\ 1 & 3 \end{bmatrix}$$

$$= \begin{bmatrix} (3e^{-2t} - 2e^{-3t}) & (6e^{-2t} - 6e^{-3t}) \\ (-e^{-2t} + e^{-3t}) & (-2e^{-2t} + 3e^{-3t}) \end{bmatrix} .$$

Zusammen mit dem im Abschnitt 1.3 beschriebenen Vorgehen zur Rücktransformation von $\underline{\underline{\Phi}}(s)$ stehen damit nun die wichtigsten Verfahren zur Berechnung von $\underline{\Phi}(t)$ zur Verfügung. Bezüglich weiterer Verfahren sei auf [1.3] verwiesen.

1.5. Normalformen für Eingrößensysteme in Zustandsraumdarstellung

Im folgenden soll gezeigt werden, wie aus der Übertragungsfunktion eines linearen Eingrößensystems die Zustandsraumdarstellung abgeleitet werden kann. Entscheidend ist hierbei die Definition der Zustandsgrößen. Von der Wahl der Zustandsgrößen hängt die Struktur der Matrix $\underline{A}$ und der Vektoren $\underline{b}$ und $\underline{c}$ in den Gln. (1.1.5) und (1.1.6) ab.

Gegeben sei die Übertragungsfunktion

$$G(s) = \frac{Y(s)}{U(s)} = \frac{b_o + b_1 s + \ldots + b_{n-1} s^{n-1} + b_n s^n}{a_o + a_1 s + \ldots + a_{n-1} s^{n-1} + s^n} \quad , \tag{1.5.1}$$

die immer so normiert werden kann, daß der Koeffizient der höchsten Potenz im Nenner $a_n = 1$ wird. Das Zählerpolynom soll nicht vollständig verschwinden, d.h. mindestens ein Koeffizient b_i soll ungleich Null sein. Diese Übertragungsfunktion entsteht bekanntlich durch Laplace-Transformation aus der Differentialgleichung

$$\frac{d^n y}{dt^n} + a_{n-1} \frac{d^{n-1} y}{dt^{n-1}} + \ldots + a_1 \dot{y} + a_o y = b_o u + b_1 \dot{u} + \ldots + b_n \frac{d^n u}{dt^n} \quad . \tag{1.5.2}$$

Die Aufgabe besteht also darin, diese Differentialgleichung n-ter Ordnung in ein System von n Differentialgleichungen erster Ordnung umzuwandeln. Dazu werden nachfolgend drei Möglichkeiten mit unterschiedlicher Wahl der Zustandsgrößen betrachtet.

1.5.1. Frobenius-Form oder Regelungsnormalform

a) *Sonderfall*

Zunächst sollen keine Ableitungen der Eingangsgröße auftreten, d.h. Gl. (1.5.2) geht über in

$$\frac{d^n y}{dt^n} + a_{n-1} \frac{d^{n-1} y}{dt^{n-1}} + \ldots + a_1 \dot{y} + a_o y = b_o u \quad . \tag{1.5.3}$$

Löst man nach der höchsten Ableitung von y auf

$$\frac{d^n y}{dt^n} = b_o u - [a_{n-1} \frac{d^{n-1} y}{dt^{n-1}} + \ldots + a_1 \dot{y} + a_o y] \quad , \tag{1.5.4}$$

so ergibt sich daraus unmittelbar eine Darstellung in Form eines Blockschaltbildes, das gemäß Bild 1.5.1 aus n hintereinandergeschalteten I-Gliedern mit entsprechenden Rückführungen besteht (vgl. auch Bild 1.1.1). Mit Rücksicht auf den erst später behandelten allgemeinen Fall ist es hierbei zweckmäßig, den Faktor b_o, der in Gl. (1.5.4) beim Eingangssignal auftritt, als P-Glied in den Ausgangszweig zu verlagern. Da es sich um ein lineares System handelt, ist dies bekanntlich zulässig.

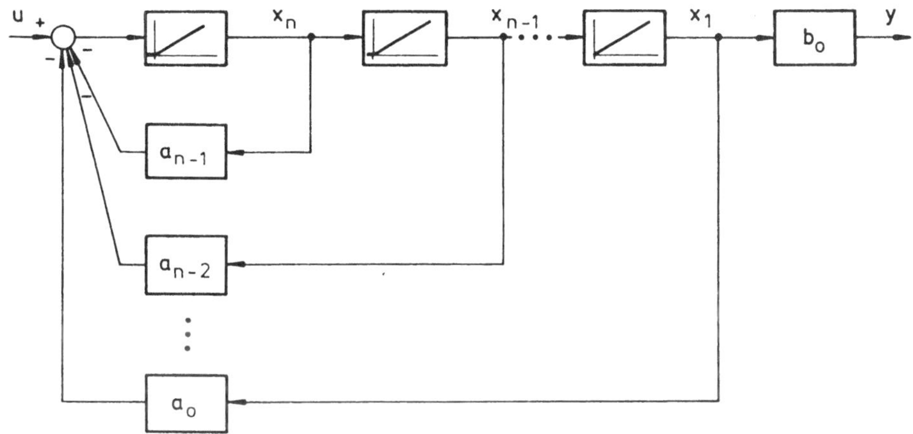

Bild 1.5.1. Blockschaltbild zu Gl.(1.5.4)

Definiert man nun wieder - ähnlich wie in dem einführenden Beispiel von Abschnitt 1.1 - die Ausgänge der I-Glieder als Zustandsgrößen, so ergeben sich aus Bild 1.5.1 unmittelbar die Zustandsgleichungen

$$\begin{aligned} \dot{x}_1 &= x_2 \\ \dot{x}_2 &= x_3 \\ &\vdots \\ \dot{x}_n &= u - a_o x_1 - a_1 x_2 - \ldots - a_{n-1} x_n \end{aligned} \qquad (1.5.5a)$$

und

$$y = b_o x_1 \quad . \qquad (1.5.5b)$$

Faßt man die Komponenten x_i zum Zustandsvektor $\underline{x}$ zusammen, so erhält man die Darstellung gemäß Gl.(1.1.7) mit

$$\underline{A} = \begin{bmatrix} 0 & 1 & 0 & 0 & \ldots & 0 \\ 0 & 0 & 1 & 0 & \ldots & 0 \\ 0 & 0 & 0 & 1 & \ldots & 0 \\ \vdots & & & & \ddots & \vdots \\ 0 & 0 & 0 & 0 & \ldots & 1 \\ -a_o & -a_1 & -a_2 & -a_3 & \ldots & -a_{n-1} \end{bmatrix} , \quad \underline{B} = \underline{b} = \begin{bmatrix} 0 \\ 0 \\ 0 \\ \vdots \\ 0 \\ 1 \end{bmatrix} , \qquad (1.5.6a,b)$$

$$\underline{C} = \underline{c}^T = [b_o \ 0 \ 0 \ldots 0] \quad \text{und} \quad \underline{D} = d = 0 \quad . \qquad (1.5.6c,d)$$

Die Struktur der Matrix $\underline{A}$ wird als *Frobenius-Form* oder *Regelungsnormalform* bezeichnet. Sie ist dadurch gekennzeichnet, daß sie in der untersten Zeile genau die negativen Koeffizienten ihres charakteristischen Polynoms (normiert auf $a_n = 1$) enthält. Man nennt sie auch die *Begleitmatrix* des Polynoms

$$N(s) = a_o + a_1 s + \ldots + s^n \quad .$$

b) *Allgemeiner Fall*

Betrachtet man nun zur Behandlung des allgemeinen Falles die Gl.(1.5.2), in der auch Ableitungen von u auftreten, so erkennt man, daß die Aufstellung eines Blockschaltbildes in der obigen Weise nicht mehr direkt möglich ist. Wird aber nun die erste Zustandsgröße x_1 so gewählt, daß für die Ausgangsgröße

$$y = b_o x_1 + b_1 \dot{x}_1 + \ldots + b_n \frac{d^n x_1}{dt^n} \quad , \tag{1.5.7}$$

gilt, so erhält man wiederum die gleiche Struktur der Matrix $\underline{A}$ wie bei Gl.(1.5.6a). Um dies zu zeigen, wird die Laplace-Transformierte Y(s) aus Gl.(1.5.7) gebildet

$$Y(s) = X_1(s) \; [b_o + b_1 s + \ldots + b_n s^n] \quad . \tag{1.5.8}$$

Setzt man diese Beziehung in Gl.(1.5.1) ein, so ergibt sich nach Kürzen des Zählerpolynoms

$$\frac{X_1(s)}{U(s)} = \frac{1}{a_o + a_1 s + \ldots + a_{n-1} s^{n-1} + s^n} \quad . \tag{1.5.9}$$

Diese Übertragungsfunktion stellt aber gerade den obigen Sonderfall mit $b_o = 1$ dar. Hierfür ist die Definition der Zustandsgrößen gemäß Bild 1.5.1 direkt anwendbar, und damit sind die Gln.(1.5.5a) auch die Zustandsgleichungen für den allgemeinen Fall. Die Matrix $\underline{A}$ in Gl.(1.5.6a) bleibt unverändert, ebenso der Steuervektor $\underline{b}$. Ergänzt man Bild 1.5.1 entsprechend Gl.(1.5.7), so erhält man das Blockschaltbild für den allgemeinen Fall gemäß Bild 1.5.2.

Für die Ausgangsgröße folgt aus Gl.(1.5.7) mit Gl.(1.5.5a)

$$\begin{aligned} y &= b_o x_1 + b_1 x_2 + \ldots + b_{n-1} x_n + b_n \dot{x}_n \\ &= b_o x_1 + b_1 x_2 + \ldots + b_{n-1} x_n + b_n \; [u - a_o x_1 - \ldots - a_{n-1} x_n] \\ &= (b_o - b_n a_o) x_1 + (b_1 - b_n a_1) x_2 + \ldots + (b_{n-1} - b_n a_{n-1}) x_n + b_n u \quad . \end{aligned} \tag{1.5.10}$$

Hieraus sind die Matrizen $\underline{C}$ und $\underline{D}$ leicht ablesbar (siehe unten).

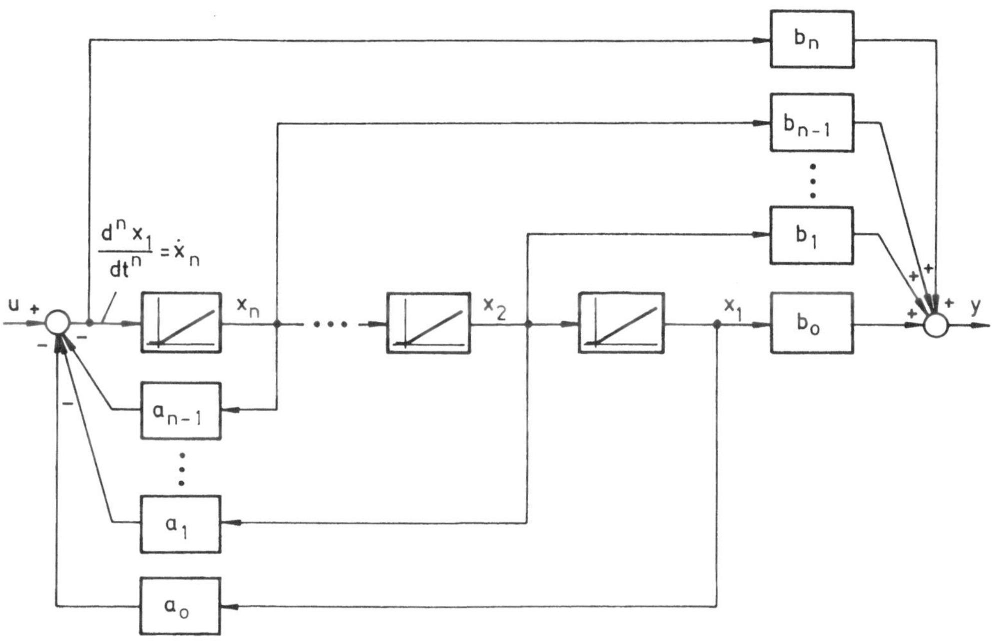

Bild 1.5.2. Blockschaltbild zur Regelungsnormalform gemäß Gl.(1.5.10)

Zusammenfassend lautet das Ergebnis für den allgemeinen Fall:
Für ein Eingrößensystem n-ter Ordnung mit der Übertragungsfunktion (normiert auf $a_n = 1$)

$$G(s) = \frac{\underline{Y}(s)}{\underline{U}(s)} = \frac{b_o + b_1 s + \ldots + b_{n-1}s^{n-1} + b_n s^n}{a_o + a_1 s + \ldots + a_{n-1}s^{n-1} + s^n} \tag{1.5.1}$$

sind die Matrizen der Zustandsdarstellung in Regelungsnormalform gegeben durch

$$\underline{A} = \begin{bmatrix} 0 & 1 & 0 & 0 & \ldots & 0 \\ 0 & 0 & 1 & 0 & \ldots & 0 \\ 0 & 0 & 0 & 1 & \ldots & 0 \\ \vdots & & & & \ddots & \vdots \\ 0 & 0 & 0 & 0 & \ldots & 1 \\ -a_o & -a_1 & -a_2 & -a_3 & \ldots & -a_{n-1} \end{bmatrix}, \quad \underline{B} = \underline{b} = \begin{bmatrix} 0 \\ 0 \\ 0 \\ \vdots \\ 0 \\ 1 \end{bmatrix}, \tag{1.5.11a,b}$$

$$\underline{C} = \underline{c}^T = [(b_o - b_n a_o) \quad (b_1 - b_n a_1) \ldots (b_{n-1} - b_n a_{n-1})], \tag{1.5.11c}$$

$$\underline{D} = d = b_n \quad . \tag{1.5.11d}$$

Die Regelungsnormalform ist damit sehr einfach aus der Übertragungsfunktion zu ermitteln. Insbesondere für $b_n = 0$ enthält sie neben Nullen und Einsen nur die Koeffizienten von G(s). Die Durchgangsmatrix $\underline{D}$ tritt nur für $b_n \neq 0$ auf, d.h. wenn Zähler- und Nennerordnung von G(s) gleich sind. Dies ist das Kennzeichen sogenannter sprungfähiger Systeme.

1.5.2. Beobachtungsnormalform

Eine andere Definition der Zustandsgrößen für den allgemeinen Fall der Gl. (1.5.2) erhält man, wenn anstelle des Ansatzes nach Gl. (1.5.7) die Differentialgleichung n-mal integriert wird, so daß keine Ableitungen von u mehr auftreten. Dies führt auf die Beziehung

$$\begin{aligned} y(t) &= b_n u(t) + \int_0^t [b_{n-1}u(\tau) - a_{n-1}y(\tau)]d\tau + \ldots + \\ &+ \underbrace{\int_0^t \ldots \int_0^t}_{n\text{-mal}} [b_0 u(\tau) - a_0 y(\tau)]d\tau^n \quad , \end{aligned} \tag{1.5.12}$$

die wiederum als Blockschaltbild einfach realisiert werden kann (Bild 1.5.3). Definiert man wie zuvor die Ausgänge der I-Glieder als Zustandsgrößen, dann folgt aus Bild 1.5.3 unmittelbar das Gleichungssy-

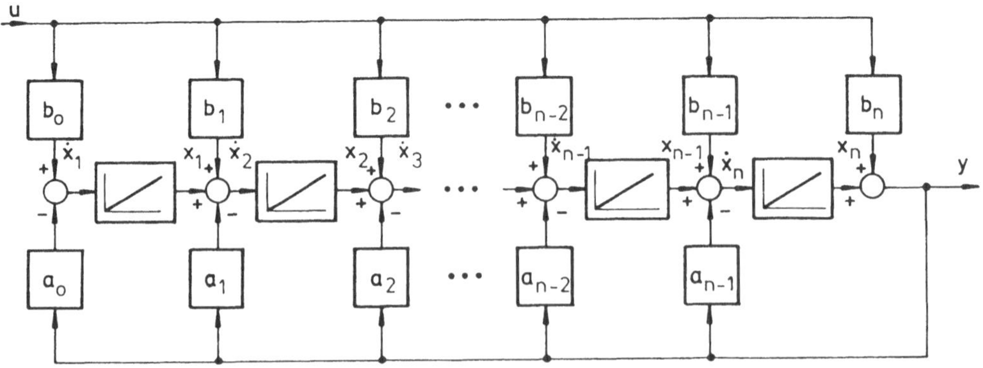

Bild 1.5.3. Blockschaltbild zur Beobachtungsnormalform gemäß Gl. (1.5.12)

stem

$$\begin{aligned}
\dot{x}_1 &= -a_o y + b_o u \\
\dot{x}_2 &= x_1 - a_1 y + b_1 u \\
\dot{x}_3 &= x_2 - a_2 y + b_2 u \\
&\vdots \\
\dot{x}_n &= x_{n-1} - a_{n-1} y + b_{n-1} u \quad .
\end{aligned} \tag{1.5.13a}$$

Die Ausgangsgleichung lautet

$$y = x_n + b_n u \quad . \tag{1.5.13b}$$

Damit kann y eliminiert werden, und es ergeben sich folgende Zustandsgleichungen:

$$\begin{aligned}
\dot{x}_1 &= -a_o x_n & &+ (b_o - b_n a_o) u \\
\dot{x}_2 &= -a_1 x_n + x_1 & &+ (b_1 - b_n a_1) u \\
\dot{x}_3 &= -a_2 x_n + x_2 & &+ (b_2 - b_n a_2) u \\
&\vdots \\
\dot{x}_n &= -a_{n-1} x_n + x_{n-1} & &+ (b_{n-1} - b_n a_{n-1}) u \quad .
\end{aligned} \tag{1.5.14}$$

Hieraus lassen sich sofort die Matrizen für die Beobachtungsnormalform angeben:

$$\underline{A} = \begin{bmatrix} 0 & 0 & \dots & 0 & 0 & -a_o \\ 1 & 0 & & 0 & 0 & -a_1 \\ 0 & 1 & & \vdots & \vdots & \vdots \\ 0 & 0 & \ddots & 0 & 0 & -a_{n-3} \\ \vdots & \vdots & & 1 & 0 & -a_{n-2} \\ 0 & 0 & \dots & 0 & 1 & -a_{n-1} \end{bmatrix} , \quad \underline{b} = \begin{bmatrix} b_o - b_n a_o \\ \\ \vdots \\ b_{n-3} - b_n a_{n-3} \\ b_{n-2} - b_n a_{n-2} \\ b_{n-1} - b_n a_{n-1} \end{bmatrix} , \tag{1.5.15a,b}$$

$$\underline{C} = \underline{c}^T = [0 \quad 0 \quad \dots \quad 0 \quad 1] \quad , \underline{D} = d = b_n \quad . \tag{1.5.15c,d}$$

Man erkennt unmittelbar, daß diese Systemdarstellung dual zur Regelungsnormalform ist, insofern als die Vektoren $\underline{b}$ und $\underline{c}$ gerade vertauscht sind, während die Matrix $\underline{A}$ eine transponierte Frobenius-Form besitzt, in der die Koeffizienten des charakteristischen Polynoms als Spalte auftreten. Der strukturelle Unterschied beider Formen wird besonders durch Vergleich der Bilder 1.5.2 und 1.5.3 deutlich.

1.5.3. Diagonalform und Jordan-Normalform

Bei der dritten Möglichkeit der Darstellung linearer Eingrößensysteme im Zustandsraum wird zur Definition der Zustandsgrößen die Partialbruchzerlegung der Übertragungsfunktion G(s) benutzt. Hierzu wird vorausgesetzt, daß die Pole von G(s) bekannt sind und daß der Zählergrad m kleiner ist als der Nennergrad n. Dies läßt sich durch Abspalten eines Proportionalgliedes mit der Verstärkung b_n aus Gl. (1.5.1), also durch eine Polynomdivision stets verwirklichen, so daß man im folgenden nur noch die Übertragungsfunktion der Form

$$G(s) = \frac{b_o + b_1 s + \ldots + b_m s^m}{a_o + a_1 s + \ldots + s^n} = \frac{Z(s)}{N(s)} \quad , \quad m < n \qquad (1.5.16)$$

zu betrachten hat. Dabei sollen nachfolgend drei Fälle unterschieden werden.

1.5.3.1. Einfache reelle Pole

Sind alle Pole s_k von G(s) voneinander verschieden und reell, so ist G(s) durch die Partialbruchsumme

$$G(s) = \sum_{k=1}^{n} \frac{c_k}{s - s_k} \qquad (1.5.17)$$

darstellbar. Damit ergibt sich für die Ausgangsgröße die Beziehung

$$Y(s) = \sum_{k=1}^{n} \frac{c_k}{s - s_k} U(s) \quad , \qquad (1.5.18)$$

die unmittelbar in ein Blockschaltbild (Bild 1.5.4) übertragen werden kann.

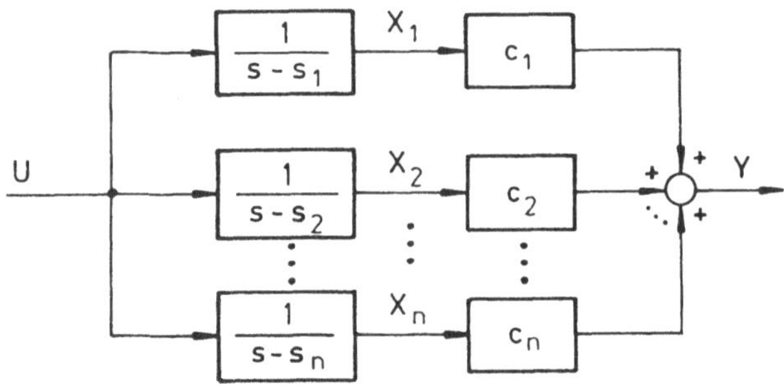

Bild 1.5.4. Blockschaltbild zur Diagonalform bei einfachen Polen s_k

Als Zustandsvariablen x_k wählt man nun die in Bild 1.5.4 bezeichneten Größen

$$X_k(s) = \frac{1}{s - s_k} U(s) \quad , \tag{1.5.19}$$

woraus sich durch Rücktransformation in den Zeitbereich die Zustandsgleichungen

$$\dot{x}_k = s_k x_k + u \quad \text{für} \quad k = 1,2,\ldots,n \tag{1.5.20}$$

ergeben. Für die Ausgangsgröße gilt

$$y = c_1 x_1 + c_2 x_2 + \ldots + c_n x_n \quad . \tag{1.5.21}$$

Faßt man die Komponenten x_k zum Zustandsvektor $\underline{x}$ zusammen, so erhält man die Zustandsdarstellung

$$\dot{\underline{x}} = \underline{A}\ \underline{x} + \underline{b}\ u$$

$$y = \underline{c}^T \underline{x}$$

mit folgenden Matrizen bzw. Vektoren

$$\underline{A} = \begin{bmatrix} s_1 & 0 & \ldots & 0 \\ 0 & s_2 & & \vdots \\ \vdots & & \ddots & 0 \\ 0 & \ldots & 0 & s_n \end{bmatrix} \quad , \quad \underline{b} = \begin{bmatrix} 1 \\ 1 \\ \vdots \\ 1 \end{bmatrix} \tag{1.5.22a,b}$$

und

$$\underline{c}^T = [c_1 \quad c_2 \ \ldots \ c_n] \quad . \tag{1.5.22c}$$

In dieser Darstellung sind die Zustandsgleichungen entkoppelt. Das System zerfällt in n voneinander unabhängige Einzelsysteme 1. Ordnung, wobei jedem dieser Teilsysteme *ein* Pol des Systems zugeordnet ist. Die Systemmatrix hat Diagonalform und besitzt die Pole als Diagonalelemente.

1.5.3.2. Mehrfache reelle Pole

Treten in G(s) mehrfache Pole auf, so ist der Nenner N(s) mit p verschiedenen Polen darstellbar als

$$N(s) = (s - s_1)^{r_1} (s - s_2)^{r_2} \ldots (s - s_p)^{r_p} \quad , \tag{1.5.23}$$

wobei die Zahlen r_k die Vielfachheit jedes Pols s_k angeben. Da die Ordnung des Systems n ist, muß die Beziehung

$$\sum_{k=1}^{p} r_k = n \qquad (1.5.24)$$

gelten, wobei natürlich $p \leqq n$ ist.

Für diesen Fall lautet die Partialbruchzerlegung von G(s) bekanntlich

$$G(s) = \sum_{k=1}^{p} \left\{ \frac{c_{k,1}}{s-s_k} + \frac{c_{k,2}}{(s-s_k)^2} + \ldots + \frac{c_{k,r_k}}{(s-s_k)^{r_k}} \right\} . \qquad (1.5.25)$$

Aus dieser Darstellung lassen sich folgende Schlüsse ziehen:

- Die Summe in Gl.(1.5.25) besteht wie im Fall einfacher Pole aus n Termen.
- Entwickelt man daraus auf gleiche Weise ein Blockschaltbild, indem man jeden Term für sich als Teilsystem darstellt, so wird die resultierende Summe der Ordnungen

  $$\sum_{k=1}^{p} (1+2+3+\ldots+r_k) = \sum_{k=1}^{p} \frac{r_k(1+r_k)}{2} > n . \qquad (1.5.26)$$

  Damit hätte man das ursprüngliche System n-ter Ordnung durch ein System mit höherer Ordnung dargestellt, das dementsprechend mehr als n Zustandsgrößen besitzen würde. Eine solche Darstellung wäre jedoch *redundant*, da zur vollständigen Beschreibung eines Systems n-ter Ordnung genau n voneinander unabhängige Zustandsvariablen ausreichen.

Es wird also eine Realisierung von G(s) entsprechend Gl.(1.5.25) mit der minimalen Ordnung n gesucht, eine sogenannte *Minimalrealisierung* von G(s). Betrachtet man ein Glied der Summe in Gl.(1.5.25), beispielsweise für k = 1

$$\frac{c_{1,1}}{s-s_1} + \frac{c_{1,2}}{(s-s_1)^2} + \ldots + \frac{c_{1,r_1}}{(s-s_1)^{r_1}} ,$$

so ist leicht zu erkennen, daß durch eine Anordnung entsprechend dem Blockschaltbild gemäß Bild 1.5.5 dieser Term durch r_1 Elemente 1. Ordnung, also mit der Gesamtordnung r_1 realisiert werden kann. Für die r_1 Zustandsgrößen dieses Teilsystems gelten die Zustandsgleichungen

$$\begin{aligned} \dot{x}_i &= s_1 x_i + x_{i+1} \qquad \text{für } i = 1,2,\ldots,r_1-1 \\ \dot{x}_{r_1} &= s_1 x_{r_1} + u . \end{aligned} \qquad (1.5.27)$$

Ganz entsprechend sieht die Realisierung der übrigen p-1 Glieder aus.

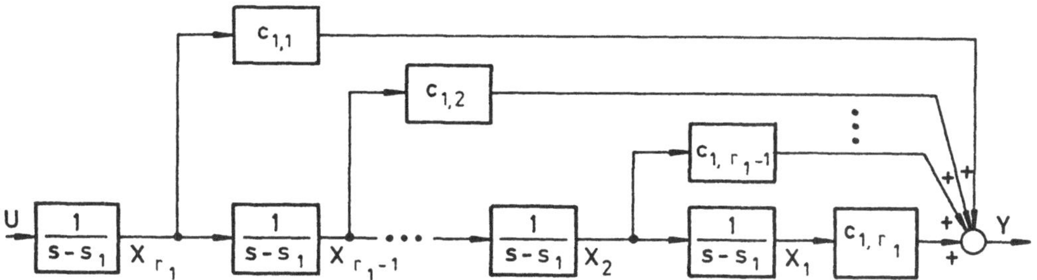

Bild 1.5.5. Blockschaltbild zur Jordan-Normalform bei mehrfachen Polen

Zur weiteren Darstellung der Struktur der Matrizen $\underline{A}$, $\underline{B}$ und $\underline{C}$ soll ein Beispiel betrachtet werden.

Beispiel 1.5.1:

Gegeben sei das Nennerpolynom eines Systems 5. Ordnung

$$N(s) = (s - s_1)^2 \; (s - s_2)^3 \quad .$$

Damit gilt für die Übertragungsfunktion

$$G(s) = \frac{c_{1,1}}{s-s_1} + \frac{c_{1,2}}{(s-s_1)^2} + \frac{c_{2,1}}{s-s_2} + \frac{c_{2,2}}{(s-s_2)^2} + \frac{c_{2,3}}{(s-s_2)^3} \quad .$$

Für diese Form läßt sich nun das im Bild 1.5.6 dargestellte Blockschema entwickeln. Mit Hilfe der dort definierten Zustandsgrößen erhält man

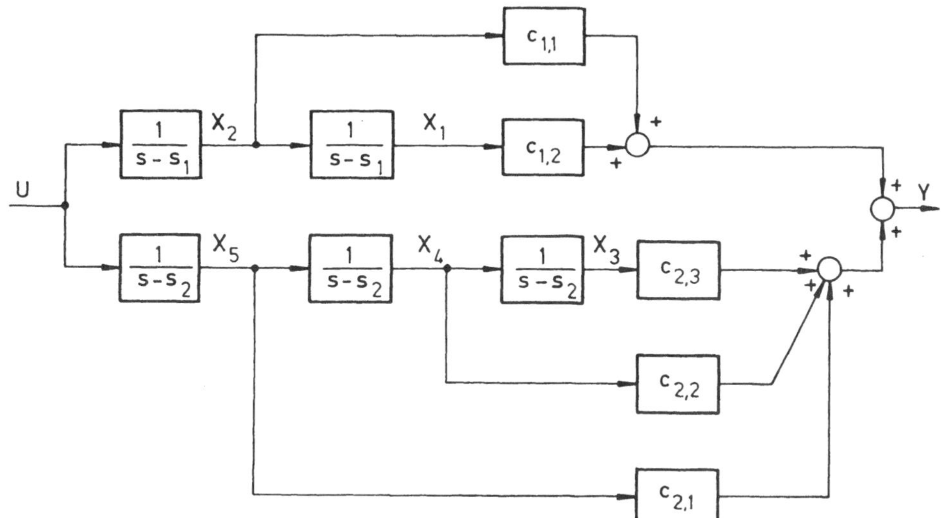

Bild 1.5.6. Blockschaltbild für Beispiel 1.5.1

$$\begin{aligned}
\dot{x}_1 &= s_1x_1 + x_2 \\
\dot{x}_2 &= \quad s_1x_2 \qquad\qquad + u \\
\dot{x}_3 &= \qquad s_2x_3 + x_4 \\
\dot{x}_4 &= \qquad\quad s_2x_4 + x_5 \\
\dot{x}_5 &= \qquad\qquad s_2x_5 + u
\end{aligned}$$

und

$$y = c_{1,2}x_1 + c_{1,1}x_2 + c_{2,3}x_3 + c_{2,2}x_4 + c_{2,1}x_5$$

oder in Matrizenschreibweise

$$\dot{\underline{x}} = \underline{A}\ \underline{x} + \underline{b}\ u$$

$$y = \underline{c}^T\ \underline{x} \quad ,$$

mit

$$\underline{A} \equiv \underline{J} = \begin{bmatrix} s_1 & 1 & 0 & 0 & 0 \\ 0 & s_1 & 0 & 0 & 0 \\ 0 & 0 & s_2 & 1 & 0 \\ 0 & 0 & 0 & s_2 & 1 \\ 0 & 0 & 0 & 0 & s_2 \end{bmatrix} , \quad \underline{b} = \begin{bmatrix} 0 \\ 1 \\ 0 \\ 0 \\ 1 \end{bmatrix} ,$$

$$\underline{c}^T = [c_{1,2} \quad c_{1,1} \quad c_{2,3} \quad c_{2,2} \quad c_{2,1}] \ .$$

Bei mehrfachen Polen hat also die Matrix $\underline{A}$ in der hier vorliegenden Jordan-Normalform (kurz meist auch nur als Jordan-Form bezeichnet) keine Diagonalstruktur mehr. Sie besitzt zwar noch die Pole des Systems, d. h. ihre Eigenwerte entsprechend der Vielfachheit r_k in der Diagonalen, dazu kommen aber auch Elemente mit dem Wert 1 in der oberen Nebendiagonalen. Eine solche Matrix $\underline{J}$ nennt man *Jordan-Matrix*. Man beachte auch, daß der Steuervektor $\underline{b}$ nicht mehr voll besetzt ist und nur dort 1-Elemente enthält, wo die Nebendiagonalelemente von $\underline{A}$ verschwinden.

1.5.3.3. Konjugiert komplexe Pole

Die Partialbruchzerlegung gemäß den Gln. (1.5.17) oder (1.5.25) gilt selbstverständlich auch für komplexe Pole. Sie liefert jedoch in diesem Fall komplexe Residuen $c_{k,l}$ und würde insgesamt zu einer komplexen Zustandsraumdarstellung mit komplexen Zustandsgrößen und komplexen Matrizen $\underline{A}$, $\underline{B}$, $\underline{C}$ führen. Aus diesem Grund faßt man zweckmäßigerweise jeweils konjugiert komplexe Polpaare zusammen und erhält damit eine reelle Darstellung. Eine einfache Möglichkeit hierfür soll im folgenden behandelt werden.

Für ein konjugiert komplexes Polpaar

$$s_{1,2} = \sigma \pm j\omega$$

erhält man ein Teilsystem $G_{12}(s)$, das aus den beiden Partialbrüchen

$$\frac{c_1}{s - \sigma - j\omega} + \frac{c_2}{s - \sigma + j\omega} = G_{12}(s) \qquad (1.5.28)$$

besteht, wobei die Residuen c_1 und c_2 ebenfalls konjugiert komplex sind:

$$c_{1,2} = \delta \pm j\varepsilon \quad .$$

Faßt man beide Brüche zusammen, so ergibt sich für das Teilsystem eine Übertragungsfunktion zweiter Ordnung

$$G_{12}(s) = \frac{b_o + b_1 s}{a_o + a_1 s + s^2} \qquad (1.5.29)$$

mit den reellen Koeffizienten

$$\left.\begin{aligned} a_o &= \sigma^2 + \omega^2 \quad &; \quad a_1 &= -2\sigma \\ b_o &= -2(\sigma\delta + \omega\varepsilon) \quad &; \quad b_1 &= 2\delta \end{aligned}\right\} \quad . \qquad (1.5.30)$$

Dieses Teilsystem kann nun beispielsweise in Regelungsnormalform dargestellt werden. Damit erhält man

$$\underline{A} = \begin{bmatrix} 0 & 1 \\ -a_o & -a_1 \end{bmatrix} \quad , \qquad (1.5.31a)$$

$$\underline{b} = \begin{bmatrix} 0 \\ 1 \end{bmatrix} \quad , \qquad (1.5.31b)$$

$$\underline{c}^T = [b_o \quad b_1] \quad . \qquad (1.5.31c)$$

Tritt also ein konjugiert komplexes Polpaar auf, so erscheint in der Jordan-Matrix anstelle der Pole in der Diagonalen die (2x2)-Matrix $\underline{A}$ gemäß Gl.(1.5.31a). Dadurch erhält man wiederum eine diagonalähnliche Struktur der Systemmatrix $\underline{A}$, eine Blockdiagonalstruktur.

Beispiel 1.5.2:

Für ein System 6. Ordnung seien die Pole sowie die zugehörigen Residuen wie folgt gegeben:

Pole	s_1	$\sigma+j\omega$	$\sigma-j\omega$	s_2 zweifach		s_3
Residuen	c_1	$\delta+j\varepsilon$	$\delta-j\varepsilon$	$c_{2,1}$	$c_{2,2}$	c_3

.

Daraus läßt sich unmittelbar ein Blockschaltbild für die Jordan-Form bestimmen (Bild 1.5.7), und mit der dort angegebenen Definition der Zu-

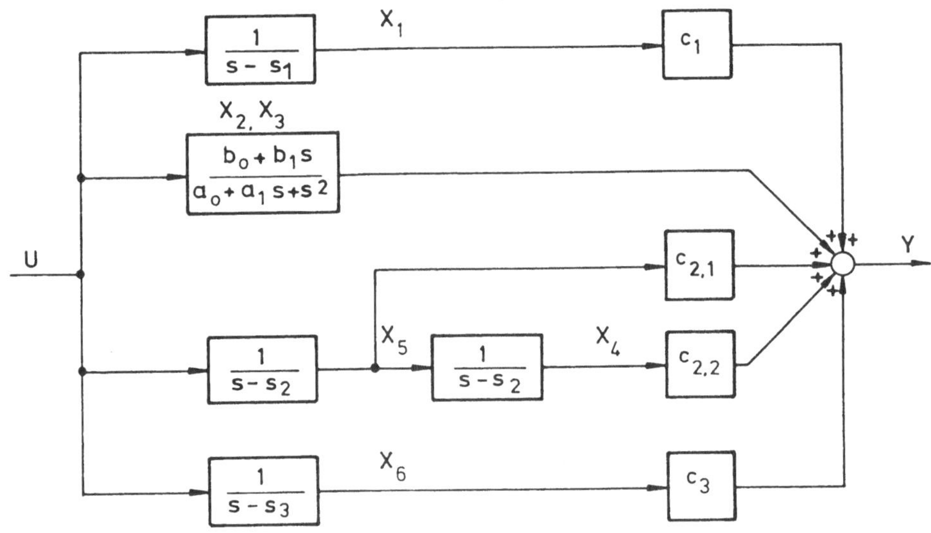

Bild 1.5.7. Blockschaltbild des Beispiels 6. Ordnung

standsgrößen ergeben sich die entsprechenden Matrizen und Vektoren:

$$\underline{A} = \begin{bmatrix} s_1 & 0 & 0 & 0 & 0 & 0 \\ 0 & 0 & 1 & 0 & 0 & 0 \\ 0 & -a_0 & -a_1 & 0 & 0 & 0 \\ 0 & 0 & 0 & s_2 & 1 & 0 \\ 0 & 0 & 0 & 0 & s_2 & 0 \\ 0 & 0 & 0 & 0 & 0 & s_3 \end{bmatrix}, \quad \underline{b} = \begin{bmatrix} 1 \\ 0 \\ 1 \\ 0 \\ 1 \\ 1 \end{bmatrix},$$

$$\underline{c}^T = [\, c_1 \quad b_0 \quad b_1 \quad c_{2,2} \; c_{2,1} \; c_3 \,] \quad .$$

Hierbei sind die Koeffizienten a_o, a_1, b_o und b_1 durch Gl.(1.5.30) bestimmt.

Zusammenfassend soll festgehalten werden, daß die Darstellung eines Eingrößensystems im Falle einfacher Pole von G(s) (verschiedene Eigenwerte von $\underline{A}$) auf die Diagonalform und im Falle mehrfacher Pole von G(s) (mehrfache Eigenwerte von $\underline{A}$) auf die Jordan-Normalform der Systemmatrix $\underline{A}$ führt. Bei komplexen Polen erhält man entweder eine komplexe Zustandsdarstellung oder aber zweckmäßigerweise durch Zusammenfassen konjugiert komplexer Polpaare eine reelle Systemmatrix $\underline{A}$, mit einer bestimmten diagonalähnlichen Struktur.

Alle drei hier besprochenen Normalformen zeichnen sich dadurch aus, daß die Systemmatrix $\underline{A}$ nur wenige von Null verschiedene Elemente besitzt und diese direkt mit den Koeffizienten der Übertragungsfunktion zusammenhängen. Man bezeichnet diese besonders einfachen Systemstrukturen auch als *kanonische Formen*. Bei den Methoden des Zustandsraums, wie sie beispielsweise in den Kapiteln 1.6 und 1.7 behandelt werden, kommt den kanonischen Formen eine besondere Bedeutung zu. Daneben sind sie aber auch sehr gut zur Realisierung von Übertragungssystemen z. B. auf dem Analogrechner geeignet, wobei hierzu nicht vorausgesetzt werden muß, daß das Eingangssignal n-mal differenzierbar ist.

1.6. Transformation der Zustandsgleichungen auf Normalformen

Bei der Einführung der Zustandsraumdarstellung und besonders im vorhergehenden Abschnitt wurde gezeigt, daß es viele verschiedene Möglichkeiten gibt, die Zustandsgrößen für ein gegebenes System zu definieren. Dementsprechend ergeben sich für die Beschreibung desselben Systems unterschiedliche Matrizen $\underline{A}$, $\underline{B}$ und $\underline{C}$. Weiterhin wurden *Normalformen* oder *kanonische Formen* hergeleitet, die dadurch gekennzeichnet sind, daß die entsprechenden Systemmatrizen

- eine besonders einfache Gestalt, also eine möglichst kleine Zahl von Null verschiedener Elemente besitzen, jedoch für diese Minimalzahl von Elementen bestimmte feste Struktureigenschaften aufweisen, und
- die von Null verschiedenen Elemente in direktem Zusammenhang mit bestimmten Eigenschaften des Systems stehen (Eigenwerte, charakteri-

stisches Polynom, auch Struktureigenschaften bei Mehrgrößensystemen).

Damit stellt sich die Aufgabe, eine gegebene Zustandsraumdarstellung eines Systems in eine äquivalente Darstellung mit unterschiedlicher Definition der Zustandsgrößen umzuformen, wobei in der Regel zusätzlich eine bestimmte kanonische Form der Matrizen $\underline{A}$, $\underline{B}$ und $\underline{C}$ erzielt werden soll. Der Kürze halber sollen die Betrachtungen in diesem Abschnitt auf die grundlegenden Zusammenhänge beschränkt und nur die Transformation auf Diagonal- bzw. Jordan-Form behandelt werden.

1.6.1. Ähnlichkeitstransformation

Die Definition der Zustandsgrößen bedeutet die Festlegung eines Koordinatensystems im n-dimensionalen Zustandsraum. Eine Änderung dieser Definition entspricht einer Änderung des Koordinatensystems, also einer *Koordinatentransformation*. Damit ergibt sich jede Komponente des transformierten, neuen Zustandsvektors $\underline{x}'$ als Linearkombination der Komponenten des alten Zustandsvektors $\underline{x}$. Dieser Sachverhalt wird durch die Beziehung

$$\underline{x}' = \underline{T}^{-1}\,\underline{x} \quad \text{bzw.} \quad \underline{x} = \underline{T}\,\underline{x}' \tag{1.6.1}$$

dargestellt, wobei die Transformationsmatrix $\underline{T}$ eine (nxn)-Matrix ist. Selbstverständlich muß das neue Koordinatensystem ebenfalls einen n-dimensionalen Raum aufspannen, so daß beispielsweise zwei Komponenten von $\underline{x}'$ nicht durch die gleiche Linearkombination aus $\underline{x}$ gebildet werden können. Das bedeutet, die Transformationsmatrix $\underline{T}$ muß nichtsingulär sein. Damit existiert auch die inverse Matrix $\underline{T}^{-1}$.

Diese Transformation wird nun auf die Zustandsgleichungen gemäß Gl. (1.1.7) angewandt. Wird dort die Substitution $\underline{x} = \underline{T}\,\underline{x}'$ durchgeführt, so ergibt sich

$$\underline{T}\,\dot{\underline{x}}'(t) = \underline{A}\,\underline{T}\,\underline{x}'(t) + \underline{B}\,\underline{u}(t) \quad , \tag{1.6.2a}$$

$$\underline{y}(t) = \underline{C}\,\underline{T}\,\underline{x}'(t) + \underline{D}\,\underline{u}(t) \quad , \tag{1.6.2b}$$

und nach Multiplikation von Gl.(1.6.2a) mit $\underline{T}^{-1}$ von links erhält man die Gleichungen des transformierten Systems:

$$\dot{\underline{x}}'(t) = \underline{T}^{-1}\,\underline{A}\,\underline{T}\,\underline{x}'(t) + \underline{T}^{-1}\,\underline{B}\,\underline{u}(t) = \underline{A}'\underline{x}'(t) + \underline{B}'\underline{u}(t) \tag{1.6.3a}$$

$$\underline{y}(t) = \underline{C}\,\underline{T}\,\underline{x}'(t) + \underline{D}\,\underline{u}(t) = \underline{C}'\underline{x}'(t) + \underline{D}'\underline{u}(t)\;. \tag{1.6.3b}$$

Durch diese Transformation gehen die Matrizen $\underline{A}$, $\underline{B}$, $\underline{C}$ und $\underline{D}$ über in die Matrizen

$$\underline{A}' = \underline{T}^{-1}\,\underline{A}\,\underline{T} \quad , \tag{1.6.4a}$$

$$\underline{B}' = \underline{T}^{-1}\,\underline{B} \quad , \tag{1.6.4b}$$

$$\underline{C}' = \underline{C}\,\underline{T} \quad , \tag{1.6.4c}$$

$$\underline{D}' = \underline{D} \quad . \tag{1.6.4d}$$

Beide Matrizen $\underline{A}$ und $\underline{A}'$ beschreiben dasselbe System. Man nennt solche Matrizen einander *ähnlich*; die Transformation gemäß Gl.(1.6.4) bezeichnet man als *Ähnlichkeitstransformation*.

Zwei wichtige Eigenschaften der Ähnlichkeitstransformation sollen festgehalten werden:

1. Die Determinante einer Matrix $\underline{A}$ ist gegenüber einer Ähnlichkeitstransformation invariant, d. h. es gilt

$$|\underline{A}| = |\underline{T}^{-1}\,\underline{A}\,\underline{T}| \quad . \tag{1.6.5}$$

Zum *Beweis* bildet man

$$|\underline{T}^{-1}\,\underline{A}\,\underline{T}| = |\underline{T}^{-1}|\,|\underline{A}|\,|\underline{T}| \quad ,$$

woraus mit $|\underline{T}^{-1}| = \dfrac{1}{|\underline{T}|}$ Gl.(1.6.5) unmittelbar folgt.

2. Die Eigenwerte einer Matrix $\underline{A}$ sind gegenüber einer Ähnlichkeitstransformation invariant. D. h., das charakteristische Polynom bleibt unverändert, und es gilt

$$|s\underline{I} - \underline{A}| = |s\underline{I} - \underline{T}^{-1}\,\underline{A}\,\underline{T}| \quad . \tag{1.6.6}$$

Als Beweis dient die Umformung

$$|s\underline{I} - \underline{T}^{-1}\,\underline{A}\,\underline{T}| = |s\underline{T}^{-1}\,\underline{I}\,\underline{T} - \underline{T}^{-1}\,\underline{A}\,\underline{T}| = |\underline{T}^{-1}(s\underline{I} - \underline{A})\underline{T}| \quad .$$

Daraus folgt mit Eigenschaft 1 die Gl.(1.6.6).

Aufgrund dieser Eigenschaften der Ähnlichkeitstransformation sind die beiden Systemdarstellungen der Gln.(1.1.7) und (1.6.3) äquivalent. Sie beschreiben also dasselbe System, obwohl die Matrizen $\underline{A}$, $\underline{B}$, $\underline{C}$ und $\underline{A}'$, $\underline{B}'$, $\underline{C}'$ jeweils verschieden sind.

1.6.2. Transformation auf Diagonalform

Entsprechend obiger Überlegungen gibt es zu jeder Matrix $\underline{A}$, deren Eigenwerte s_i einfach, d.h. alle voneinander verschieden sind, eine ähnliche Matrix, die Diagonalform besitzt. Man betrachtet dazu das homogene System

$$\dot{\underline{x}}(t) = \underline{A}\,\underline{x}(t) \quad , \quad \underline{x}(0) = \underline{x}_0 \quad . \tag{1.6.7}$$

Die Matrix $\underline{A}$ habe einfache Eigenwerte s_i. Gesucht ist nun eine Transformation

$$\underline{x} = \underline{V}\,\underline{x}^* \tag{1.6.8}$$

mit einer nichtsingulären Transformationsmatrix $\underline{T} = \underline{V}$ derart, daß das transformierte System folgende Form hat:

$$\dot{\underline{x}}^*(t) = \underline{\Lambda}\,\underline{x}^*(t) \tag{1.6.9}$$

mit

$$\underline{\Lambda} = \begin{bmatrix} s_1 & 0 & 0 & \dots & 0 \\ 0 & s_2 & 0 & \dots & 0 \\ \vdots & & \ddots & & \vdots \\ 0 & \dots & 0 & s_{n-1} & 0 \\ 0 & \dots & 0 & 0 & s_n \end{bmatrix} \quad . \tag{1.6.10}$$

Die Matrizen $\underline{A}$ und $\underline{\Lambda}$ sind ähnlich. Sie besitzen beide dieselben Eigenwerte s_i, und es gilt

$$\underline{\Lambda} = \underline{V}^{-1}\,\underline{A}\,\underline{V} \quad . \tag{1.6.11}$$

Zur Bestimmung von $\underline{V}$ wird Gl.(1.6.11) auf die Form

$$\underline{A}\,\underline{V} = \underline{V}\,\underline{\Lambda} \tag{1.6.12}$$

gebracht. Nun werden für die Spalten von $\underline{V}$ die Spaltenvektoren $\underline{v}_i$ eingeführt. Damit erhält Gl.(1.6.12) die Gestalt

$$\underline{A}[\underline{v}_1\ \underline{v}_2 \dots \underline{v}_n] = [\underline{v}_1\ \underline{v}_2 \dots \underline{v}_n] \begin{bmatrix} s_1 & 0 & 0 & \dots & 0 \\ 0 & s_2 & 0 & \dots & 0 \\ \vdots & & \ddots & & \vdots \\ 0 & \dots & 0 & s_{n-1} & 0 \\ 0 & \dots & 0 & 0 & s_n \end{bmatrix} . \tag{1.6.13}$$

Wie man leicht erkennt, zerfällt diese Gleichung in n voneinander unabhängige Teilgleichungen für die einzelnen Spaltenvektoren:

$$\underline{A}\,\underline{v}_i = s_i\,\underline{v}_i \quad . \tag{1.6.14}$$

Umgeformt erhält man aus dieser Beziehung

$$(s_i\underline{I} - \underline{A})\,\underline{v}_i = \underline{0} \quad , \quad i = 1,2,\ldots,n \quad . \tag{1.6.15}$$

Jede dieser n Gleichungen stellt für sich ein lineares homogenes System von n Gleichungen für die n unbekannten Elemente des Vektors $\underline{v}_i$ dar. Dieses System besitzt genau dann nichttriviale Lösungen, wenn die Determinante $|s_i\underline{I} - \underline{A}|$ verschwindet. Dies ist aber gerade für die Eigenwerte s_i der Fall. Da das Gleichungssystem, Gl. (1.6.15), nur n-1 linear unabhängige Gleichungen liefert, können die Vektoren $\underline{v}_i$ bis auf ihre frei wählbare Länge ($\neq 0$) bestimmt werden.

Man bezeichnet die Vektoren $\underline{v}_i$ aufgrund der Struktur von Gl. (1.6.15) auch als *Eigenvektoren* der Matrix $\underline{A}$ und Gl. (1.6.15) als *Eigenvektorgleichung*. Sind die Eigenwerte von $\underline{A}$ alle verschieden, so sind die n Eigenvektoren $\underline{v}_i$ alle linear voneinander unabhängig. Da sie die Spalten der Transformationsmatrix $\underline{V}$ bilden, ist damit $\underline{V}$ nichtsingulär.

Anmerkung zur Definition der *linearen Abhängigkeit* von Vektoren:

Die Vektoren $\underline{a}_1,\ldots,\underline{a}_n$ sind linear abhängig, wenn es Koeffizienten $k_1,\ldots,k_n$ gibt, die nicht alle Null sind und die Bedingung

$$k_1\underline{a}_1 + k_2\underline{a}_2 + \ldots + k_n\underline{a}_n = \underline{0}$$

erfüllen. Kann diese Beziehung nur durch $k_i = 0$ $(i=1,\ldots,n)$ befriedigt werden, dann sind die Vektoren $\underline{a}_1,\ldots,\underline{a}_n$ *linear unabhängig*.

Beispiel 1.6.1:

Gegeben sei

$$\underline{A} = \begin{bmatrix} -1 & 0 \\ 1 & -2 \end{bmatrix} .$$

Als Eigenwerte ergeben sich aus

$$|s\underline{I} - \underline{A}| = \begin{vmatrix} s+1 & 0 \\ -1 & s+2 \end{vmatrix} = (s+1)(s+2) = 0$$

die Größen $s_1 = -1$ und $s_2 = -2$.

Ermittlung des 1. Eigenvektors $\underline{v}_1$ für $s_1 = -1$ mittels Gl.(1.6.15):

$$(s_1\underline{I} - \underline{A})\ \underline{v}_1 = \begin{bmatrix} 0 & 0 \\ -1 & 1 \end{bmatrix} \begin{bmatrix} v_{11} \\ v_{21} \end{bmatrix} = \begin{bmatrix} 0 \\ 0 \end{bmatrix} ,$$

wobei v_{ji} das j-te Element des i-ten Eigenvektors $\underline{v}_i$ beschreibt. Aus obiger Gleichung folgt:

$$-v_{11} + v_{21} = 0 \quad \text{bzw.} \quad v_{11} = v_{21} \quad .$$

Die Größe dieser Vektorelemente kann beliebig ($\neq 0$) angenommen werden (z. B. als $v_{11} = 1$), da nur die Richtung der Eigenvektoren von Interesse ist. Gewählt wird:

$$\underline{v}_1 = \begin{bmatrix} 1 \\ 1 \end{bmatrix} \quad .$$

Ermittlung des 2. Eigenvektors $\underline{v}_2$ für $s_2 = -2$:

Aus

$$(s_2\underline{I} - \underline{A})\ \underline{v}_2 = \begin{bmatrix} -1 & 0 \\ -1 & 0 \end{bmatrix} \begin{bmatrix} v_{12} \\ v_{22} \end{bmatrix} = \begin{bmatrix} 0 \\ 0 \end{bmatrix}$$

folgt

$$v_{12} = 0 \quad \text{und} \quad v_{22} \quad \text{beliebig } (\neq 0), \text{ z. B. } v_{22} = 1,$$

und somit

$$\underline{v}_2 = \begin{bmatrix} 0 \\ 1 \end{bmatrix} \quad .$$

Damit erhält man als Transformationsmatrix

$$\underline{V} = [\underline{v}_1\ \underline{v}_2] = \begin{bmatrix} 1 & 0 \\ 1 & 1 \end{bmatrix}$$

und daraus die inverse Matrix

$$\underline{V}^{-1} = \begin{bmatrix} 1 & 0 \\ -1 & 1 \end{bmatrix} \quad .$$

Die Probe

$$\underline{V}^{-1}\ \underline{A}\ \underline{V} = \begin{bmatrix} 1 & 0 \\ -1 & 1 \end{bmatrix} \begin{bmatrix} -1 & 0 \\ 1 & -2 \end{bmatrix} \begin{bmatrix} 1 & 0 \\ 1 & 1 \end{bmatrix} = \begin{bmatrix} -1 & 0 \\ 0 & -2 \end{bmatrix}$$

liefert die gewünschte Diagonalmatrix $\underline{\Lambda}$.

1.6.3. Transformation auf Jordan-Normalform

Eine Matrix $\underline{A}$ mit mehrfachen Eigenwerten kann meist nicht auf Diagonalform transformiert werden, da zu einem Eigenwert s_i der Vielfachheit r_k gewöhnlich nur *ein* unabhängiger Eigenvektor existiert. Eine Transformation auf Diagonalform ist nur möglich, wenn s_i ein r_k-facher Eigenwert der (nxn)-Matrix $\underline{A}$ ist, und dabei gerade Rang $(s_i\underline{I}-\underline{A}) = n - r_k$ gilt.

Wie in Abschnitt 1.5 schon gezeigt wurde, ist die Jordan-Form die der Diagonalform entsprechende kanonische Form bei p mehrfachen Eigenwerten. Eine Matrix $\underline{J}$ in Jordan-Normalform ist allgemein durch eine Blockdiagonalmatrix der Dimension (nxn)

$$\underline{J} = \begin{bmatrix} \underline{K}_1(s_1) & & & & \underline{0} \\ & \underline{K}_2(s_2) & & & \\ & & \ddots & & \\ & & & \underline{K}_i(s_i) & \\ & & & & \ddots \\ \underline{0} & & & & \underline{K}_p(s_p) \end{bmatrix} \qquad (1.6.16)$$

darstellbar, wobei jedem r_k-fachen Eigenwert s_i ein sogenannter *Jordan-Block* der Dimension $(r_k x r_k)$

$$\underline{K}_i(s_i) = \begin{bmatrix} \underline{L}_1(s_i) & & & & \underline{0} \\ & \underline{L}_2(s_i) & & & \\ & & \ddots & & \\ & & & \underline{L}_j(s_i) & \\ & & & & \ddots \\ \underline{0} & & & & \underline{L}_\nu(s_i) \end{bmatrix} \qquad (1.6.17)$$

mit den ν Matrizen der Dimension $(r_l x r_l)$

$$\underline{L}_j(s_i) = \begin{bmatrix} s_i & * & & \underline{0} \\ & s_i & * & \\ & & \ddots & * \\ & \underline{0} & & s_i \end{bmatrix}$$

zugeordnet werden kann. Für den Wert von $*$ gilt

$$* = \begin{cases} 1 & \text{für linear abhängige Eigenvektoren} \\ 0 & \text{für linear unabhängige Eigenvektoren.} \end{cases}$$

Die Summe der Dimensionen r_l der Matrizen $\underline{L}_j(s_i)$ ist gleich der Vielfachheit r_k des Eigenwertes s_i, d.h. $r_k = \sum_{j=1}^{\nu} r_l$. Einem einfachen Eigenwert entspricht demnach der skalare Jordan-Block $K_i(s_i) = s_i$.

Zur Bestimmung der Transformationsmatrix $\underline{V}$ sei zunächst eine Matrix $\underline{A}$ mit einem einzigen n-fachen Eigenwert betrachtet. Dann gilt für linear abhängige Eigenvektoren:

$$\underline{V}^{-1}\,\underline{A}\,\underline{V} = \underline{J} = \begin{bmatrix} s_1 & 1 & 0 & \dots & 0 \\ 0 & & \ddots & \ddots & \vdots \\ \vdots & & & \ddots & 0 \\ 0 & \dots & 0 & s_1 & 1 \\ 0 & \dots & 0 & 0 & s_1 \end{bmatrix} . \qquad (1.6.18)$$

Entsprechend Gl.(1.6.13) ergibt sich hieraus mit den Spaltenvektoren $\underline{v}_i$ (i = 1,2,...,n)

$$\underline{A}\,[\underline{v}_1 \dots \underline{v}_n] = [\underline{v}_1 \dots \underline{v}_n] \begin{bmatrix} s_1 & 1 & 0 & \dots & 0 \\ 0 & & \ddots & \ddots & \vdots \\ \vdots & & & \ddots & 0 \\ 0 & \dots & 0 & s_1 & 1 \\ 0 & \dots & 0 & 0 & s_1 \end{bmatrix} .$$

Daraus folgt für den ersten Spaltenvektor

$$\underline{A}\,\underline{v}_1 = s_1\,\underline{v}_1$$

oder

$$(s_1\underline{I} - \underline{A})\,\underline{v}_1 = \underline{0} \quad . \qquad (1.6.19)$$

Die erste Spalte der Matrix $\underline{V}$ ist also der (einzige) Eigenvektor von $\underline{A}$, wie ein Vergleich mit Gl.(1.6.15) zeigt. Durch die Einsen in der Jordan-Matrix ergeben sich für die übrigen Spalten folgende Kopplungen:

$$\begin{aligned} &\underline{A}\,\underline{v}_2 = \underline{v}_1 + s_1\underline{v}_2 \\ &\vdots \\ &\underline{A}\,\underline{v}_n = \underline{v}_{n-1} + s_1\underline{v}_n \quad . \end{aligned}$$

Daraus folgt ein Satz von n-1 Gleichungen zur Bestimmung der Vektoren $\underline{v}_2$ bis $\underline{v}_n$:

$$\begin{aligned} &(\underline{A} - s_1\underline{I})\,\underline{v}_2 = \underline{v}_1 \\ &\vdots \\ &(\underline{A} - s_1\underline{I})\,\underline{v}_n = \underline{v}_{n-1} \quad . \end{aligned} \qquad (1.6.20)$$

Man kann zeigen, daß auch diese Vektoren linear unabhängig sind. Somit ist die aus ihnen gebildete Matrix $\underline{V}$ nichtsingulär. Man bezeichnet diese Vektoren auch als *verallgemeinerte Eigenvektoren* oder *Hauptvektoren* der Matrix $\underline{A}$. Bei mehreren Jordan-Blöcken ist das Vorgehen entsprechend: Man bestimmt zu jedem Block der Dimension r_k einen Eigenvektor nach Gl. (1.6.19) und r_k-1 Hauptvektoren nach Gl. (1.6.20). Auch hier sind alle n zu bestimmenden Vektoren linear unabhängig voneinander.

Beispiel 1.6.2:

Die Systemmatrix

$$\underline{A} = \begin{bmatrix} -1 & 0{,}5 \\ -2 & -3 \end{bmatrix}$$

besitzt einen doppelten reellen Eigenwert $s_{1,2} = -2$. Gl. (1.6.19) liefert

$$\left[-2 \begin{bmatrix} 1 & 0 \\ 0 & 1 \end{bmatrix} - \begin{bmatrix} -1 & 0{,}5 \\ -2 & -3 \end{bmatrix} \right] \begin{bmatrix} v_{11} \\ v_{21} \end{bmatrix} = \underline{0} \quad .$$

Daraus folgt

$$v_{21} = -2\, v_{11}$$

und mit $v_{11} = 1$ erhält man für den einzigen Eigenvektor

$$\underline{v}_1 = \begin{bmatrix} 1 \\ -2 \end{bmatrix} \quad .$$

Nach Gl. (1.6.20) gilt für $\underline{v}_2$

$$(\underline{A} - s_1 \underline{I})\, \underline{v}_2 = \underline{v}_1$$

$$\begin{bmatrix} 1 & 0{,}5 \\ -2 & -1 \end{bmatrix} \begin{bmatrix} v_{12} \\ v_{22} \end{bmatrix} = \begin{bmatrix} 1 \\ -2 \end{bmatrix} \quad .$$

Dies entspricht zwei linear abhängigen Gleichungen, deren erste lautet:

$$v_{12} + 0{,}5\, v_{22} = 1 \quad \text{bzw.} \quad v_{12} = 1 - 0{,}5\, v_{22}$$

und mit der Wahl von $v_{22} = 0$ folgt

$$\underline{v}_2 = \begin{bmatrix} 1 \\ 0 \end{bmatrix} \quad .$$

Dies ergibt schließlich

$$\underline{V} = \begin{bmatrix} 1 & 1 \\ -2 & 0 \end{bmatrix}$$

bzw.

$$\underline{V}^{-1} = \frac{1}{2}\begin{bmatrix} 0 & -1 \\ 2 & 1 \end{bmatrix}$$

und damit

$$\underline{V}^{-1}\ \underline{A}\ \underline{V} = \begin{bmatrix} -2 & 1 \\ 0 & -2 \end{bmatrix} = \underline{J} \quad .$$

1.6.4. Anwendung kanonischer Transformationen

Sind die Eigenwerte einer Matrix $\underline{A}$ bekannt, so läßt sich ihre kanonische Form $\underline{\Lambda}$ bzw. $\underline{J}$ unmittelbar angeben. Trotzdem ist die Bestimmung der Transformationsmatrix nicht unnötig. Dies soll für den Fall einfacher Eigenwerte kurz diskutiert werden. Zunächst sei das transformierte System gemäß Gl. (1.6.9) betrachtet, das in Komponentenschreibweise das Gleichungssystem

$$\begin{aligned} \dot{x}_1^*(t) &= s_1 x_1^*(t) \\ \dot{x}_2^*(t) &= s_2 x_2^*(t) \\ &\vdots \\ \dot{x}_n^*(t) &= s_n x_n^*(t) \end{aligned} \qquad (1.6.21)$$

liefert. Da diese Differentialgleichungen erster Ordnung nicht gekoppelt sind, läßt sich die Lösung für jede Gleichung separat angeben, und es gilt:

$$x_i^*(t) = e^{s_i t}\ x_i^*(0) \qquad \text{für } i = 1,2,\ldots,n \quad . \qquad (1.6.22)$$

Damit ist jeder Zustandsgröße genau ein Eigenwert zugeordnet. Man nennt deshalb die Lösungen $x_i^*(t)$ die *Eigenbewegungen* (engl. modes) des Systems. Weiter bezeichnet man diese entkoppelte Systemdarstellung mit der diagonalen Systemmatrix $\underline{\Lambda}$ auch als *modale* Darstellung und die Zustandsgrößen $x_i^*(t)$ als modale Zustandsgrößen.

Aus Gl. (1.6.22) geht durch Vergleich mit der bekannten Lösung des homogenen Systems

$$\underline{x}^*(t) = \underline{\Phi}^*(t)\ \underline{x}^*(0) \qquad (1.6.23)$$

unmittelbar hervor, daß die Fundamentalmatrix $\underline{\Phi}^*(t)$ des modalen Systems eine Diagonalmatrix mit den Elementen $e^{s_i t}$ ist. Somit gilt

$$\underline{\Phi}^*(t) = e^{\underline{\Lambda} t} = \begin{bmatrix} e^{s_1 t} & 0 & 0 & \dots & 0 \\ 0 & e^{s_2 t} & 0 & \dots & 0 \\ \vdots & & \ddots & & \vdots \\ & & & & 0 \\ 0 & \dots & 0 & 0 & e^{s_n t} \end{bmatrix}, \tag{1.6.24}$$

was auch durch Auswertung der Reihenentwicklung gemäß Gl.(1.2.6) gezeigt werden kann.

Für die Matrizen $\underline{A}$ und $\underline{\Lambda}$ gilt die Ähnlichkeitstransformation

$$\underline{\Lambda} = \underline{V}^{-1} \underline{A} \underline{V} \quad . \tag{1.6.25}$$

Außerdem erhält man für den Zustandsvektor

$$\underline{x} = \underline{V} \underline{x}^* \quad \text{oder} \quad \underline{x}^* = \underline{V}^{-1} \underline{x} \quad . \tag{1.6.26}$$

Mit dieser Beziehung folgt aus Gl.(1.6.23) für das ursprüngliche System

$$\underline{V}^{-1} \underline{x}(t) = \underline{\Phi}^*(t) \underline{V}^{-1} \underline{x}(0)$$

bzw.

$$\underline{x}(t) = \underline{V} \underline{\Phi}^*(t) \underline{V}^{-1} \underline{x}(0) = \underline{\Phi}(t) \underline{x}(0) \quad . \tag{1.6.27}$$

Damit erhält man

$$\underline{\Phi}(t) = e^{\underline{A} t} = \underline{V} \underline{\Phi}^*(t) \underline{V}^{-1} = \underline{V} e^{\underline{\Lambda} t} \underline{V}^{-1} \quad . \tag{1.6.28}$$

Diese Gleichung stellt zusammen mit Gl.(1.6.24) eine weitere sehr einfache Möglichkeit zur Berechnung der Fundamentalmatrix $\underline{\Phi}(t)$ dar, sofern die Transformationsmatrix $\underline{V}$ und die Eigenwerte s_i gegeben sind.

Beispiel 1.6.3:

Es soll das System aus Beispiel 1.6.1 verwendet werden, bei dem die Matrix

$$\underline{A} = \begin{bmatrix} -1 & 0 \\ 1 & -2 \end{bmatrix}$$

mit den Eigenwerten $s_1 = -1$ und $s_2 = -2$ gegeben war. Die Transformationsmatrix ergab sich zu

$$\underline{V} = \begin{bmatrix} 1 & 0 \\ 1 & 1 \end{bmatrix} \quad \text{bzw.} \quad \underline{V}^{-1} = \begin{bmatrix} 1 & 0 \\ -1 & 1 \end{bmatrix} \quad .$$

Die Fundamentalmatrix des modalen Systems lautet

$$\underline{\Phi}^*(t) = e^{\underline{\Lambda}t} = \begin{bmatrix} e^{-t} & 0 \\ 0 & e^{-2t} \end{bmatrix} .$$

Dementsprechend erhält man als Lösung die modalen Zustandsgrößen

$$x_1^*(t) = e^{-t} \; x_1^*(0)$$

$$x_2^*(t) = e^{-2t} \; x_2^*(0) \quad .$$

Die Anwendung von Gl.(1.6.28) liefert die Fundamentalmatrix des ursprünglichen Systems

$$\underline{\Phi}(t) = \begin{bmatrix} 1 & 0 \\ 1 & 1 \end{bmatrix} \begin{bmatrix} e^{-t} & 0 \\ 0 & e^{-2t} \end{bmatrix} \begin{bmatrix} 1 & 0 \\ -1 & 1 \end{bmatrix} = \begin{bmatrix} e^{-t} & 0 \\ e^{-t}-e^{-2t} & e^{-2t} \end{bmatrix}$$

und damit die homogene Lösung in den Komponenten von $\underline{x}(t)$:

$$x_1(t) = e^{-t} \; x_1(0)$$

$$x_2(t) = (e^{-t}-e^{-2t}) \; x_1(0) + e^{-2t} x_2(0) \quad .$$

Aus diesem Ergebnis ist ersichtlich, daß die erste Komponente von $\underline{x}(t)$ bereits eine modale Zustandsgröße ist. In der Transformationsmatrix $\underline{V}$ drückt sich dies wegen $\underline{x} = \underline{V}\;\underline{x}^*$ dadurch aus, daß die erste Zeile von $\underline{V}$ einer Zeile der Einheitsmatrix $\underline{I}$ entspricht.

Wegen der Diagonalform von $e^{\underline{\Lambda}t}$ kann Gl.(1.6.28) noch etwas umgeformt werden. Dazu benötigt man die Zeilen der Matrix $\underline{V}^{-1}$ und schreibt deshalb

$$\underline{V}^{-1} = \underline{R}^T = \begin{bmatrix} \underline{r}_1^T \\ \underline{r}_2^T \\ \vdots \\ \underline{r}_n^T \end{bmatrix} . \qquad (1.6.29)$$

Mit den Spaltenvektoren $\underline{v}_i$ lautet dann die Gl.(1.6.28)

$$\underline{\Phi}(t) = [\underline{v}_1\ \underline{v}_2 \dots \underline{v}_n] \begin{bmatrix} e^{s_1 t} & 0 & 0 & \dots & 0 \\ 0 & e^{s_2 t} & 0 & \dots & 0 \\ \vdots & & & & \vdots \\ & & & & 0 \\ 0 & \dots & 0 & 0 & e^{s_n t} \end{bmatrix} \begin{bmatrix} \underline{r}_1^T \\ \underline{r}_2^T \\ \vdots \\ \underline{r}_n^T \end{bmatrix}$$

$$= [e^{s_1 t}\underline{v}_1\quad e^{s_2 t}\underline{v}_2 \dots e^{s_n t}\underline{v}_n] \begin{bmatrix} \underline{r}_1^T \\ \underline{r}_2^T \\ \vdots \\ \underline{r}_n^T \end{bmatrix} .$$

Wertet man dieses Produkt aus, so erhält man die *Spektraldarstellung* der Fundamentalmatrix

$$\underline{\Phi}(t) = \sum_{i=1}^{n} e^{s_i t}\, \underline{v}_i\, \underline{r}_i^T . \tag{1.6.30}$$

Hierbei sind die Produkte $\underline{v}_i\ \underline{r}_i^T$ Matrizen, sogenannte *dyadische Produkte*, deren Zeilen und Spalten alle linear abhängig sind. Für *Beispiel 1.6.3* ergibt sich:

$$\underline{v}_1\ \underline{r}_1^T = \begin{bmatrix} 1 \\ 1 \end{bmatrix} [1 \quad 0] = \begin{bmatrix} 1 & 0 \\ 1 & 0 \end{bmatrix}$$

$$\underline{v}_2\ \underline{r}_2^T = \begin{bmatrix} 0 \\ 1 \end{bmatrix} [-1 \quad 1] = \begin{bmatrix} 0 & 0 \\ -1 & 1 \end{bmatrix}$$

und damit

$$\underline{\Phi}(t) = e^{-t} \begin{bmatrix} 1 & 0 \\ 1 & 0 \end{bmatrix} + e^{-2t} \begin{bmatrix} 0 & 0 \\ -1 & 1 \end{bmatrix} = \begin{bmatrix} e^{-t} & 0 \\ e^{-t}-e^{-2t} & e^{-2t} \end{bmatrix} .$$

Bei Systemen mit *mehrfachen Eigenwerten* existiert eine derart einfache Beziehung nicht. Jedoch hat auch hier die Fundamentalmatrix in kanonischer Form $\underline{\Phi}^*(t)$ eine Block-Diagonalstruktur, wobei jedem Jordan-Block eine Dreiecksmatrix in $\underline{\Phi}^*(t)$ entspricht. Natürlich gilt hierbei Gl. (1.6.28) entsprechend:

$$\underline{\Phi}(t) = e^{\underline{A}t} = \underline{V}\ e^{\underline{J}t}\ \underline{V}^{-1} = \underline{V}\ \underline{\Phi}^*(t)\ \underline{V}^{-1} . \tag{1.6.31}$$

Beispiel 1.6.4:

Gegeben sei die Matrix $\underline{A}$ sowie die Ähnlichkeitstransformation

$$\underline{V}^{-1}\,\underline{A}\,\underline{V} = \underline{J} = \left[\begin{array}{ccc|cc} s_1 & 1 & 0 & 0 & 0 \\ 0 & s_1 & 1 & 0 & 0 \\ 0 & 0 & s_1 & 0 & 0 \\ \hline 0 & 0 & 0 & s_2 & 1 \\ 0 & 0 & 0 & 0 & s_2 \end{array}\right] .$$

Damit ergibt sich als die gesuchte Fundamentalmatrix:

$$\underline{\Phi}(t) = \underline{V}\left[\begin{array}{ccc|cc} e^{s_1 t} & te^{s_1 t} & \frac{1}{2}t^2 e^{s_1 t} & 0 & 0 \\ 0 & e^{s_1 t} & te^{s_1 t} & 0 & 0 \\ 0 & 0 & e^{s_1 t} & 0 & 0 \\ \hline 0 & 0 & 0 & e^{s_2 t} & te^{s_2 t} \\ 0 & 0 & 0 & 0 & e^{s_2 t} \end{array}\right]\underline{V}^{-1} .$$

Am Beispiel der Fundamentalmatrix wurde hier die Bedeutung der Transformation auf kanonische Form, insbesondere Diagonalform gezeigt. Da diese Form unmittelbar Einblick in die innere Struktur eines Systems bietet, wird sie überall dort vorteilhaft angewendet, wo Struktureigenschaften eines Systems interessieren, so z. B. bei der Untersuchung der Stabilität, Steuerbarkeit und Beobachtbarkeit (vgl. Abschnitt 1.7) eines Systems. Außerdem bietet sie beim Entwurf von Reglern und bei Optimierungsproblemen Vorteile, da die Lösungen der modalen Zustandsgleichungen nicht gekoppelt sind.

1.7. Steuerbarkeit und Beobachtbarkeit

Das dynamische Verhalten eines Übertragungssystems wird, wie zuvor gezeigt wurde, durch die Zustandsgrößen vollständig beschrieben. Bei einem gegebenen System sind diese jedoch in der Regel nicht bekannt; man kennt gewöhnlich nur den Ausgangsvektor $\underline{y}(t)$ sowie den Steuervektor $\underline{u}(t)$. Dabei sind für die Analyse und den Entwurf eines Regelsystems folgende Fragen interessant, die eine erste Näherung an die Begriffe Steuerbarkeit und Beobachtbarkeit ergeben:

- Gibt es irgendwelche Komponenten des Zustandsvektors $\underline{x}(t)$ des Systems, die keinen Einfluß auf den Ausgangsvektor $\underline{y}(t)$ ausüben? Ist dies der Fall, dann kann aus dem Verhalten des Ausgangsvektors $\underline{y}(t)$ nicht auf den Zustandsvektor $\underline{x}(t)$ geschlossen werden, und es liegt nahe, das betreffende System als nicht *beobachtbar* zu bezeichnen.

- Gibt es irgendwelche Komponenten des Zustandsvektors $\underline{x}(t)$ des Systems, die nicht vom Eingangsvektor (Steuervektor) $\underline{u}(t)$ beeinflußt werden? Ist dies der Fall, dann wäre es naheliegend, das System als nicht *steuerbar* zu bezeichnen.

Die von Kalman [1.4] eingeführten Begriffe *Steuerbarkeit* und *Beobachtbarkeit* spielen in der modernen Regelungstechnik eine wichtige Rolle und ermöglichen eine schärfere Definition dieser soeben erwähnten Systemeigenschaften.

Als Beispiel für die Notwendigkeit dieser Verschärfung sei das System

$$\begin{bmatrix} \dot{x}_1 \\ \dot{x}_2 \end{bmatrix} = \begin{bmatrix} s_1 & 0 \\ 0 & s_1 \end{bmatrix} \begin{bmatrix} x_1 \\ x_2 \end{bmatrix} + \begin{bmatrix} 1 \\ 1 \end{bmatrix} u \, , \quad \underline{x}_0 = \begin{bmatrix} 2 \\ 1 \end{bmatrix}$$

betrachtet, das zwei gleiche reelle Eigenwerte s_1 besitzt. Die Aufgabe soll darin bestehen, den Vektor $\underline{x}$ in den Nullpunkt zu überführen. Jedes Steuersignal $u(t)$, das den Wert x_1 nach Null bringt, bewirkt, daß $x_2 \neq 0$ wird und umgekehrt, vorausgesetzt, daß $x_1(0) \neq x_2(0)$. D. h., obwohl hier beide Werte x_1 und x_2 vom Eingangsvektor beeinflußt und verändert werden, ist dieses System nicht richtig steuerbar. Ein weiteres Beispiel für ein zwar beeinflußbares, aber nicht steuerbares Teilsystem stellt der später noch zu behandelnde "Beobachter" dar, der aus einem System S_2 besteht, dessen Zustandsgrößen den Werten der Zustandsgrößen eines Systems S_1 folgen. Die Steuerung des Systems S_1 kann das System S_2 in der gleichen Weise verändern wie das System S_1, dennoch ist es nicht möglich, die Zustandsgrößen der Systeme S_1 und S_2 unabhängig voneinander auf vorgegebene Werte zu bringen. Alle diese Möglichkeiten sind in der nachfolgend gegebenen Definition von Kalman [1.4] enthalten. Darüber hinaus zeigt sich bei vielen Entwurfsproblemen, etwa beim Entwurf optimaler Systeme, daß Steuerbarkeit und Beobachtbarkeit notwendige Bedingungen für die Existenz von Lösungen darstellen. Daher sollen in diesem Abschnitt die mathematischen Formulierungen dieser Begriffe sowie die Kriterien zur Untersuchung eines gegebenen Systems auf Steuerbarkeit und Beobachtbarkeit behandelt werden.

1.7.1. Steuerbarkeit

Definition: Das durch die allgemeine Zustandsgleichung Gl. (1.1.7) beschriebene lineare System ist *vollständig zustandssteuerbar*, wenn es für jeden Anfangszustand $\underline{x}(t_o)$ eine Steuerfunktion $\underline{u}(t)$ gibt, die das System innerhalb einer beliebigen *endlichen* Zeitspanne $t_o \leqq t \leqq t_1$ in den Endzustand $\underline{x}(t_1) = \underline{O}$ überführt.

Der Zusatz "vollständig" entfällt, wenn der Endzustand nicht von *jedem* Anfangszustand aus unter diesen Bedingungen erreicht werden kann. Dieser Fall kann bei linearen zeitinvarianten kontinuierlichen Systemen nicht auftreten, weshalb man ohne Gefahr des Mißverständnisses gewöhnlich nur von Steuerbarkeit spricht.

Die weiteren Betrachtungen sollen zunächst von einem *Eingrößensystem* ausgehen mit der Zustandsgleichung

$$\dot{\underline{x}}(t) = \underline{A}\ \underline{x}(t) + \underline{b}\ u(t) \tag{1.7.1}$$

und der Ausgangsgleichung

$$y(t) = \underline{c}^T\ \underline{x}(t) + d\ u(t) \quad . \tag{1.7.2}$$

Der Einfachheit halber sei zunächst angenommen, daß *alle Eigenwerte* s_i von $\underline{A}$ *einfach* seien. Dann kann man dieses System mit Hilfe einer Transformationsmatrix $\underline{V}$ auf Diagonalform transformieren und erhält

$$\dot{\underline{x}}^*(t) = \underline{\Lambda}\ \underline{x}^*(t) + \underline{b}^*\ u(t) \tag{1.7.3}$$

mit

$$\underline{b}^* = \underline{V}^{-1}\ \underline{b} = \begin{bmatrix} b_1^* \\ \vdots \\ b_n^* \end{bmatrix} \tag{1.7.4}$$

entsprechend Gl.(1.6.4b). Für die Komponenten von $\dot{\underline{x}}^*(t)$ gilt:

$$\dot{x}_i^*(t) = s_i x_i^*(t) + b_i^* u(t) \quad , \quad i = 1,2,\ldots,n \quad . \tag{1.7.5}$$

Hieraus ist sofort folgender Zusammenhang zu erkennen: Ist *ein Element* $b_i^* = 0$, dann wird die zugehörige Differentialgleichung der Zustandsgröße $x_i^*(t)$ nicht durch $u(t)$ beeinflußt. Somit lautet die Bedingung für die *Steuerbarkeit eines Eingrößensystems*:

Ein Eingrößensystem mit einfachen Eigenwerten ist genau dann vollständig steuerbar, wenn alle Elemente des Vektors $\underline{b}^* = \underline{V}^{-1}\ \underline{b}$ von Null verschieden sind.

Die Erweiterung dieser Überlegungen auf den Fall eines *Mehrgrößensystems* liefert anstelle der Gl. (1.7.3) die Beziehung

$$\underline{\dot{x}}^*(t) = \underline{\Lambda}\ \underline{x}^*(t) + \underline{B}^*\ \underline{u}(t) \tag{1.7.6}$$

bzw.

$$\dot{x}_i^*(t) = s_i x_i^*(t) + \sum_{\nu=1}^{r} b_{i\nu}^* u_\nu(t) \quad , \quad i = 1,2,\ldots,n \ . \tag{1.7.7}$$

Aus Gl. (1.7.7) folgt, daß die i-te Zustandsvariable $x_i^*(t)$ durch $u_\nu(t)$ nicht beeinflußt werden kann, wenn die zugehörigen Koeffizienten $b_{i\nu}^*$ für $\nu = 1,2,\ldots,r$ alle Null sind. Daraus läßt sich die notwendige und hinreichende Bedingung für die *Steuerbarkeit eines Mehrgrößensystems* formulieren:

Ein Mehrgrößensystem mit einfachen Eigenwerten ist genau dann vollständig steuerbar, wenn in jeder Zeile der Matrix $\underline{B}^* = \underline{V}^{-1}\ \underline{B}$ zumindest *ein* Element von Null verschieden ist.

Aus diesen Überlegungen ist ersichtlich, daß bei einem steuerbaren System der Steuervektor $\underline{u}(t)$ alle Eigenbewegungen beeinflußt. Die Steuerbarkeit hängt dabei nur von den Matrizen $\underline{A}$ und $\underline{B}$ ab.

Die Anwendung dieser Bedingungen setzt die Kenntnis der kanonischen Transformation $\underline{V}$ voraus. Außerdem sind sie für den Fall mehrfacher Eigenwerte von $\underline{A}$ nicht anwendbar. Deshalb ist die allgemeine *Bedingung nach Kalman* [1.4] zur Prüfung der Steuerbarkeit eines Systems meist besser geeignet:

Für die *Steuerbarkeit* eines linearen zeitinvarianten Systems ist folgende Bedingung notwendig und hinreichend:

$$\text{Rang}\ [\underline{B} \,\vdots\, \underline{A}\ \underline{B} \,\vdots\, \ldots \,\vdots\, \underline{A}^{n-1}\underline{B}] = n \ . \tag{1.7.8}$$

Das bedeutet, die (nxnr)-Hypermatrix

$$\underline{S}_1 = [\underline{B} \,\vdots\, \underline{A}\ \underline{B} \,\vdots\, \ldots \,\vdots\, \underline{A}^{n-1}\underline{B}]$$

muß n linear unabhängige Spaltenvektoren enthalten. Bei Eingrößensystemen ist $\underline{S}_1$ eine quadratische Matrix, deren n Spalten linear unabhängig sein müssen. In diesem Fall kann der Rang von $\underline{S}_1$ anhand der Determinante $|\underline{S}_1|$ überprüft werden. Ist $|\underline{S}_1|$ von Null verschieden, dann besitzt $\underline{S}_1$ den vollen Rang.

Diese von Kalman aufgestellte Bedingung soll nun unter Verwendung der Definition der Steuerbarkeit bewiesen werden. Hierzu geht man von einem Anfangszustand $\underline{x}(0)$ im Zeitpunkt $t_0 = 0$ aus und benutzt Gl. (1.2.4) als

Lösung der Zustandsgleichung:

$$\underline{x}(t) = e^{\underline{A}t}\, \underline{x}(0) + \int_0^t e^{\underline{A}(t-\tau)}\, \underline{B}\, \underline{u}(\tau)d\tau \quad . \tag{1.7.9}$$

Entsprechend der Definition soll in einem Zeitpunkt $t = t_1$

$$\underline{x}(t_1) = \underline{0}$$

und damit

$$\underline{0} = e^{\underline{A}t_1}\, \underline{x}(0) + \int_0^{t_1} e^{\underline{A}(t_1-\tau)}\, \underline{B}\, \underline{u}(\tau)d\tau$$

gelten. Daraus ergibt sich

$$\underline{x}(0) = - \int_0^{t_1} e^{-\underline{A}\tau}\, \underline{B}\, \underline{u}(\tau)d\tau \quad . \tag{1.7.10}$$

Aufgrund des Satzes von Cayley-Hamilton gilt aber gemäß Gl.(1.4.11)

$$e^{-\underline{A}t} = \sum_{k=0}^{n-1} \alpha_k(-t)\underline{A}^k$$

und damit folgt für Gl.(1.7.10)

$$\underline{x}(0) = - \sum_{k=0}^{n-1} \underline{A}^k\underline{B} \int_0^{t_1} \alpha_k(-\tau)\, \underline{u}(\tau)d\tau \quad . \tag{1.7.11}$$

Die Auswertung des Integrals für jede Funktion $\alpha_k(-t)$ liefert n r-dimensionale Vektoren

$$\underline{\beta}_k = \int_0^{t_1} \alpha_k(-\tau)\, \underline{u}(\tau)d\tau \qquad \text{für} \quad k = 0,1,\ldots,(n-1) \tag{1.7.12}$$

und damit erhält man aus Gl.(1.7.11)

$$\underline{x}(0) = - \sum_{k=0}^{n-1} \underline{A}^k\underline{B}\, \underline{\beta}_k = - [\underline{B} \mid \underline{A}\underline{B} \mid \ldots \mid \underline{A}^{n-1}\, \underline{B}] \begin{bmatrix} \underline{\beta}_0 \\ \underline{\beta}_1 \\ \vdots \\ \underline{\beta}_{n-1} \end{bmatrix} . \tag{1.7.13}$$

Dabei handelt es sich um ein System von n Gleichungen, das für einen beliebigen vorgegebenen Anfangszustand $\underline{x}(0)$ nur dann eindeutig lösbar ist, wenn die Matrix dieses Gleichungssystems maximalen Rang hat, d. h. wenn Gl.(1.7.8) erfüllt ist.

Es sei darauf hingewiesen, daß beim praktischen Entwurf eines Regelsystems gewöhnlich nicht die Beeinflussung (Steuerung) der Zustandsgrößen, sondern vielmehr der Ausgangsgrößen verlangt wird. Die vollständige Steuerbarkeit der Zustandsgrößen ist weder notwendig noch hinreichend für die Steuerbarkeit der Ausgangsgrößen. Daher ist es zweckmäßig, den Begriff der vollständigen *Ausgangssteuerbarkeit* noch einzuführen. Ein System ist vollständig ausgangssteuerbar, wenn es eine Steuerfunktion $\underline{u}(t)$ gibt, die die Ausgangsgröße $\underline{y}(t)$ innerhalb einer beliebigen endlichen Zeitspanne $t_o \leqq t \leqq t_1$ von einem beliebig vorgegebenen Anfangswert $\underline{y}(t_o)$ in irgendeinen Endwert $\underline{y}(t_1)$ überführt. Es läßt sich zeigen, daß ein System nur dann vollständig ausgangssteuerbar ist, wenn die $(m \times (n+1) r)$-Hypermatrix

$$[\underline{C}\ \underline{B} \mid \underline{C}\ \underline{A}\ \underline{B} \mid \underline{C}\ \underline{A}^2 \underline{B} \mid \ldots \mid \underline{C}\ \underline{A}^{n-1} \underline{B} \mid \underline{D}]$$

den Rang m besitzt.

Der Unterschied zwischen Zustands- und Ausgangssteuerbarkeit ist leicht aus folgendem Beispiel zu ersehen.

Das System

$$\dot{x}_1 = u$$

$$\dot{x}_2 = u$$

$$y = x_1 + x_2$$

ist zwar vollständig ausgangssteuerbar, nicht aber zustandssteuerbar, da hier zwei identische Teilsysteme in Parallelschaltung vorliegen.

1.7.2. Beobachtbarkeit

Definition: Das durch die Gln. (1.1.7a,b) beschriebene lineare System ist *vollständig beobachtbar*, wenn man bei bekannter äußerer Beeinflussung $\underline{B}\ \underline{u}(t)$ und bekannten Matrizen $\underline{A}$ und $\underline{C}$ aus dem Ausgangsvektor $\underline{y}(t)$ über ein *endliches* Zeitintervall $t_o \leqq t \leqq t_1$ den Anfangszustand $\underline{x}(t_o)$ eindeutig bestimmen kann.

Für die Ausgangsgleichung eines Systems mit einfachen Eigenwerten gilt in modaler Darstellung nach Gl. (1.6.8)

$$\underline{y}(t) = \underline{C}\ \underline{V}\ \underline{x}^*(t) + \underline{D}\ \underline{u}(t) \qquad (1.7.14)$$

und speziell für ein *Eingrößensystem* mit $\underline{c}^{*T} = \underline{c}^T\ \underline{V}$ und $\underline{D} = d$

$$y(t) = \underline{c}^{*T}\underline{x}^*(t) + d\,u(t) = c_1^* x_1^*(t) + \ldots + c_n^* x_n^*(t) + d\,u(t) \quad . \tag{1.7.15}$$

Hieraus folgt unmittelbar die Bedingung für die Beobachtbarkeit des Eingrößensystems:

Damit sich bei einem Eingrößensystem mit einfachen Eigenwerten alle Komponenten von $\underline{x}^*(t)$ überhaupt auf den Ausgangsvektor $\underline{y}(t)$ auswirken, müssen alle Elemente des Zeilenvektors $\underline{c}^{*T} = \underline{c}^T\,\underline{V}$ von Null verschieden sein. Dann ist das System vollständig beobachtbar.

Ganz entsprechend erhält man als Bedingung für die Beobachtbarkeit bei *Mehrgrößensystemen* mit einfachen Eigenwerten, daß in jeder Spalte der Matrix $\underline{C}^* = \underline{C}\,\underline{V}$ mindestens ein Element von Null verschieden sein muß.

Für beliebige Systeme ohne Verwendung von Transformationen gilt wiederum eine allgemeine Bedingung, die von Kalman hergeleitet wurde:

Zur Prüfung der *Beobachtbarkeit* eines linearen zeitinvarianten Systems bildet man die (nmxn)-Hypermatrix

$$\underline{S}_2 = \begin{bmatrix} \underline{C} \\ \underline{C}\,\underline{A} \\ \vdots \\ \underline{C}\,\underline{A}^{n-1} \end{bmatrix} \tag{1.7.16}$$

bzw. ihre transponierte (nxnm)-Hypermatrix

$$\underline{S}_2^T = [\underline{C}^T \,|\, (\underline{C}\,\underline{A})^T \,|\, \ldots \,|\, (\underline{C}\,\underline{A}^{n-1})^T] \quad .$$

Das System ist genau dann beobachtbar, wenn gilt

$$\text{Rang}\ \underline{S}_2 = n \quad . \tag{1.7.17}$$

Diese Bedingung kann auch mit Hilfe der transponierten Matrix $\underline{S}_2^T$ ausgedrückt werden:

$$\text{Rang}\ [\underline{C}^T \,|\, \underline{A}^T\underline{C}^T \,|\, \ldots \,|\, (\underline{A}^T)^{n-1}\underline{C}^T] = n \quad ,$$

woraus man durch Vergleich mit Gl. (1.7.8) erkennt, daß Beobachtbarkeit und Steuerbarkeit unmittelbar zueinander duale Systemeigenschaften sind.

Zum Beweis dieser Bedingung genügt es, das homogene System

$$\dot{\underline{x}}(t) = \underline{A}\,\underline{x}(t)$$

$$\underline{y}(t) = \underline{C}\,\underline{x}(t)$$

zu betrachten, dessen Lösung nach Gl. (1.2.4)

$$\underline{y}(t) = \underline{C}\, e^{\underline{A}t}\, \underline{x}(0)$$

lautet. Mit der früher verwendeten Reihenentwicklung für $e^{\underline{A}t}$ gemäß Gl. (1.4.11) folgt hieraus

$$\underline{y}(t) = \sum_{k=0}^{n-1} \alpha_k(t)\, \underline{C}\, \underline{A}^k\, \underline{x}(0)$$

oder

$$\underline{y}(t) = \alpha_0(t)\, \underline{C}\, \underline{x}(0) + \alpha_1(t)\, \underline{C}\, \underline{A}\, \underline{x}(0) + \ldots + \alpha_{n-1}(t)\, \underline{C}\, \underline{A}^{n-1}\, \underline{x}(0) \; .$$

Es würde an dieser Stelle zu weit führen, diese Gleichung nach $\underline{x}(0)$ aufzulösen und daraus die Bedingungen für die Lösbarkeit abzuleiten. Es sei hier nur festgestellt, daß eine eindeutige Lösung nicht möglich wäre, wenn es außer $\underline{x}(0) = \underline{0}$ noch einen anderen Vektor $\hat{\underline{x}}(0)$ gäbe, für den $\underline{y}(t) = \underline{0}$ wird. In diesem Fall müßte das Skalarprodukt *aller* Zeilenvektoren der n Matrizen $\underline{C}$, $\underline{C}\,\underline{A}, \ldots, \underline{C}\,\underline{A}^{n-1}$ mit $\hat{\underline{x}}(0)$ verschwinden. D. h., es müßte mit Gl. (1.7.16) gelten:

$$\underline{S}_2\, \hat{\underline{x}}(0) = \underline{0} \quad .$$

Falls $\underline{S}_2$ n linear unabhängige Zeilen enthält, wird diese Gleichung nur für $\hat{\underline{x}}(0) = \underline{0}$ erfüllt. Damit ist die Notwendigkeit der Beobachtbarkeitsbedingung in Gl. (1.7.17) gezeigt.

1.7.3. Anwendung der Steuerbarkeits- und Beobachtbarkeitsbegriffe

Nach den bisherigen Überlegungen kann ein dynamisches System offensichtlich in eine der folgenden Gruppen eingeordnet werden:

a) vollständig steuerbare, aber nicht beobachtbare Systeme,
b) vollständig steuerbare und vollständig beobachtbare Systeme,
c) vollständig beobachtbare, aber nicht steuerbare Systeme,
d) nicht steuerbare und nicht beobachtbare Systeme.

Oft ist es auch zweckmäßig ein System in Teilsysteme der Art a) bis d) aufzuspalten, wie es in graphischer Form in Bild 1.7.1 dargestellt ist.

Hieraus sieht man sofort, daß eine Übertragungsmatrix $\underline{\underline{G}}(s)$, die das Eingangs-/Ausgangsverhalten beschreibt, nur das steuerbare und beobachtbare Teilsystem (b) umfaßt. Damit folgt, daß nur für ein vollständig steuerbares und beobachtbares System die Beschreibung jeweils im Zustandsraum und in Form einer Übertragungsmatrix gleichwertig und ineinander überführbar ist.

Dies soll im folgenden der Einfachheit halber an Eingrößensystemen etwas ausführlicher untersucht werden. Enthält ein System nicht steuerbare oder nicht beobachtbare Anteile, so muß die Ordnung der Übertra-

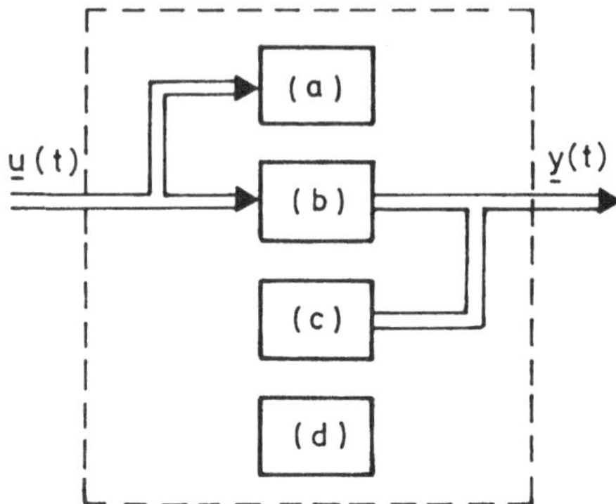

Bild 1.7.1. Aufspaltung eines Systems in steuerbare (a,b) und nicht steuerbare (c,d) sowie beobachtbare (b,c) und nicht beobachtbare (a,d) Teilsysteme

gungsfunktion notgedrungen kleiner sein als die Dimension der Systemmatrix $\underline{A}$. Somit treten nicht alle n Eigenwerte der Matrix $\underline{A}$ als Pole in G(s) in Erscheinung. Es kann also festgestellt werden, daß bei nicht vollständig steuerbaren und/oder beobachtbaren Systemen im Zähler und Nenner der Übertragungsfunktion gemeinsame Faktoren auftreten, die sich kürzen.

Beispiel 1.7.1:

Es sei das in Bild 1.7.2 dargestellte System betrachtet. Hieraus las-

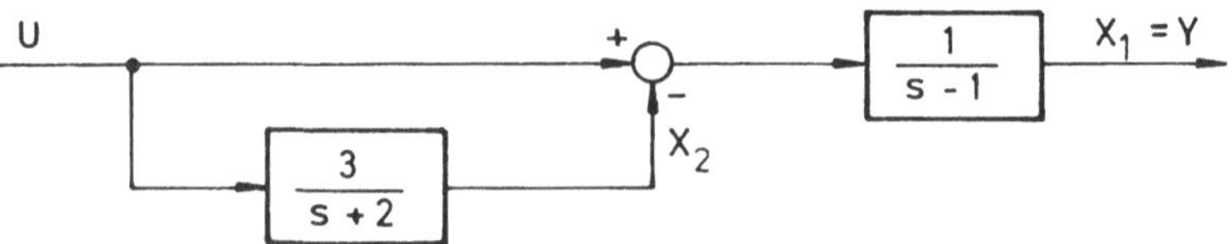

Bild 1.7.2. Blockschaltbild zum Beispiel 1.7.1

sen sich folgende Zustandsgrößen ablesen:

$$X_1(s) = \frac{1}{s-1}\,[-X_2(s) + U(s)]$$

$$X_2(s) = \frac{3}{s+2}\,U(s) \quad .$$

Daraus folgt für die Zustandsdarstellung im Zeitbereich

$$\dot{\underline{x}}(t) = \begin{bmatrix} 1 & -1 \\ 0 & -2 \end{bmatrix} \underline{x}(t) + \begin{bmatrix} 1 \\ 3 \end{bmatrix} u(t)$$

$$y(t) = [1 \quad 0]\ \underline{x}(t) \quad .$$

Aus obigem Blockschaltbild kann direkt die Übertragungsfunktion

$$G(s) = \frac{1}{s-1}\,(1 - \frac{3}{s+2}) = \frac{1}{s-1} \cdot \frac{s-1}{s+2} = \frac{1}{s+2}$$

gebildet werden. Nach der zuvor getroffenen Aussage kann dieses System nicht gleichzeitig steuerbar und beobachtbar sein. Jedoch kann es eine dieser Eigenschaften besitzen, die nun mittels der Kalmanschen Beziehung nachgewiesen werden soll.

Zur Überprüfung der Steuerbarkeit bildet man die Vektoren

$$\underline{b} = \begin{bmatrix} 1 \\ 3 \end{bmatrix} \quad \text{und} \quad \underline{A}\ \underline{b} = \begin{bmatrix} -2 \\ -6 \end{bmatrix} \quad ,$$

für die gilt

$$2\,\underline{b} + \underline{A}\ \underline{b} = \underline{0} \quad ,$$

woraus zu ersehen ist, daß diese Vektoren linear abhängig sind. Die Matrix

$$\underline{S}_1 = [\underline{b} \mid \underline{A}\ \underline{b}] = \begin{bmatrix} 1 & -2 \\ 3 & -6 \end{bmatrix}$$

hat also nicht die vollen Rang n = 2. Somit ist das System nicht steuerbar.

Zur Überprüfung der Beobachtbarkeit benötigt man weiter die Vektoren

$$\underline{c} = \begin{bmatrix} 1 \\ 0 \end{bmatrix} \quad , \quad \underline{A}^T \underline{c} = \begin{bmatrix} 1 & 0 \\ -1 & -2 \end{bmatrix} \begin{bmatrix} 1 \\ 0 \end{bmatrix} = \begin{bmatrix} 1 \\ -1 \end{bmatrix}$$

mit denen die Matrix

$$\underline{S}_2^T = [\underline{c} \mid \underline{A}^T \underline{c}] = \begin{bmatrix} 1 & 1 \\ 0 & -1 \end{bmatrix}$$

gebildet wird. Diese Matrix hat den vollen Rang $n = 2$, da ihre Determinante von Null verschieden ist. Das System ist also beobachtbar.

Anhand dieses Beispiels wird ersichtlich, daß ein System, das instabile Teilübertragungsfunktionen enthält, theoretisch ein stabiles Gesamtverhalten besitzen kann. Allerdings sei darauf hingewiesen, daß man z. B. beim Entwurf eines Kompensationsreglers unbedingt darauf achten muß, daß keine derartige direkte Kompensation instabiler Pole durch entsprechende Nullstellen erfolgen sollte, da bereits kleinste, praktisch oft nicht vermeidbare Parameteränderungen zur Instabilität führen würden.

Abschließend sollen an einem nahezu gleichen Beispiel noch einmal die wichtigsten Methoden im Zusammenhang mit der Steuerbarkeit und Beobachtbarkeit angewendet werden.

Beispiel 1.7.2:

Gegeben ist das im Bild 1.7.3 dargestellte System.

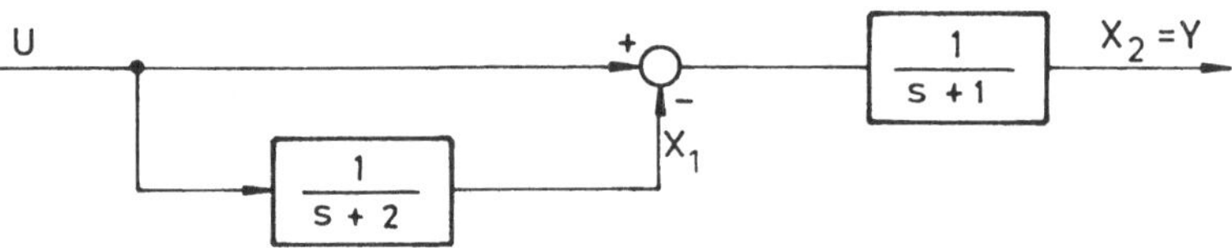

Bild 1.7.3. Blockschaltbild zum Beispiel 1.7.2

Die Zustandsraumdarstellung dieses Systems lautet:

$$\dot{\underline{x}}(t) = \begin{bmatrix} -2 & 0 \\ -1 & -1 \end{bmatrix} \underline{x}(t) + \begin{bmatrix} 1 \\ 1 \end{bmatrix} u(t)$$

$$y(t) = [0 \quad 1] \quad x(t) \quad .$$

Damit erhält man:

a) *Eigenwerte*

$$|s\underline{I} - \underline{A}| = \begin{bmatrix} s+2 & 0 \\ 1 & s+1 \end{bmatrix} = (s+2)(s+1)$$

$$s_1 = -2 \quad \text{und} \quad s_2 = -1 \quad .$$

b) *Übertragungsfunktion:*

Mit

$$\underline{\underline{\Phi}}(s) = (s\underline{\underline{I}} - \underline{\underline{A}})^{-1} = \frac{1}{(s+2)(s+1)} \begin{bmatrix} s+1 & 0 \\ -1 & s+2 \end{bmatrix}$$

folgt

$$G(s) = \underline{c}^T \underline{\underline{\Phi}}(s)\, \underline{b} = [0 \quad 1] \begin{bmatrix} s+1 & 0 \\ -1 & s+2 \end{bmatrix} \begin{bmatrix} 1 \\ 1 \end{bmatrix} \frac{1}{(s+2)(s+1)}$$

$$= \frac{(s+1)}{(s+1)(s+2)} = \frac{1}{s+2} \quad .$$

c) *Beobachtbarkeit und Steuerbarkeit:*

$$\text{Rang } [\underline{b} \mid \underline{\underline{A}}\, \underline{b}] = \text{Rang} \begin{bmatrix} 1 & -2 \\ 1 & -2 \end{bmatrix} = 1 \quad ,$$

d. h. das System ist nicht steuerbar.

$$\text{Rang } [\underline{c} \mid \underline{\underline{A}}^T \underline{c}] = \text{Rang} \begin{bmatrix} 0 & -1 \\ 1 & -1 \end{bmatrix} = 2 \quad ,$$

d. h. das System ist beobachtbar.

d) *Transformationsmatrix* $\underline{\underline{V}}$:

$$\underline{\underline{A}}\, \underline{\underline{V}} = \underline{\underline{V}}\, \underline{\underline{\Lambda}}$$

$$\begin{bmatrix} -2 & 0 \\ -1 & -1 \end{bmatrix} \begin{bmatrix} v_{11} & v_{12} \\ v_{21} & v_{22} \end{bmatrix} = \begin{bmatrix} v_{11} & v_{12} \\ v_{21} & v_{22} \end{bmatrix} \begin{bmatrix} -2 & 0 \\ 0 & -1 \end{bmatrix}$$

$$\begin{bmatrix} -2v_{11} & -2v_{12} \\ -v_{11}-v_{21} & -v_{12}-v_{22} \end{bmatrix} = \begin{bmatrix} -2v_{11} & -v_{12} \\ -2v_{21} & -v_{22} \end{bmatrix} \quad .$$

Ein Vergleich der Elemente liefert:

$$-2v_{11} = -2v_{11} \; ; \quad -2v_{12} = -v_{12} \; ;$$

$$-v_{11}-v_{21} = -2v_{21} \; ; \quad -v_{12}-v_{22} = -v_{22} \quad .$$

Da hier 2 unabhängige Gleichungen vorliegen, wird $v_{11} = v_{22} = 1$ gewählt, und damit folgt $v_{21} = 1$ und $v_{12} = 0$. Schließlich erhält man mit der Transformationsmatrix

$$\underline{V} = \begin{bmatrix} 1 & 0 \\ 1 & 1 \end{bmatrix}$$

die Vektoren

$$\underline{b}^* = \underline{V}^{-1}\,\underline{b} = \begin{bmatrix} 1 & 0 \\ -1 & 1 \end{bmatrix} \begin{bmatrix} 1 \\ 1 \end{bmatrix} = \begin{bmatrix} 1 \\ 0 \end{bmatrix}$$

und

$$\underline{c}^{*T} = \underline{c}^T\,\underline{V} = [0 \quad 1] \begin{bmatrix} 1 & 0 \\ 1 & 1 \end{bmatrix} = [1 \quad 1] \quad .$$

Auch hieraus ist ersichtlich, daß das System beobachtbar, aber nicht steuerbar ist, da nicht alle Elemente von $\underline{b}^*$ von Null verschieden sind.

Bei diesem Beispiel zeigt sich wiederum, daß nicht alle Eigenwerte auch Pole des Systems sind.

Allgemein läßt sich feststellen, daß ein System mit einer Ein- und Ausgangsgröße und einfachen Eigenwerten genau dann steuerbar und beobachtbar ist, wenn alle Eigenwerte Pole der Übertragungsfunktion G(s) sind. Ist dies nicht der Fall, so kann trotzdem eine dieser Systemeigenschaften vorhanden sein.

1.8. Synthese linearer Regelsysteme im Zustandsraum

1.8.1. Das geschlossene Regelsystem

Ist eine Regelstrecke in der Zustandsraumdarstellung

$$\dot{\underline{x}} = \underline{A}\,\underline{x} + \underline{B}\,\underline{u} \quad \text{mit} \quad \underline{x}_0 = \underline{x}(0) \tag{1.8.1}$$

und

$$\underline{y} = \underline{C}\,\underline{x} + \underline{D}\,\underline{u} \tag{1.8.2}$$

gegeben, so bieten sich für ihre Regelung folgende zwei wichtige Möglichkeiten an:

a) Rückführung des Zustandsvektors $\underline{x}$,
b) Rückführung des Ausgangsvektors $\underline{y}$.

Die Blockstrukturen beider Möglichkeiten sind in Bild 1.8.1 dargestellt.

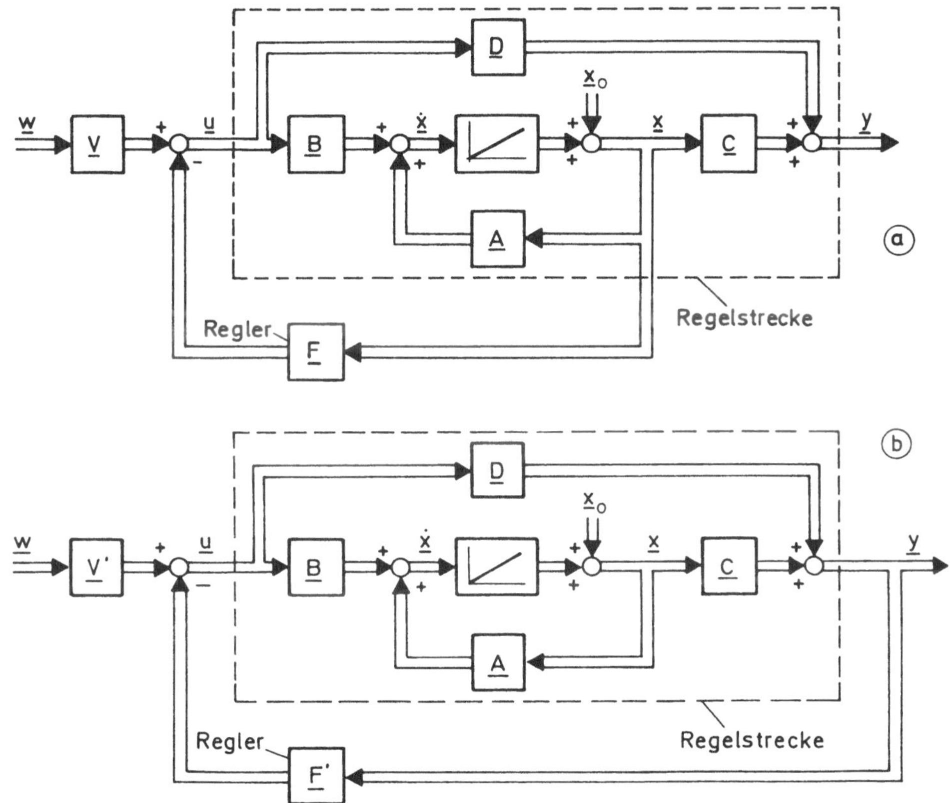

Bild 1.8.1. Regelung durch Rückführung (a) des Zustandsvektors $\underline{x}$ und (b) des Ausgangsvektors $\underline{y}$

Die Rückführung erfolge in beiden Fällen über konstante Verstärkungs- oder *Reglermatrizen*

$$\underline{F}(r\times n) \quad \text{oder} \quad \underline{F}'(r\times m) \quad ,$$

die oft auch als *Rückführmatrizen* bezeichnet werden.

Beide Blockstrukturen weisen weiterhin für die Führungsgröße je ein *Vorfilter* auf, das ebenfalls durch eine konstante Matrix

$$\underline{V}(r\times m) \quad \text{oder} \quad \underline{V}'(r\times m)$$

beschrieben wird. Dieses Vorfilter sorgt dafür, daß der Ausgangsvektor $\underline{y}$ im stationären Zustand mit dem *Führungsvektor* $\underline{w}(m\times 1)$ übereinstimmt. Für jede der beiden Kreisstrukturen läßt sich nun ebenfalls eine Zustandsraumdarstellung angeben, die nachfolgend hergeleitet wird.

1.8.1.1. Regelsystem mit Rückführung des Zustandsvektors

Dem Bild 1.8.1a kann entnommen werden, daß für den Stellvektor die Beziehung

$$\underline{u} = \underline{V}\,\underline{w} - \underline{F}\,\underline{x} \tag{1.8.3}$$

gilt. Diese Beziehung, in die Gln. (1.8.1) und (1.8.2) eingesetzt, liefert die Zustandsraumdarstellung des Systems mit Rückführung des Zustandsvektors:

$$\dot{\underline{x}} = (\underline{A} - \underline{B}\,\underline{F})\underline{x} + \underline{B}\,\underline{V}\,\underline{w} \tag{1.8.4}$$

und

$$\underline{y} = (\underline{C} - \underline{D}\,\underline{F})\underline{x} + \underline{D}\,\underline{V}\,\underline{w} \quad . \tag{1.8.5}$$

Diese beiden Beziehungen haben eine ähnliche Struktur wie die Gln. (1.8.1) und (1.8.2). Somit gelten für den Übergang vom offenen zum geschlossenen Regelsystem folgende Korrespondenzen:

$$\underline{A} \rightarrow (\underline{A} - \underline{B}\,\underline{F})$$

$$\underline{B} \rightarrow \underline{B}\,\underline{V}$$

$$\underline{C} \rightarrow (\underline{C} - \underline{D}\,\underline{F})$$

$$\underline{D} \rightarrow \underline{D}\,\underline{V} \quad .$$

Möchte man die wichtigsten Eigenschaften, wie Stabilität, Steuerbarkeit und Beobachtbarkeit für das geschlossene Regelsystem untersuchen, so können obige Korrespondenzen für die beim offenen System früher bereits eingeführten Beziehungen verwendet werden. Dann ergeben sich

- das *Stabilitätsverhalten* aus den Eigenwerten der Systemmatrix des geschlossenen Systems

  $$(\underline{A} - \underline{B}\,\underline{F})$$

  unter Verwendung der entsprechenden charakteristischen Gleichung

  $$P(s) = |s\underline{I} - (\underline{A} - \underline{B}\,\underline{F})| = 0 \quad ; \tag{1.8.6}$$

- die *Steuerbarkeit* anhand der Matrizen $(\underline{A} - \underline{B}\,\underline{F})$ und $\underline{B}\,\underline{V}$ über die Steuerbarkeitsmatrix

  $$\tilde{\underline{S}}_1 = [\underline{B}\,\underline{V} \mid (\underline{A} - \underline{B}\,\underline{F})\underline{B}\,\underline{V} \mid (\underline{A} - \underline{B}\,\underline{F})^2\underline{B}\,\underline{V} \mid \ldots \mid (\underline{A} - \underline{B}\,\underline{F})^{n-1}\underline{B}\,\underline{V}] \quad ; \tag{1.8.7}$$

- die *Beobachtbarkeit* anhand der Matrizen $(\underline{A} - \underline{B}\,\underline{F})$ und $(\underline{C} - \underline{D}\,\underline{F})$ über die Beobachtbarkeitsmatrix

$$\underline{\tilde{S}}_2^T = [(\underline{C} - \underline{D}\ \underline{F})^T \mid (\underline{A} - \underline{B}\ \underline{F})^T (\underline{C} - \underline{D}\ \underline{F})^T \mid \ldots \mid [(\underline{A} - \underline{B}\ \underline{F})^T]^{n-1} (\underline{C} - \underline{D}\ \underline{F})^T] \ . \tag{1.8.8}$$

Hieraus ist ersichtlich, daß für $\underline{C} = \underline{D}\ \underline{F}$ die Beobachtbarkeit verloren geht. Generell kann die Zustandsrückführung also eine Einbuße der Beobachtbarkeit bewirken.

1.8.1.2. Regelsystem mit Rückführung des Ausgangsvektors

Für diesen Fall entnimmt man aus Bild 1.8.1 für den Stellvektor

$$\underline{u} = \underline{V}'\ \underline{w} - \underline{F}'\ \underline{y} \ . \tag{1.8.9}$$

Diese Beziehung liefert mit den Gln.(1.8.1) und (1.8.2) die Zustandsraumdarstellung des Systems mit Rückführung des Ausgangsvektors

$$\dot{\underline{x}} = \underline{A}\ \underline{x} + \underline{B}(\underline{V}'\underline{w} - \underline{F}'\underline{y}) \ . \tag{1.8.10}$$

Außerdem ergibt sich für den Ausgangsvektor

$$\underline{y} = \underline{C}\ \underline{x} + \underline{D}\ \underline{V}'\underline{w} - \underline{D}\ \underline{F}'\underline{y}$$

oder umgeformt

$$\underline{y} = (\underline{I} + \underline{D}\ \underline{F}')^{-1}(\underline{C}\ \underline{x} + \underline{D}\ \underline{V}'\underline{w}) \ . \tag{1.8.11}$$

Setzt man Gl.(1.8.11) in Gl.(1.8.10) ein, dann erhält man als Zustandsgleichung

$$\begin{aligned}\dot{\underline{x}} &= \underline{A}\ \underline{x} + \underline{B}\ \underline{V}'\underline{w} - \underline{B}\ \underline{F}'(\underline{I} + \underline{D}\ \underline{F}')^{-1}(\underline{C}\ \underline{x} + \underline{D}\ \underline{V}'\underline{w}) \\ &= [\underline{A} - \underline{B}\ \underline{F}'(\underline{I} + \underline{D}\ \underline{F}')^{-1}\underline{C}]\underline{x} + \underline{B}[\underline{I} - \underline{F}'(\underline{I} + \underline{D}\ \underline{F}')^{-1}\underline{D}]\underline{V}'\underline{w} \ .\end{aligned}$$

Mit der Identität [1.5]

$$\underline{I} - \underline{F}'(\underline{I} + \underline{D}\ \underline{F}')^{-1}\underline{D} = (\underline{I} + \underline{F}'\underline{D})^{-1}$$

folgt schließlich die Zustandsgleichung

$$\dot{\underline{x}} = [\underline{A} - \underline{B}\ \underline{F}'(\underline{I} + \underline{D}\ \underline{F}')^{-1}\underline{C}]\underline{x} + \underline{B}(\underline{I} + \underline{F}'\underline{D})^{-1}\underline{V}'\underline{w} \ . \tag{1.8.12}$$

Die Zustandsraumdarstellung ist im vorliegenden Fall mit den Gln. (1.8.12) und (1.8.11) gegeben. Diese beiden Beziehungen besitzen dieselbe Struktur wie die Gln.(1.8.1) und (1.8.2) des offenen Regelsystems. Damit lassen sich auch hier für den Übergang vom offenen zum geschlossenen Regelsystem folgende Korrespondenzen angegeben:

$$\underline{A} \rightarrow \underline{A} - \underline{B}\,\underline{F}'(\underline{I} + \underline{D}\,\underline{F}')^{-1}\underline{C}$$

$$\underline{B} \rightarrow \underline{B}(\underline{I} + \underline{F}'\underline{D})^{-1}\underline{V}'$$

$$\underline{C} \rightarrow (\underline{I} + \underline{D}\,\underline{F}')^{-1}\underline{C}$$

$$\underline{D} \rightarrow (\underline{I} + \underline{D}\,\underline{F}')^{-1}\underline{D}\,\underline{V}' \quad .$$

Stabilität, Steuerbarkeit und Beobachtbarkeit können mit diesen Matrizen ähnlich bestimmt werden wie im vorhergehenden Abschnitt für den Fall der Zustandsvektorrückführung.

1.8.1.3. Berechnung des Vorfilters

Nachfolgend soll für den Fall der Zustandsvektorrückführung die Berechnung der Matrix $\underline{V}$ des Vorfilters gezeigt werden. Dabei werden folgende *Voraussetzungen* getroffen:

- Die Regler- oder Rückführmatrix $\underline{F}$ sei bereits bekannt.
- Die Anzahl von Stell- und Führungsgrößen sei gleich (r=m).
- Zusätzlich gelte der Einfachheit halber $\underline{D} = \underline{O}$.

Das Ziel des Entwurfs des Vorfilters ist, $\underline{V}$ so zu berechnen, daß im stationären Zustand Führungs- und Regelgrößen übereinstimmen.

Im vorliegenden Fall wird von den Gln.(1.8.4) und (1.8.5)

$$\dot{\underline{x}} = (\underline{A} - \underline{B}\,\underline{F})\underline{x} + \underline{B}\,\underline{V}\,\underline{w}$$

und

$$\underline{y} = \underline{C}\,\underline{x}$$

ausgegangen. Im stationären Zustand $\dot{\underline{x}} = \underline{O}$ gelte $\underline{y} \overset{!}{=} \underline{w}$. Damit folgt aus den Gln.(1.8.4) und (1.8.5)

$$\underline{O} = (\underline{A} - \underline{B}\,\underline{F})\underline{x} + \underline{B}\,\underline{V}\,\underline{w} \tag{1.8.13}$$

$$\underline{y} = \underline{w} = \underline{C}\,\underline{x} \quad . \tag{1.8.14}$$

Löst man Gl.(1.8.13) nach $\underline{x}$ auf

$$\underline{x} = (\underline{B}\,\underline{F} - \underline{A})^{-1}\underline{B}\,\underline{V}\,\underline{w}$$

und setzt diese Beziehung in Gl.(1.8.14) ein, so erhält man

$$\underline{y} = \underline{w} = \underline{C}(\underline{B}\,\underline{F} - \underline{A})^{-1}\underline{B}\,\underline{V}\,\underline{w} \quad . \tag{1.8.15}$$

Hieraus ist ersichtlich, daß zur Einhaltung der Forderung $\underline{y} \overset{!}{=} \underline{w}$ gelten muß:

$$\underline{C}(\underline{B}\,\underline{F}-\underline{A})^{-1}\underline{B}\,\underline{V}=\underline{I}\quad . \qquad (1.8.16)$$

Daraus ergibt sich schließlich die gesuchte Matrix des Vorfilters

$$\underline{V}=[\underline{C}(\underline{B}\,\underline{F}-\underline{A})^{-1}\underline{B}]^{-1}\quad . \qquad (1.8.17)$$

Ist also $\underline{F}$ bekannt, dann kann mit dieser Beziehung das Vorfilter berechnet werden.

1.8.2. Der Grundgedanke der Reglersynthese

Die Rückkopplung des Ausgangsvektors $\underline{y}$ gemäß Bild 1.8.1b entspricht der klassischen Regelung eines linearen Mehrgrößensystems. Bei der Lösung dieser Problemstellung ist man i. a. bestrebt, eine weitgehende Entkopplung der einzelnen Komponenten $y_i(t)$ des Ausgangsvektors, also der Regelgrößen untereinander, so vorzunehmen, daß in geeigneter Weise jeder Regelgröße $y_i(t)$ eine Stellgröße $u_i(t)$ zugeordnet werden kann. Dabei soll der Einfluß dieser Stellgröße $u_i(t)$ auf die übrigen Regelgrößen durch entsprechende Entkopplungsglieder möglichst aufgehoben werden. Dadurch erhält man entkoppelte Einzelregelkreise, für die dann wiederum der Entwurf eines Reglers nach den klassischen Syntheseverfahren für Eingrößenregelsysteme durchgeführt werden kann.

Im Gegensatz zur klassischen Ausgangsgrößenregelung gehen die Verfahren zur Synthese linearer Regelsysteme im Zustandsraum von einer Rückführung der Zustandsgrößen gemäß Bild 1.8.1a aus, da diese ja das gesamte dynamische Verhalten der Regelstrecke beschreiben. Diese Struktur nennt man *Zustandsgrößenregelung*. Wie bereits gezeigt wurde, wird der Regler durch die konstante (rxn)-Matrix $\underline{F}$ beschrieben. Er entspricht bezüglich der Zustandsgrößen einem P-Regler. Während man bei der klassischen Synthese dynamische Regler benutzt, um aus der Ausgangsgröße beispielsweise einen D-Anteil zu erzeugen, kann hier der D-Anteil direkt oder indirekt als Zustandsgröße der Regelstrecke entnommen werden. Allerdings enthält diese Regelung keinen I-Anteil.

Die Standardverfahren im Zustandsraum gehen zunächst davon aus, daß für $t > 0$ keine Führungs- und Störsignale vorliegen. Damit hat der Regler $\underline{F}$ die Aufgabe, die *Eigendynamik* des geschlossenen Regelsystems zu verändern. Die homogene Differentialgleichung, die das Eigenverhalten des geschlossenen Regelsystems beschreibt, erhält man aus Gl. (1.8.4):

$$\underline{\dot{x}}=(\underline{A}-\underline{B}\,\underline{F})\underline{x}=\underline{\tilde{A}}\,\underline{x}\quad \text{mit}\quad \underline{x}(0)=\underline{x}_0\quad . \qquad (1.8.18)$$

Nun läßt sich die Aufgabenstellung folgendermaßen formulieren:

- Das System befinde sich zum Zeitpunkt t = 0 im Anfangszustand $\underline{x}_o$, der ungleich dem gewünschten Betriebszustand $\underline{x}(t) = \underline{x}_w(t) \equiv \underline{0}$ ist. Das System kann beispielsweise durch Störgrößen $\underline{z}(t)$ für $t \leq 0$ in diesen Zustand gebracht worden sein.

- Das System soll aus diesem Anfangszustand $\underline{x}_o$ in den gewünschten Betriebszustand $\underline{x}_w \equiv \underline{0}$ überführt werden.

- Dabei werden gewisse dynamische Forderungen an den Übergangsvorgang gestellt.

- Um dieses gewünschte dynamische Verhalten zu erzeugen, wird der Zustandsvektor $\underline{x}(t)$ erfaßt und über den Proportionalregler mit der Übertragungsmatrix $\underline{F}$ als Steuer- oder Stellvektor $\underline{u}(t) = -\underline{F}\,\underline{x}(t)$ wieder auf die Regelstrecke geschaltet.

Zur Lösung dieser Aufgabenstellung haben sich im wesentlichen drei Verfahren besonders bewährt, auf die nachfolgend kurz eingegangen wird.

1.8.3. Verfahren zur Reglersynthese

1.8.3.1. Das Verfahren der Polvorgabe

Das dynamische Eigenverhalten des geschlossenen Regelsystems wird ausschließlich durch die Lage der Pole bzw. durch die Lage der Eigenwerte der Systemmatrix $\underline{\tilde{A}}$ des geschlossenen Kreises bestimmt. Durch die Elemente f_{ij} der Reglermatrix $\underline{F}$ können die Pole des offenen Systems aufgrund der Rückkopplung von $\underline{x}(t)$ an bestimmte gewünschte Stellen in der s-Ebene verschoben werden. Will man alle Pole verschieben, so muß das offene System steuerbar sein. Praktisch geht man so vor, daß die gewünschten Pole s_i des geschlossenen Regelsystems vorgegeben und dazu die Reglerverstärkungen f_{ij} ausgerechnet werden.

1.8.3.2. Die modale Regelung

Der Grundgedanke der modalen Regelung besteht darin, die bestehenden Zustandsgrößen $x_i(t)$ des offenen Systems geeignet zu transformieren, so daß die neuen Zustandsgrößen $x_i^*(t)$ möglichst entkoppelt werden und gemäß Bild 1.8.2 getrennt geregelt werden können. Da der Steuervektor $\underline{u}$

nur r Komponenten besitzt, können nicht mehr als r modale Zustandsgrößen $x_i^*(t)$ unabhängig voneinander beeinflußt werden.

Jede der r ausgesuchten modalen Zustandsgrößen $x_i^*(t)$ wirkt genau auf eine modale Steuergröße $u_i^*(t)$, so daß die Reglermatrix $\underline{F}$ diagonalförmig wird, sofern die Eigenwerte des offenen Systems einfach sind. Bei mehrfachen Eigenwerten ist - wie bereits im Kapitel 1.6 gezeigt wurde - eine derartige vollständige Entkopplung der Zustandsgleichungen im all-

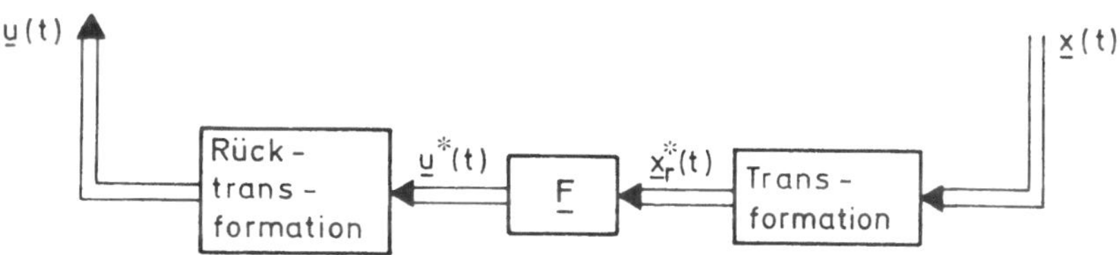

Bild 1.8.2. Struktur eines modalen Reglers ($\underline{x}_r^*$ enthält r Elemente von $\underline{x}^*$)

gemeinen nicht mehr möglich. Unter Verwendung der früher behandelten Jordan-Form läßt sich dennoch eine weitgehende Entkopplung so durchführen, daß die zu verschiedenen Eigenwerten gehörenden Zustandsgrößen entkoppelt und die zum selben Eigenwert gehörenden Zustandsgrößen nur einseitig gekoppelt sind.

1.8.3.3. Optimaler Zustandsregler nach dem quadratischen Gütekriterium

In Anlehnung an das klassische, für Eingrößensysteme eingeführte Kriterium der quadratischen Regelfläche unter Einbeziehung des Stellaufwandes

$$I = \int_0^\infty [e^2(t) + r\, u^2(t)]dt \stackrel{!}{=} \text{Min} \qquad (1.8.19)$$

lautet das entsprechende quadratische Gütekriterium für Mehrgrößensysteme

$$I = \int_0^\infty [\underline{x}^T(t)\, \underline{Q}\, \underline{x}(t) + \underline{u}^T(t)\, \underline{R}\, \underline{u}(t)]dt \stackrel{!}{=} \text{Min} \quad . \qquad (1.8.20)$$

Dann läßt sich das Problem des Entwurfs eines optimalen Zustandsreglers nach diesem Kriterium folgendermaßen formulieren:

Gegeben sei ein offenes Regelsystem entsprechend den Gln.(1.8.1) und (1.8.2). Nun ist eine Reglermatrix $\underline{F}$ so zu ermitteln, daß ein optimaler Stellvektor

$$\underline{u}_{opt} = - \underline{F}\,\underline{x}(t) \tag{1.8.21}$$

das System vom Anfangswert $\underline{x}_o$ so in die Ruhelage überführt, daß das obige Integral nach Gl.(1.8.20) zum Minimum wird. Die Matrizen $\underline{Q}$ und $\underline{R}$ sind positiv definite symmetrische Bewertungsmatrizen, die häufig sogar Diagonalform besitzen.

Häufig wird für die Lösung des Problems gefordert, daß das zu regelnde System steuerbar ist. Allerdings genügt es bereits, für die Lösung vorauszusetzen, daß das System *stabilisierbar* ist, d. h. daß diejenigen der Eigenwerte s_i mit nicht negativen Realteilen durch die Zustandsrückführung beliebig in die linke s-Halbebene gebracht werden können, also die zugehörigen Eigenbewegungen steuerbar sind; dann sind eventuell vorhandene nicht steuerbare Eigenbewegungen stabil.

1.8.4. Das Meßproblem

Bis jetzt wurde bei der Reglersynthese stillschweigend vorausgesetzt, daß alle Zustandsgrößen meßbar sind. In vielen Fällen stehen die Zustandsgrößen nicht unmittelbar zur Verfügung. Oft sind sie auch nur reine Rechengrößen und damit nicht direkt meßbar. In diesen Fällen verwendet man einen sogenannten *Beobachter*, der aus den gemessenen Stell- und Ausgangsgrößen einen Näherungswert $\hat{\underline{x}}(t)$ für den Zustandsvektor $\underline{x}(t)$ liefert. Dieser Näherungswert $\hat{\underline{x}}(t)$ konvergiert im Falle deterministischer Signale gegen den wahren Wert $\underline{x}(t)$, d. h. es gilt

$$\lim_{t\to\infty} [\underline{x}(t) - \hat{\underline{x}}(t)] = \underline{0} \quad . \tag{1.8.22}$$

Die so entstehende Struktur eines Zustandsreglers mit Beobachter zeigt Bild 1.8.3.

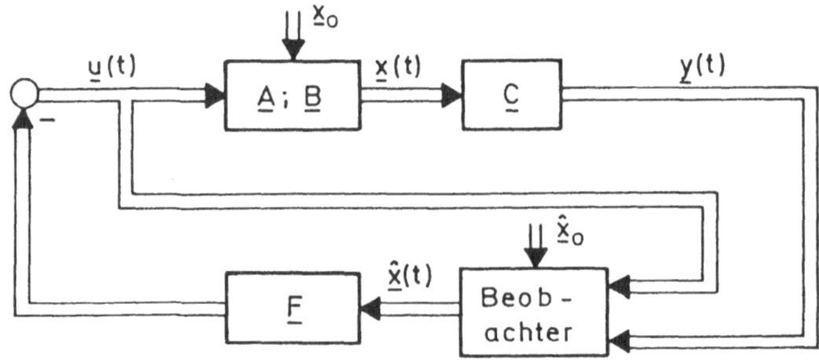

Bild 1.8.3. Zustandsregler mit Beobachter

1.8.5. Einige kritische Anmerkungen

Seit der Einführung der Zustandsraumbeschreibung und den von ihr ausgehenden Syntheseverfahren ist immer wieder die Kritik zu hören, diese modernen Verfahren seien stark mathematisiert, für die praktische Anwendung kaum zu gebrauchen und hätten daher allenfalls akademischen Charakter. Von diesem Gesichtspunkt aus sollen die zuvor genannten Punkte noch einmal kritisch betrachtet werden.

Ausgangspunkt für die Synthese war eine Zustandsraumdarstellung der Regelstrecke, die sich - wie bereits im Kapitel 1.1 gezeigt wurde - unmittelbar aus den Bilanzgleichungen der Energiespeicher ergab und somit ebenso anschaulich ist wie eine Übertragungsfunktion oder eine Übertragungsmatrix. Die kurz vorgestellten Syntheseverfahren erfordern in der Tat einen sehr großen rechnerischen Aufwand. Die auftretenden Synthesegleichungen sind aber algebraische Gleichungen und somit gut mit Digitalrechnern zu lösen. Gerade darin dürfte der Grund liegen, daß sich diese Verfahren weitgehend bewährt und durchgesetzt haben. Die größte Problematik liegt sicherlich weniger in den Verfahren als in den Voraussetzungen und Zielvorstellungen, z. B. der Wahl der Eigenwerte für den geschlossenen Regelkreis oder der Bewertungsmatrizen eines Gütekriteriums. Eine weitere Problematik, die Ermittlung nicht meßbarer Zustandsgrößen, wurde durch die Erfindung des Beobachters gelöst.

Insgesamt kann jedoch festgestellt werden, daß bei dem heute zunehmenden Einsatz von Digitalrechnern zur Lösung und Realisierung von Regelungsaufgaben diese modernen Verfahren weiter an Bedeutung gewinnen werden. Daher soll in dem nachfolgenden Kapitel auf einige dieser Verfahren noch näher eingegangen werden, wobei insbesondere deren Anwendung anhand von Beispielen ausführlich gezeigt wird.

1.8.6. Synthese von Zustandsreglern durch Polvorgabe

1.8.6.1. Polvorgabe bei Ein- und Mehrgrößensystemen anhand der charakteristischen Gleichung

Die Pole s_i des geschlossenen Regelkreises erhält man aus der charakteristischen Gleichung

$$P(s) = |s\underline{I}_n - \underline{A} + \underline{B}\,\underline{F}| = \prod_{i=1}^{n} (s-s_i) = 0 \quad , \qquad (1.8.23)$$

wobei $\underline{I}_n$ die (nxn)-dimensionale Einheitsmatrix darstellt. Falls das offene System ($\underline{A}$, $\underline{B}$) steuerbar ist, dann und nur dann kann mit konstanter Reglermatrix $\underline{F}$ jede beliebige Lage der Pole $s_1, s_2, \ldots, s_n$ für den geschlossenen Regelkreis vorgegeben werden [1.6]. Sind bei bekanntem Verhalten des offenen Systems ($\underline{A}$, $\underline{B}$) für den geschlossenen Regelkreis n Pole s_i vorgegeben, so muß $\underline{F}$ derart bestimmt werden, daß Gl. (1.8.23) für jede Polstelle erfüllt ist. Dazu wird Gl. (1.8.23) mittels des Produktsatzes für Determinanten [$\det(\underline{K} \cdot \underline{H}) = \det \underline{K} \cdot \det \underline{H}$] umgeformt:

$$P(s) = |s\underline{I}_n - \underline{A} + \underline{B}\,\underline{F}| = |s\underline{I}_n - \underline{A}|\,|\underline{I}_n + (s\underline{I}_n - \underline{A})^{-1}\underline{B}\,\underline{F}| = 0 \quad . \tag{1.8.24}$$

Da nach Gl. (1.3.6) $\underline{\underline{\Phi}}(s) = (s\underline{I}_n - \underline{A})^{-1}$ gilt, folgt für Gl. (1.8.24)

$$P(s) = |s\underline{I}_n - \underline{A}|\,|\underline{I}_n + \underline{\underline{\Phi}}(s)\underline{B}\,\underline{F}| \tag{1.8.25a}$$

oder umgeformt [1.7]

$$P(s) = |s\underline{I}_n - \underline{A}|\,|\underline{I}_r + \underline{F}\,\underline{\underline{\Phi}}(s)\underline{B}| = P^*(s)\;P^{**}(s) = 0 \tag{1.8.25b}$$

mit dem charakteristischen Polynom $P^*(s)$ des offenen Regelkreises und der gebrochen rationalen Funktion $P^{**}(s)$:

$$P^*(s) = |s\underline{I}_n - \underline{A}| \quad \text{und} \quad P^{**}(s) = |\underline{I}_r + \underline{F}\,\underline{\underline{\Phi}}(s)\underline{B}| \quad .$$

Die Identität der Gln. (1.8.25a) und (1.8.25b) ergibt sich aus der Tatsache, daß die Determinante einer Matrix gleich ist dem Produkt ihrer Eigenwerte ($|\underline{A}| = s_1^*\,s_2^* \ldots s_n^*$). Man beachte hierbei auch die Änderung der Dimensionen der Teilmatrizen.

Nun muß $\underline{F}$ so gewählt werden, daß für jeden Pol s_i Gl. (1.8.25) erfüllt ist. Dies ist sicherlich der Fall, wenn für die (rxr)-Determinante $P^{**}(s)$ mit $s = s_i$ gilt:

$$P^{**}(s_i) = |\underline{I}_r + \underline{F}\,\underline{\underline{\Phi}}(s_i)\underline{B}| = 0 \quad . \tag{1.8.26}$$

Werden in dieser Beziehung für die Spalten der (rxr)-Einheitsmatrix $\underline{I}_r$ die Spaltenvektoren $\underline{e}_i$ eingeführt, also

$$\underline{I}_r = [\underline{e}_1\;\underline{e}_2\;\ldots\;\underline{e}_r] \quad , \tag{1.8.27}$$

und als Abkürzung die (nxr)-Matrix

$$\underline{\underline{\Phi}}(s)\underline{B} = \underline{\underline{\psi}}(s) = [\underline{\psi}_1(s)\;\underline{\psi}_2(s)\;\ldots\;\underline{\psi}_r(s)] \tag{1.8.28}$$

mit den (nx1)-Spaltenvektoren $\underline{\psi}_i(s)$, so wird Gl. (1.8.26) gerade dann erfüllt, wenn irgendeine der Spalten oder Zeilen der Determinante $|\underline{I}_r + \underline{F}\,\underline{\underline{\psi}}(s)|$ nur Nullelemente besitzt, d. h. wenn für einen Pol s_i die Beziehung

$$\underline{e}_j + \underline{F}\underline{\psi}_j(s_i) = \underline{0}$$

oder

$$\underline{F}\underline{\psi}_j(s_i) = -\underline{e}_j \tag{1.8.29}$$

gilt. Diese Beziehung allein genügt allerdings noch nicht zur Bestimmung der Reglermatrix $\underline{F}$. Es muß vielmehr eine derartige Bedingung unabhängig für *alle* vorgegebenen Pole $s_1, s_2, \ldots, s_n$ gelten. Für den Fall, daß alle vorgegebenen Pole s_i verschieden (einfach) sind, existieren in der (nxnr)-Matrix

$$[\underline{\underline{\psi}}(s_1) \; \underline{\underline{\psi}}(s_2) \; \ldots \; \underline{\underline{\psi}}(s_n)]$$

n linear unabhängige Spaltenvektoren

$$\underline{\psi}_j(s_1), \; \underline{\psi}_j(s_2), \ldots, \; \underline{\psi}_j(s_n) \quad ,$$

wobei j beliebige Werte von 1 bis r annehmen darf. Als Nachweis hierzu gewährleistet die Steuerbarkeit von ($\underline{A}$, $\underline{B}$), daß für jede Polstelle s_i gerade Rang $\underline{\underline{\psi}}(s_i) = r$ gilt [1.8]. Somit erhält man analog zu Gl. (1.8.29) die Beziehung

$$\underline{F}[\underline{\psi}_{j_1}(s_1) \; \underline{\psi}_{j_2}(s_2) \ldots \underline{\psi}_{j_n}(s_n)] = -[\underline{e}_{j_1} \; \underline{e}_{j_2} \ldots \underline{e}_{j_n}] \quad , \tag{1.8.30}$$

wobei der zweite Index nur zur Kennzeichnung der Zuordnung dient. Wichtig ist hierbei, daß sämtliche Pole s_i bei den Spaltenvektoren $\underline{\psi}_j(s_i)$ in dieser Beziehung berücksichtigt werden müssen. Bei Systemen mit nur einer Stellgröße (Eingrößensystemen) ist die Wahl der (nxn)-Matrix

$$[\underline{\psi}_1(s_1) \; \underline{\psi}_1(s_2) \ldots \underline{\psi}_1(s_n)]$$

eindeutig. Bei Mehrgrößensystemen bieten sich gewöhnlich mehrere Möglichkeiten zum Aufbau dieser Matrix an. Diese Mehrdeutigkeit kann benutzt werden, um außer der Polvorgabe weitere Forderungen an das Regelsystem zu stellen (z. B. Berücksichtigung von Stellgrößenbeschränkungen). Die Mehrdeutigkeit hat also zur Folge, daß es verschiedene Reglermatrizen $\underline{F}$ geben kann, die zur gleichen charakteristischen Gleichung, Gl. (1.8.23), führen. Aus Gl. (1.8.30) folgt nun allgemein für die Berechnung der Reglermatrix als Synthesegleichung

$$\underline{F} = -[\underline{e}_{j_1} \; \underline{e}_{j_2} \ldots \underline{e}_{j_n}][\underline{\psi}_{j_1}(s_1) \; \underline{\psi}_{j_2}(s_2) \ldots \underline{\psi}_{j_n}(s_n)]^{-1} \quad . \tag{1.8.31}$$

Beispiel 1.8.1:

Gegeben ist der offene Regelkreis mit

$$\underline{A} = \begin{bmatrix} 0 & 1 & 0 \\ 0 & 0 & 1 \\ 0 & -2 & -3 \end{bmatrix} \quad \text{und} \quad \underline{B} = \underline{b} = \begin{bmatrix} 0 \\ 0 \\ 1 \end{bmatrix} .$$

Die Steuerbarkeit ist nach Gl.(1.7.8) gewährleistet durch die Überprüfung von

$$\text{Rang} \begin{bmatrix} 0 & 0 & 1 \\ 0 & 1 & -3 \\ 1 & -3 & 7 \end{bmatrix} = 3 .$$

Das offene System besitzt die $\mathcal{L}$-Transformierte der Fundamentalmatrix

$$\underline{\underline{\Phi}}(s) = (s\underline{I}_n - \underline{A})^{-1} = \frac{1}{s(s^2+3s+2)} \begin{bmatrix} (s^2+3s+2) & (s+3) & 1 \\ 0 & s(s+3) & s \\ 0 & -2s & s^2 \end{bmatrix}$$

sowie die Polstellen $s_1^* = 0$, $s_2^* = -1$ und $s_3^* = -2$.

Mit Gl.(1.8.28) folgt:

$$\underline{\underline{\Psi}}(s) = \underline{\underline{\Phi}}(s)\underline{B} = \frac{1}{s(s^2+3s+2)} \begin{bmatrix} 1 \\ s \\ s^2 \end{bmatrix} = \underline{\Psi}_1(s) .$$

Als Polvorgabe für das geschlossene Regelsystem wird gewählt:

$$s_1 = -3, \quad s_{2,3} = -1 \pm j .$$

Mit diesen Polen ergeben sich die Spaltenvektoren:

$$\underline{\Psi}_1(s_1) = \begin{bmatrix} -\frac{1}{6} \\ \frac{1}{2} \\ -\frac{3}{2} \end{bmatrix}, \quad \underline{\Psi}_1(s_2) = \begin{bmatrix} \frac{1}{2}j \\ -(\frac{1}{2}j+\frac{1}{2}) \\ 1 \end{bmatrix}, \quad \underline{\Psi}_1(s_3) = \begin{bmatrix} -\frac{1}{2}j \\ (\frac{1}{2}j-\frac{1}{2}) \\ 1 \end{bmatrix} .$$

Die Synthesegleichung, Gl.(1.8.31), liefert schließlich für die Reglermatrix

$$\underline{F} = -[1 \quad 1 \quad 1] \begin{bmatrix} -\frac{1}{6} & \frac{1}{2}j & -\frac{1}{2}j \\ \frac{1}{2} & -(\frac{1}{2}j+\frac{1}{2}) & (\frac{1}{2}j-\frac{1}{2}) \\ -\frac{3}{2} & 1 & 1 \end{bmatrix}^{-1}$$

und nach Inversion

$$\underline{F} = -[1 \quad 1 \quad 1]\ \frac{12}{5j}\begin{bmatrix} -j & -j & -\frac{j}{2} \\ \frac{1}{4}-\frac{3}{4}j & -\frac{1}{6}-\frac{3}{4}j & -\frac{1}{12}-\frac{1}{6}j \\ -\frac{1}{4}-\frac{3}{4}j & \frac{1}{6}-\frac{3}{4}j & \frac{1}{12}-\frac{1}{6}j \end{bmatrix}$$

und Ausmultiplikation

$$\underline{F} = \frac{12}{5}j\ \left[-\frac{10}{4}j \quad -\frac{10}{4}j \quad -\frac{5}{6}j\right]$$

$$\underline{F} = \underline{f}^T = [6 \quad 6 \quad 2] \quad .$$

Für den *Fall mehrfacher Pole* muß das zuvor beschriebene Vorgehen dann modifiziert werden, wenn nicht mehr n linear unabhängige Spaltenvektoren $\underline{\psi}_j(s_k)$ für $k = 1,2,\ldots,n$ gebildet werden können. Treten in $P(s)$ mehrfache Pole s_i mit der Vielfachheit $r_k (k = 1,2,\ldots,l)$ auf, dann gelten neben Gl.(1.8.23) die zusätzlichen Bedingungen

$$\left.\frac{d^{\nu}P(s)}{ds^{\nu}}\right|_{s=s_i} = 0 \tag{1.8.32}$$

für $\nu = 1,2,\ldots,(r_k-1)$. Die Differentiation der Determinanten aus Gl. (1.8.25) liefert beispielsweise für $\nu = 1$

$$\frac{dP(s)}{ds} = \frac{dP^*(s)}{ds}\,|\underline{I}_r + \underline{F}\ \underline{\psi}(s)| + \frac{d}{ds}\ |\underline{I}_r + \underline{F}\ \underline{\psi}(s)|\,P^*(s) \quad . \tag{1.8.33}$$

Mit

$$\frac{d}{ds}|\underline{I}_r + \underline{F}\ \underline{\psi}(s)|\,\underline{P}^*(s) = \frac{d}{ds}|\underline{I}_r + \underline{F}[\underline{\psi}_1(s)\ \ \underline{\psi}_2(s)\ \ldots\ \underline{\psi}_r(s)]\,|P^*(s) \tag{1.8.34}$$

läßt sich bei Aufspaltung in Teildeterminanten nun zeigen, daß jeder Term in Gl.(1.8.33) eine Spalte mit Nullen enthält mit Ausnahme der Teildeterminanten mit den Gliedern

$$\underline{F}\ \frac{d\underline{\psi}_j}{ds}\ (\text{für } j = 1,2,\ldots,r) \quad .$$

Damit Gl.(1.8.32) für $\nu = 1$ erfüllt ist, muß daher als zusätzliche Bedingung zur Synthesebeziehung, Gl.(1.8.31), gelten

$$\left.\underline{F}\ \frac{d\underline{\psi}_j}{ds}\right|_{s=s_i} = \underline{0} \quad . \tag{1.8.35}$$

Auf diese Art erhält man wiederum n linear unabhängige Spaltenvektoren aus $\underline{\psi}_j(s_i)$ und $d\underline{\psi}_j/ds|_{s=s_i}$.

Beispiel 1.8.2:

Gegeben sei wiederum derselbe offene Regelkreis wie im vorherigen Beispiel

$$\underline{A} = \begin{bmatrix} 0 & 1 & 0 \\ 0 & 0 & 1 \\ 0 & -2 & -3 \end{bmatrix} \quad \text{und} \quad \underline{B} = \underline{b} = \begin{bmatrix} 0 \\ 0 \\ 1 \end{bmatrix} .$$

Für den geschlossenen Regelkreis werden als Pole vorgegeben:

$$s_1 = -4 \quad \text{und} \quad s_2 = s_3 = -3 .$$

Mit

$$\underline{\psi}(s) = \underline{\psi}_1(s) = \frac{1}{s(s^2+3s+2)} \begin{bmatrix} 1 \\ s \\ s^2 \end{bmatrix}$$

folgt

$$\frac{d\underline{\psi}_1}{ds} = \frac{1}{s^2(s^2+3s+2)^2} \begin{bmatrix} -(3s^2+6s+2) \\ -s^2(2s+3) \\ s^2(2-s^2) \end{bmatrix} .$$

Mit obigen Polen ergeben sich die Spaltenvektoren

$$\underline{\psi}_1(s_1) = \begin{bmatrix} -\frac{1}{24} \\ +\frac{1}{6} \\ -\frac{2}{3} \end{bmatrix}, \quad \underline{\psi}_1(s_2) = \begin{bmatrix} -\frac{1}{6} \\ \frac{1}{2} \\ -\frac{3}{2} \end{bmatrix}, \quad \left.\frac{d\underline{\psi}_1}{ds}\right|_{s=s_3} = \begin{bmatrix} -\frac{11}{36} \\ \frac{27}{36} \\ -\frac{63}{36} \end{bmatrix} .$$

Die Synthesebeziehung, Gl.(1.8.31), liefert somit als Reglermatrix

$$\underline{F} = -[1 \quad 1 \quad 0]\left[\underline{\psi}_1(s_1) \quad \underline{\psi}_1(s_2) \quad \left.\frac{d\underline{\psi}_1}{ds}\right|_{s=s_3}\right]^{-1}$$

$$= -[1 \quad 1 \quad 0]\begin{bmatrix} -\frac{1}{24} & -\frac{1}{6} & -\frac{11}{36} \\ \frac{1}{6} & \frac{1}{2} & \frac{27}{36} \\ -\frac{2}{3} & -\frac{3}{2} & -\frac{63}{36} \end{bmatrix}^{-1} = -[1 \quad 1 \quad 0]\begin{bmatrix} -216 & -144 & -24 \\ 180 & 113 & 17 \\ -72 & -42 & -6 \end{bmatrix}$$

und nach Ausmultiplizieren den Vektor

$$\underline{F} = \underline{f}^T = [36 \quad 31 \quad 7] \quad .$$

Für den Fall, daß eine der vorgegebenen Polstellen s_i des geschlossenen Regelkreises gleichzeitig auch Polstelle s_i^* des offenen Regelkreises ist, scheint das hier beschriebene Verfahren zur Bestimmung von $\underline{F}$ zu versagen, da bei dieser Polstelle der zugehörige Spaltenvektor $\underline{\psi}_j(s_i^*)$ nicht berechnet werden kann. Das Verfahren ist dennoch anwendbar, wenn ein geschickter Grenzübergang durchgeführt wird. Dies soll an nachfolgendem Beispiel gezeigt werden.

Beispiel 1.8.3:

Gegeben sei wieder derselbe offene Regelkreis wie in den vorherigen Beispielen, wobei

$$\underline{\psi}(s) = \underline{\psi}_1(s) = \frac{1}{s(s^2+3s+2)} \begin{bmatrix} 1 \\ s \\ s^2 \end{bmatrix} = \frac{1}{s(s+1)(s+2)} \begin{bmatrix} 1 \\ s \\ s^2 \end{bmatrix}$$

galt. Für den geschlossenen Regelkreis werden folgende Pole vorgegeben:

$$s_1 = -3 \; , \quad s_2 = -1 \quad \text{und} \quad s_3 = -4 \quad .$$

Man erkennt, daß die Wahl von $\underline{\psi}_1(s_2)$ nicht direkt möglich ist. Daher wird im Vektor $\underline{\psi}_1(s_2)$ die Substitution

$$\lambda = \frac{1}{s+1}$$

gemacht. Diese Substitution wird nur bei denjenigen Faktoren durchgeführt, die beim Einsetzen des betreffenden Poles s_2 zu Null werden; ansonsten wird $s = s_2$ direkt eingesetzt. Damit ergibt sich die Matrix

$$[\underline{\psi}_1(-3) \;\; \underline{\psi}_1(-1,\lambda) \;\; \underline{\psi}_1(-4)] = \begin{bmatrix} -\frac{1}{6} & -\lambda & -\frac{1}{24} \\ \frac{1}{2} & \lambda & +\frac{1}{6} \\ -\frac{3}{2} & -\lambda & -\frac{2}{3} \end{bmatrix} \quad .$$

In der Inversen dieser Matrix wird nun der Grenzübergang für $s = -1$, also $\lambda \to \infty$, durchgeführt:

$$\lim_{\lambda\to\infty} -\frac{24}{\lambda}\begin{bmatrix} -\frac{1}{2}\lambda & -\frac{15}{24}\lambda & -\frac{1}{8}\lambda \\ \frac{1}{12} & \frac{7}{144} & \frac{1}{144} \\ \lambda & \frac{4}{3}\lambda & \frac{1}{3}\lambda \end{bmatrix} = \begin{bmatrix} 12 & 15 & 3 \\ 0 & 0 & 0 \\ -24 & -32 & -8 \end{bmatrix} .$$

Mit Gl.(1.8.31) erhält man für die Reglermatrix den Vektor

$$\underline{F} = \underline{f}^T = -[1 \quad 1 \quad 1]\begin{bmatrix} 12 & 15 & 3 \\ 0 & 0 & 0 \\ -24 & -32 & -8 \end{bmatrix} .$$

$$\underline{f}^T = [12 \quad 17 \quad 5] \quad .$$

Bei den bisher durchgerechneten Beispielen wurden nur Eingrößensysteme betrachtet. Die Stärke des hier dargestellten Verfahrens zeigt sich allerdings erst voll bei der Anwendung auf *Mehrgrößensysteme*. Wesentlich ist dabei, daß die Systemmatrix $\underline{A}$ auf keine spezielle kanonische Form gebracht werden muß, wie das bei anderen Verfahren (z.B. Ackermann [1.9]) gewöhnlich der Fall ist. Nachfolgend soll anhand eines einfachen Beispiels das Vorgehen zur Berechnung der Reglermatrix $\underline{F}$ bei einem Mehrgrößensystem gezeigt werden. Dabei läßt sich auch anschaulich die zuvor bereits erwähnte Mehrdeutigkeit der Lösung zeigen.

Beispiel 1.8.4:

Gegeben sei ein Mehrgrößensystem durch folgende Matrizen:

$$\underline{A} = \begin{bmatrix} -1 & 0 \\ 2 & -2 \end{bmatrix} , \quad \underline{B} = \begin{bmatrix} 1 & 0 \\ 0 & 2 \end{bmatrix} , \quad \underline{C} = \begin{bmatrix} 0 & 1 \\ 1 & -1 \end{bmatrix} , \quad \underline{D} = \underline{0} \quad .$$

(Für den Entwurf der Reglermatrix $\underline{F}$ zur Rückführung des Zustandsvektors $\underline{x}$ sind allerdings die Matrizen $\underline{C}$ und $\underline{D}$ nicht erforderlich!). Für dieses offene Regelsystem ergibt sich als $\mathcal{L}$-Transformierte der Fundamentalmatrix

$$\underline{\underline{\Phi}}(s) = (s\underline{I}_n - \underline{A})^{-1} = \begin{bmatrix} s+1 & 0 \\ -2 & s+2 \end{bmatrix}^{-1} = \frac{1}{(s+1)(s+2)}\begin{bmatrix} s+2 & 0 \\ 2 & s+1 \end{bmatrix}$$

mit den Polen bei $s_1^* = -1$ und $s_2^* = -2$. Mit Gl.(1.8.28) folgt nun

$$\underline{\underline{\psi}}(s) = \underline{\underline{\Phi}}(s)\ \underline{B} = \begin{bmatrix} \frac{1}{s+1} & 0 \\ \frac{2}{(s+1)(s+2)} & \frac{1}{s+2} \end{bmatrix}\begin{bmatrix} 1 & 0 \\ 0 & 2 \end{bmatrix} = \begin{bmatrix} \frac{1}{s+1} & 0 \\ \frac{2}{(s+1)(s+2)} & \frac{2}{s+2} \end{bmatrix} .$$

Man erhält somit die beiden Spaltenvektoren

$$\underline{\psi}_1(s) = \begin{bmatrix} \frac{1}{s+1} \\ \frac{2}{(s+1)(s+2)} \end{bmatrix} \quad \text{und} \quad \underline{\psi}_2(s) = \begin{bmatrix} 0 \\ \frac{2}{s+2} \end{bmatrix} .$$

Werden für das geschlossene Regelsystem als Pole

$$s_1 = -4 \quad \text{und} \quad s_2 = -5$$

vorgegeben, so liefern obige Beziehungen die Spaltenvektoren

$$\underline{\psi}_1(s_1) = \begin{bmatrix} -\frac{1}{3} \\ \frac{1}{3} \end{bmatrix}, \; \underline{\psi}_1(s_2) = \begin{bmatrix} -\frac{1}{4} \\ \frac{1}{6} \end{bmatrix}, \; \underline{\psi}_2(s_1) = \begin{bmatrix} 0 \\ -1 \end{bmatrix} \text{ und } \underline{\psi}_2(s_2) = \begin{bmatrix} 0 \\ -\frac{2}{3} \end{bmatrix} .$$

Aus diesen Vektoren müssen für die Aufstellung der Matrix $[\underline{\psi}_j(s_1) \; \underline{\psi}_j(s_2)]$ nun $n = 2$ unabhängige Vektoren, von denen der eine s_1 und der andere s_2 enthält, ausgewählt werden. Wie man leicht erkennt, ergeben sich hierfür folgende Möglichkeiten:

a) $$[\underline{\psi}_1(s_1) \; \underline{\psi}_2(s_2)] = \begin{bmatrix} -\frac{1}{3} & 0 \\ \frac{1}{3} & -\frac{2}{3} \end{bmatrix}$$

b) $$[\underline{\psi}_1(s_1) \; \underline{\psi}_1(s_2)] = \begin{bmatrix} -\frac{1}{3} & -\frac{1}{4} \\ \frac{1}{3} & \frac{1}{6} \end{bmatrix}$$

c) $$[\underline{\psi}_2(s_1) \; \underline{\psi}_1(s_2)] = \begin{bmatrix} 0 & -\frac{1}{4} \\ -1 & \frac{1}{6} \end{bmatrix}$$

d) $$[\underline{\psi}_2(s_1) \; \underline{\psi}_2(s_2)] = \begin{bmatrix} 0 & 0 \\ -1 & -\frac{2}{3} \end{bmatrix} .$$

Die Möglichkeit d) entfällt jedoch, da die beiden Spaltenvektoren $\underline{\psi}_2(s_1)$ und $\underline{\psi}_2(s_2)$ linear abhängig sind. Entsprechend den verbleibenden drei Möglichkeiten liefert Gl.(1.8.31) drei verschiedene Lösungen zur

Ermittlung der Reglermatrix $\underline{F}$, obwohl in allen drei Fällen dieselbe charakteristische Gleichung für den geschlossenen Regelkreis gilt. Somit folgt für

a) $$\underline{F} = -\begin{bmatrix} 1 & 0 \\ 0 & 1 \end{bmatrix} \frac{9}{2} \begin{bmatrix} -\frac{2}{3} & 0 \\ -\frac{1}{3} & -\frac{1}{3} \end{bmatrix} = -\frac{9}{2} \begin{bmatrix} -\frac{2}{3} & 0 \\ -\frac{1}{3} & -\frac{1}{3} \end{bmatrix} = \begin{bmatrix} 3 & 0 \\ \frac{3}{2} & \frac{3}{2} \end{bmatrix}$$

b) $$\underline{F} = -\begin{bmatrix} 1 & 1 \\ 0 & 0 \end{bmatrix} 36 \begin{bmatrix} \frac{1}{6} & \frac{1}{4} \\ -\frac{1}{3} & -\frac{1}{3} \end{bmatrix} = -36 \begin{bmatrix} -\frac{1}{6} & -\frac{1}{12} \\ 0 & 0 \end{bmatrix} = \begin{bmatrix} 6 & 3 \\ 0 & 0 \end{bmatrix}$$

c) $$\underline{F} = -\begin{bmatrix} 0 & 1 \\ 1 & 0 \end{bmatrix} (-4) \begin{bmatrix} \frac{1}{6} & \frac{1}{4} \\ 1 & 0 \end{bmatrix} = 4 \begin{bmatrix} 1 & 0 \\ \frac{1}{6} & \frac{1}{4} \end{bmatrix} = \begin{bmatrix} 4 & 0 \\ \frac{2}{3} & 1 \end{bmatrix} .$$

Die Überprüfung, ob diese unterschiedlichen Reglermatrizen $\underline{F}$ jeweils die charakteristische Gleichung, Gl. (1.8.23), für dieselbe Polvorgabe ($s_1 = -4$ und $s_2 = -5$) erfüllen, läßt sich leicht durch Einsetzen der Zahlenwerte von $\underline{A}$, $\underline{B}$ und $\underline{F}$ verifizieren.

Bild 1.8.4 zeigt für alle drei oben berechneten Reglermatrizen (a bis c) die Signalverläufe der zugehörigen Zustands- und Stellgrößen, wobei $\underline{w} = \underline{0}$ angenommen wurde. Für diesen Fall ergibt sich für den Stellvektor

$$\underline{u} = -\underline{F}\,\underline{x}$$

die Komponentenschreibweise

$$u_1 = -f_{11}x_1 - f_{12}x_2$$

$$u_2 = -f_{21}x_1 - f_{22}x_2 \quad .$$

Es ist leicht einzusehen, daß große Werte der Matrixelemente f_{ij} zum Zeitpunkt $t = 0$ auch große Werte der Stellgrößen u_1 und u_2 ergeben. Verschwindet eine Zeile der Matrix $\underline{F}$ vollständig, so wird auch die entsprechende Stellkomponente des Stellvektors zu Null (Fall b: $u_2 = 0$).

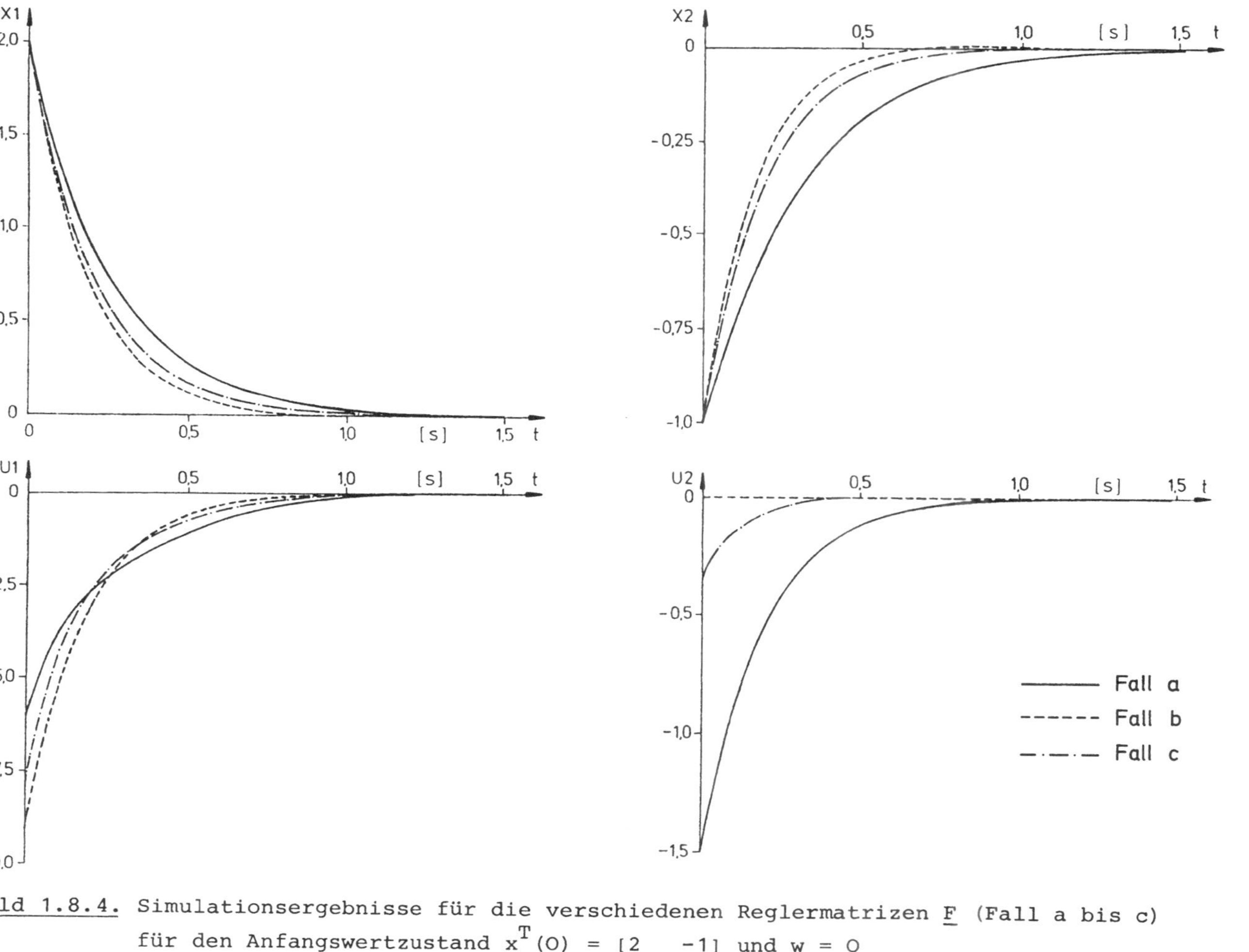

Bild 1.8.4. Simulationsergebnisse für die verschiedenen Reglermatrizen $\underline{F}$ (Fall a bis c) für den Anfangswertzustand $\underline{x}^T(0) = [2 \quad -1]$ und $\underline{w} = \underline{0}$

1.8.6.2. Polvorgabe bei Eingrößensystemen in der Regelungsnormalform

Die Regelstrecke eines Eingrößensystems sei in der Regelungsnormalform

$$\dot{\underline{x}} = \underline{A}_R\underline{x} + \underline{b}_R u \tag{1.8.36}$$

und

$$y = \underline{c}_R^T\underline{x} \tag{1.8.37}$$

gegeben, wobei nach Gl.(1.5.11) gilt:

$$\underline{A}_R = \begin{bmatrix} 0 & 1 & 0 & 0 & \dots & 0 \\ 0 & 0 & 1 & 0 & \dots & 0 \\ 0 & 0 & 0 & 1 & \dots & 0 \\ & & & & \ddots & \vdots \\ 0 & 0 & 0 & 0 & \dots & 1 \\ -a_0 & -a_1 & -a_2 & -a_3 & \dots & -a_{n-1} \end{bmatrix}, \quad \underline{b}_R = \begin{bmatrix} 0 \\ 0 \\ 0 \\ \vdots \\ 0 \\ 1 \end{bmatrix},$$

$$\underline{c}_R^T = [\, c_1 \quad c_2 \quad c_3 \quad \dots \quad c_n \,]$$

Für den Zustandsregler gilt dann in Analogie zu Gl.(1.8.3) die skalare Beziehung

$$u = vw - \underline{f}_R^T\underline{x} \quad . \tag{1.8.38}$$

Die Zustandsgleichung für den geschlossenen Regelkreis ergibt dann entsprechend Gl.(1.8.4)

$$\dot{\underline{x}} = (\underline{A}_R - \underline{b}_R\underline{f}_R^T)\ \underline{x} + \underline{b}_R vw \quad . \tag{1.8.39}$$

Als charakteristische Gleichung folgt schließlich gemäß Gl.(1.8.6) für den geschlossenen Regelkreis

$$P(s) = |s\underline{I}_n - (\underline{A}_R - \underline{b}_R\underline{f}_R^T)| = 0 \quad . \tag{1.8.40}$$

Da der Regler durch den Rückführvektor

$$\underline{f}_R^T = [\, f_1 \quad f_2 \quad f_3 \quad \dots \quad f_n \,] \tag{1.8.41}$$

gebildet wird, lautet die Systemmatrix des geschlossenen Regelkreises

$$(\underline{A}_R - \underline{b}_R\underline{f}_R^T) = \begin{bmatrix} 0 & 1 & 0 & 0 & \dots & 0 \\ 0 & 0 & 1 & 0 & \dots & 0 \\ \vdots & & & \ddots & & \vdots \\ 0 & & \dots & & & 1 \\ (-a_0-f_1) & & \dots & & & (-a_{n-1}-f_n) \end{bmatrix} . \qquad (1.8.42)$$

Diese Matrix besitzt ebenfalls Regelungsnormalform. Somit folgt für die charakteristische Gleichung des geschlossenen Regelkreises:

$$P(s) = |s\underline{I}_n - (\underline{A}_R - \underline{b}_R\underline{f}_R^T)| = s^n + (a_{n-1} + f_n)s^{n-1} + \dots + (a_0 + f_1) = 0 . \qquad (1.8.43)$$

Sind die Pole s_i des geschlossenen Regelkreises vorgegeben, so entspricht dies der Vorgabe des Polynoms

$$P(s) = s^n + p_{n-1}s^{n-1} + \dots + p_0 = 0 . \qquad (1.8.44)$$

Damit ergeben sich durch Koeffizientenvergleich

$$f_\nu = p_{\nu-1} - a_{\nu-1} \quad \text{für} \quad \nu = 1,2,\dots,n \qquad (1.8.45)$$

die gesuchten Elemente des Rückführvektors

$$\underline{f}_R^T = [(p_0 - a_0)(p_1 - a_1) \dots (p_{n-1} - a_{n-1})] . \qquad (1.8.46)$$

Beispiel 1.8.5:

Gegeben sei die Übertragungsfunktion einer Regelstrecke

$$G_s(s) = \frac{Y(s)}{U(s)} = \frac{5}{s(s+1)(s+2)} .$$

Gesucht sei ein Zustandsregler so, daß die Pole des geschlossenen Regelkreises bei

$$s_1 = -3 \quad \text{und} \quad s_{2,3} = -1 \pm j$$

liegen. Die Zustandsgleichung der Regelstrecke in Regelungsnormalform lautet:

$$\underline{\dot{x}} = \begin{bmatrix} 0 & 1 & 0 \\ 0 & 0 & 1 \\ 0 & -2 & -3 \end{bmatrix} \underline{x} + \begin{bmatrix} 0 \\ 0 \\ 1 \end{bmatrix} u .$$

Dabei handelt es sich um dasselbe System wie in Beispiel 1.8.1. Für den Regler- bzw. Rückführvektor folgt:

$$\underline{f}_R^T = [f_1 \; f_2 \; f_3] \quad .$$

Gemäß Gl.(1.8.43) lautet für den vorliegenden Fall die charakteristische Gleichung des geschlossenen Regelkreises

$$s^3 + (3 + f_3)s^2 + (2 + f_2)s + f_1 = 0 \quad .$$

Andererseits folgt nach Gl.(1.8.44) mit obiger Polvorgabe

$$(s + 3)(s + 1 + j)(s + 1 - j) = 0$$
$$s^3 + 5s^2 + 8s + 6 = 0 \quad .$$

Der Koeffizientenvergleich nach Gl.(1.8.45) liefert

$$f_1 = p_o - a_o = 6 - 0 = 6$$
$$f_2 = p_1 - a_1 = 8 - 2 = 6$$
$$f_3 = p_2 - a_2 = 5 - 3 = 2 \quad .$$

Somit erhält man für den gesuchten Regler den Rückführvektor

$$\underline{f}_R^T = [6 \quad 6 \quad 2] \quad .$$

Das hier beschriebene Verfahren erlaubt für Eingrößensysteme eine etwas schnellere Berechnung des Rückführvektors $\underline{f}_R$ gegenüber dem im Abschnitt 1.8.6.1 behandelten allgemeineren Verfahren.

Liegt die Regelstrecke nicht in Regelungsnormalform vor, so läßt sich jede beliebige Zustandsraumdarstellung

$$\underline{\dot{x}} = \underline{A}\,\underline{x} + \underline{b}\,u$$

und

$$y = \underline{c}^T\,\underline{x}$$

mittels der Transformation

$$\underline{x}_R = \underline{T}^{-1}\,\underline{x} \quad \text{bzw.} \quad \underline{x} = \underline{T}\,\underline{x}_R$$

auf die Regelungsnormalform

$$\underline{\dot{x}}_R = \underline{T}^{-1}\underline{A}\,\underline{T}\,\underline{x}_R + \underline{T}^{-1}\underline{b}\,u = \underline{A}_R\underline{x}_R + \underline{b}_R u \tag{1.8.47}$$

und

$$y = \underline{c}^T\,\underline{T}\,\underline{x}_R = \underline{c}_R^T\underline{x}_R \tag{1.8.48}$$

bringen. Das Vorgehen zur Durchführung dieser Transformation und zum Entwurf des Rückführvektors $\underline{f}$ soll nachfolgend gezeigt werden.

1.8.6.3. Polvorgabe bei Eingrößensystemen in beliebiger Zustandsraumdarstellung

Aus den Gln. (1.8.47) und (1.8.48) folgt durch Koeffizientenvergleich:

$$\underline{T}^{-1}\,\underline{A} = \underline{A}_R\underline{T}^{-1}, \tag{1.8.49a}$$

$$\underline{T}^{-1}\,\underline{b} = \underline{b}_R \quad , \tag{1.8.49b}$$

$$\underline{c}^T\underline{T} = \underline{c}_R^T \quad . \tag{1.8.49c}$$

Setzt man in Gl. (1.8.49a) die bekannten Matrizen ein und definiert man die Zeilenvektoren von $\underline{T}^{-1}$ mit $\underline{t}_i^T$, so erhält man:

$$\begin{bmatrix} \underline{t}_1^T \\ \underline{t}_2^T \\ \vdots \\ \underline{t}_n^T \end{bmatrix} \cdot \underline{A} = \begin{bmatrix} 0 & 1 & 0 & 0 & \dots & 0 \\ 0 & 0 & 1 & 0 & \dots & 0 \\ 0 & 0 & 0 & 1 & \dots & 0 \\ \vdots & & & & \ddots & \vdots \\ 0 & 0 & 0 & 0 & \dots & 1 \\ -a_o & -a_1 & -a_2 & -a_3 & \dots & -a_{n-1} \end{bmatrix} \cdot \begin{bmatrix} \underline{t}_1^T \\ \underline{t}_2^T \\ \vdots \\ \underline{t}_n^T \end{bmatrix} \quad . \tag{1.8.50}$$

Stellt man nun dieses Gleichungssystem in den einzelnen Komponenten auf, so ergeben sich die Beziehungen:

$$\begin{aligned} \underline{t}_1^T\ \underline{A} &= \underline{t}_2^T \\ &\vdots \\ \underline{t}_{n-1}^T\ \underline{A} &= \underline{t}_n^T \\ \underline{t}_n^T\ \underline{A} &= -a_o\underline{t}_1^T - \dots - a_{n-1}\underline{t}_n^T \quad . \end{aligned} \tag{1.8.51}$$

Durch *rekursives Einsetzen* können hieraus alle $\underline{t}_i^T$ in Abhängigkeit von $\underline{t}_1^T$ ermittelt werden. Zur Bestimmung von $\underline{t}_1^T$ wird nun Gl. (1.8.49b) elementweise geschrieben und dabei die erste Gleichung des Gleichungssystems (1.8.51) berücksichtigt:

$$\begin{aligned} \underline{t}_1^T\underline{b} & & &= 0 \\ \underline{t}_2^T\underline{b} &= \underline{t}_1^T\underline{A}\ \underline{b} & &= 0 \\ &\vdots & & \\ \underline{t}_{n-1}^T\underline{b} &= \underline{t}_1^T\underline{A}^{n-2}\underline{b} & &= 0 \\ \underline{t}_n^T\underline{b} &= \underline{t}_1^T\underline{A}^{n-1}\underline{b} & &= 1 \ . \end{aligned} \tag{1.8.52}$$

Zusammengefaßt liefern diese Gleichungen die Beziehung

$$\underline{t}_1^T[\underline{b}\ \underline{A}\ \underline{b} \ldots \underline{A}^{n-1}\underline{b}] = [0 \quad 0 \ldots 0 \quad 1] = \underline{b}_R^T \ , \tag{1.8.53}$$

in der die Steuerbarkeitsmatrix

$$\underline{S}_1 = [\underline{b}\ \underline{A}\ \underline{b} \ldots \underline{A}^{n-1}\underline{b}]$$

enthalten ist. Durch Auflösen folgt hieraus

$$\underline{t}_1^T = [0 \quad 0 \ldots 0 \quad 1]\ \underline{S}_1^{-1} = \underline{s}_1^T \ . \tag{1.8.54}$$

Somit ist $\underline{t}_1^T$ gleich der letzten Zeile der invertierten Steuerbarkeitsmatrix. Die (nxn)-Transformationsmatrix $\underline{T}^{-1}$ ist somit vollständig berechenbar. Man erhält mit den Gln. (1.8.51) und (1.8.54) schließlich

$$\underline{T}^{-1} = \begin{bmatrix} \underline{s}_1^T \\ \underline{s}_1^T\ \underline{A} \\ \vdots \\ \underline{s}_1^T\ \underline{A}^{n-1} \end{bmatrix} \ . \tag{1.8.55}$$

Damit läßt sich nun in einfacher Weise der entsprechende Zustandsregler entwerfen, wie nachfolgend gezeigt wird.

Bei einer in der Regelungsnormalform gemäß Gl. (1.8.47) gegebenen Regelstrecke erhält man mit Gl. (1.8.38) für die skalare Stellgröße

$$u = vw - \underline{f}_R^T\ \underline{x}_R \ .$$

Unter Berücksichtigung der oben definierten Transformationsbeziehung folgt daraus

$$u = vw - \underline{f}_R^T\ \underline{T}^{-1}\underline{x} = vw - \underline{f}^T\ \underline{x} \ ,$$

wobei

$$\underline{f}^T = \underline{f}_R^T\ \underline{T}^{-1} \tag{1.8.56}$$

gilt. Wird in dieser Beziehung $\underline{f}_R^T$ entsprechend Gl.(1.8.46) und $\underline{T}^{-1}$ gemäß Gl.(1.8.55) eingesetzt, so ergibt sich:

$$\underline{f}^T = [(p_o - a_o) \ldots (p_{n-1} - a_{n-1})] \begin{bmatrix} \underline{s}_1^T \\ \vdots \\ \underline{s}_1^T \underline{A}^{n-1} \end{bmatrix}$$

$$= (p_o - a_o)\underline{s}_1^T + (p_1 - a_1)\underline{s}_1^T\underline{A} + \ldots + (p_{n-1} - a_{n-1})\underline{s}_1^T\underline{A}^{n-1} \quad .$$

Durch Ausmultiplizieren und Umordnen erhält man:

$$\begin{aligned} \underline{f}^T = {} & (p_o\underline{s}_1^T + p_1\underline{s}_1^T\underline{A} + \ldots + p_{n-1}\underline{s}_1^T\underline{A}^{n-1}) - \\ & -(a_o\underline{s}_1^T + a_1\underline{s}_1^T\underline{A} + \ldots + a_{n-1}\underline{s}_1^T\underline{A}^{n-1}) \quad . \end{aligned} \tag{1.8.57}$$

Berücksichtigt man nun, daß aus Gl.(1.8.51) nach ausgeführter Rekursion

$$\underline{t}_i^T = \underline{t}_1^T \underline{A}^{i-1} \qquad i = 1,2,\ldots,n$$

folgt, so läßt sich bei Beachtung von Gl.(1.8.54) die letzte Gleichung im System von Gl.(1.8.51) in die Form

$$\underline{s}_1^T \underline{A}^n = -(a_o\underline{s}_1^T + a_1\underline{s}_1^T\underline{A} + \ldots + a_{n-1}\underline{s}_1^T\underline{A}^{n-1}) \tag{1.8.58}$$

bringen. Diese Beziehung, die im übrigen nochmals den Satz von Caley-Hamilton gemäß Gl.(1.4.3) beweist, entspricht aber gerade dem zweiten Klammerausdruck in Gl.(1.8.57), so daß schließlich für den Rückführvektor folgt:

$$\underline{f}^T = \underline{s}_1^T(p_o\underline{I} + p_1\underline{A} + \ldots + p_{n-1}\underline{A}^{n-1} + \underline{A}^n) \quad .$$

Benutzt man für den Klammerausdruck dieser Beziehung die Abkürzung $\underline{P}(\underline{A})$, so läßt sich Gl.(1.8.58) umschreiben in die Form

$$\underline{f}^T = \underline{s}_1^T \underline{P}(\underline{A}) \quad . \tag{1.8.59}$$

Zur Ermittlung des Regler- oder Rückführvektors ist somit nur die letzte Zeile der inversen Steuerbarkeitsmatrix $\underline{S}_1^{-1}$ zu bilden und mit $\underline{P}(\underline{A})$ zu multiplizieren, wobei sich dieses Vorgehen als besonders einfach und übersichtlich erweist.

Beispiel 1.8.6:

Gegeben sei die Regelstrecke des vorhergehenden Beispiels, bei dem die Zustandsgrößen jedoch gemäß Bild 1.8.5 definiert seien. Für diese Dar-

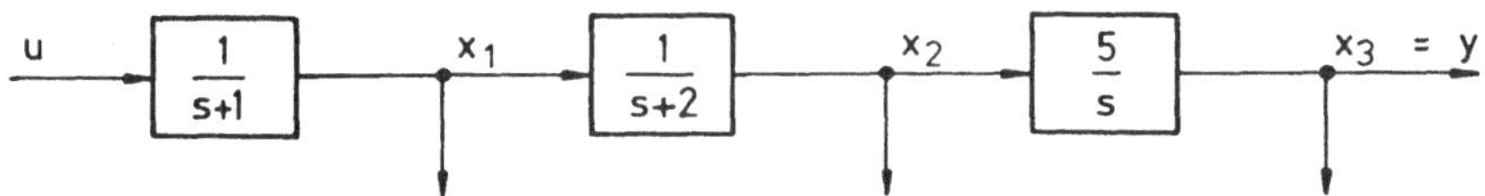

Bild 1.8.5. Blockschaltbild der Regelstrecke

stellung ergibt sich die Zustandsgleichung

$$\dot{\underline{x}} = \underline{A}\,\underline{x} + \underline{b}\,u$$

mit

$$\underline{A} = \begin{bmatrix} -1 & 0 & 0 \\ 1 & -2 & 0 \\ 0 & 5 & 0 \end{bmatrix} \quad \text{und} \quad \underline{b} = \begin{bmatrix} 1 \\ 0 \\ 0 \end{bmatrix} \quad .$$

Zur Berechnung von $\underline{s}_1^T$ bildet man

$$\underline{A}\,\underline{b} = \begin{bmatrix} -1 \\ 1 \\ 0 \end{bmatrix} \quad \text{und} \quad \underline{A}^2\underline{b} = \underline{A}\cdot\underline{A}\,\underline{b} = \begin{bmatrix} 1 \\ -3 \\ 5 \end{bmatrix} \quad .$$

Aus Gl.(1.8.52) folgt mit $\underline{t}_1^T = \underline{s}_1^T = [s_{1,1}\ s_{1,2}\ s_{1,3}]$ unmittelbar

$$\underline{s}_1^T\underline{b} = 0 \ , \quad \underline{s}_1^T\underline{A}\,\underline{b} = 0 \quad \text{und} \quad \underline{s}_1^T\underline{A}^2\underline{b} = 1 \quad .$$

Setzt man in diesen Beziehungen die oben berechneten Vektoren $\underline{b}$, $\underline{A}\,\underline{b}$ und $\underline{A}^2\underline{b}$ ein, so folgt daraus sofort für die Elemente von $\underline{s}_1^T$:

$$s_{1,1} = 0 \ , \quad s_{1,2} = 0 \quad \text{und} \quad s_{1,3} = \frac{1}{5} \quad .$$

Somit erhält man

$$\underline{s}_1^T = [0 \quad 0 \quad 1/5] \quad .$$

Zur Berechnung des Rückführvektors

$$\underline{f}^T = p_o\underline{s}_1^T + p_1\underline{s}_1^T\underline{A} + p_2\underline{s}_1^T\underline{A}^2 + \underline{s}_1^T\underline{A}^3$$

werden nur noch folgende Ausdrücke benötigt:

$$\underline{s}_1^T\underline{A} = [0 \quad 1 \quad 0] \quad ,$$

$$\underline{s}_1^T\underline{A}^2 = [0 \quad 1 \quad 0] \quad \underline{A} = [\,1 \quad -2 \quad 0] \quad ,$$

$$\underline{s}_1^T\underline{A}^3 = [1 \quad -2 \quad 0] \quad \underline{A} = [-3 \quad 4 \quad 0] \quad .$$

Die Polvorgabe erfolgt durch Wahl der charakteristischen Gleichung zu

$$P(s) = 4 + 6s + 4s^2 + s^3 \quad .$$

Damit erhält man schließlich für den Rückführvektor

$$\underline{f}^T = 4[0 \quad 0 \quad 1/5] + 6[0 \quad 1 \quad 0] + 4[1 \quad -2 \quad 0] + [-3 \quad 4 \quad 0]$$

$$\underline{f}^T = [1 \quad 2 \quad 4/5] \quad .$$

Den bisherigen Überlegungen lag stets zugrunde, daß die gewünschten Pole des geschlossenen Regelsystems bereits vorgegeben seien. Offen blieb die Frage, durch welche Gesichtspunkte die Wahl einer gewünschten Polkonfiguration bestimmt wird. Praktisch lassen sich die gewünschten Forderungen an ein Regelsystem nie vollständig durch eine bestimmte Polkonfiguration vorgeben [1.9]. Meist bestehen die Forderungen aus Spezifikationen bezüglich Anstiegszeit, Überschwingweite, Dämpfung, Durchtrittsfrequenz usw. (siehe Band Regelungstechnik I), wobei zusätzliche Forderungen für Stellgrößenbeschränkungen, günstiges Störverhalten, Parameterempfindlichkeit usw. hinzukommen können. Allerdings lassen sich Spezifikationen wie Dämpfung und Durchtrittsfrequenz auch bei Mehrgrößensystemen angenähert durch die Pollage ausdrücken, z. B. durch die Vorgabe dominierender Polpaare. Werden jedoch einzelne Stellamplituden zu groß, so wird man gezielt auch gewisse Elemente der Reglermatrix $\underline{F}$ verändern müssen. Daraus folgt, daß man während des Entwurfs sowohl die Lage der Pole als auch die Elemente der Reglermatrix betrachten muß. Dies ist z. B. der Fall, wenn man einen großen negativen Realteil der Pole vorgibt, wodurch zwar der Einschwingvorgang rasch verläuft, jedoch eine große Stellamplitude erforderlich wird. Für eine schnelle Regelung werden im allgemeinen die vorgegebenen Pole des geschlossenen Regelkreises in der s-Ebene weiter links gelegt als die Pole des offenen Systems.

Generell kann jedoch festgestellt werden, daß es eine ideale Lage der Pole nicht gibt und daß die Polvorgabe stets von den ingenieurmäßigen Überlegungen einer gegebenen regelungstechnischen Aufgabenstellung ausgehen muß. Zur Durchführung des erforderlichen Kompromisses zwischen

Polvorgabe und maximal erlaubter Stellamplitude eignet sich in vorzüglicher Weise die interaktive Arbeitsweise mit Entwurfsprogrammen am Bildschirm eines Digitalrechners [1.10].

1.8.7. Zustandsrekonstruktion mittels Beobachter

1.8.7.1. Entwurf eines Identitätsbeobachters

Bei der Synthese von Zustandsreglern wurde davon ausgegangen, daß sämtliche Zustandsgrößen des vorgegebenen Systems, also der Regelstrecke

$$\dot{\underline{x}} = \underline{A}\,\underline{x} + \underline{B}\,\underline{u} \tag{1.8.60}$$

$$\underline{y} = \underline{C}\,\underline{x} \quad , \tag{1.8.61}$$

zur Verfügung stehen, wobei der Einfachheit halber $\underline{D} = \underline{0}$ gesetzt wird. Bei technischen Anlagen ist dies i. a. nicht der Fall, da Zustandsgrößen nicht notwendig physikalisch meßbare Größen sein müssen oder u. U. nur sehr schwer gemessen werden können. In den meisten Fällen ist $m < n$, so daß die triviale Lösung

$$\underline{x} = \underline{C}^{-1}\,\underline{y} \tag{1.8.62}$$

zur Bestimmung des Zustandsvektors nicht angewandt werden kann. Erst durch Einführung des Beobachter-Prinzips [1.11] wurde eine Möglichkeit geschaffen, für ein gegebenes System, bei dem $\underline{A}$, $\underline{B}$ und $\underline{C}$ bekannt und die Ein- und Ausgangsvektoren $\underline{u}(t)$ und $\underline{y}(t)$ meßbar sind, den Zustandsvektor $\underline{x}(t)$ durch eine geeignete Rekonstruktion mittels des Vektors $\hat{\underline{x}}(t)$ zu beschreiben. Für diese *Zustandsrekonstruktion* (oft auch als Zustandsschätzung bezeichnet) ist ein zweites dynamisches System, ein *Zustandsbeobachter* (oder kurz ein *Beobachter*) erforderlich. Dieser Beobachter ist im einfachsten und wichtigsten Fall eines *vollständigen Identitätsbeobachters* ein dynamisches System, das der Bewegung des vorgegebenen Systems so folgt, daß nach Ablauf eines endlichen Einschwingvorganges des Beobachters der von diesem rekonstruierte Zustand $\hat{\underline{x}}(t)$ mit dem nicht meßbaren Zustandsvektor $\underline{x}(t)$ nahezu identisch ist.

Die Aufgabe besteht nun darin, einen derartigen Beobachter zu entwerfen. Zu diesem Zwecke wird gemäß Bild 1.8.6 dem vorgegebenen System ein "Modell" parallel geschaltet, das mit demselben Eingangsvektor $\underline{u}(t)$ wie das vorgegebene System erregt wird. Die Differenz der beiden Ausgangsvektoren wird über eine entsprechende Verstärkungsmatrix $\underline{F}_B$ auf den Modelleingang zurückgekoppelt, so daß im eingeschwungenen Zustand des Beobachters

$$\hat{\underline{y}}(t) \approx \underline{y}(t) \tag{1.8.63a}$$

gilt. Da weiterhin im vorliegenden Falle die Matrizen des "Modells" identisch mit denen des vorgegebenen Systems sind, also $\underline{A}_B = \underline{A}$, $\underline{B}_B = \underline{B}$ und $\underline{C}_B = \underline{C}$, gilt dann auch

$$\hat{\underline{x}}(t) \approx \underline{x}(t) \quad . \tag{1.8.63b}$$

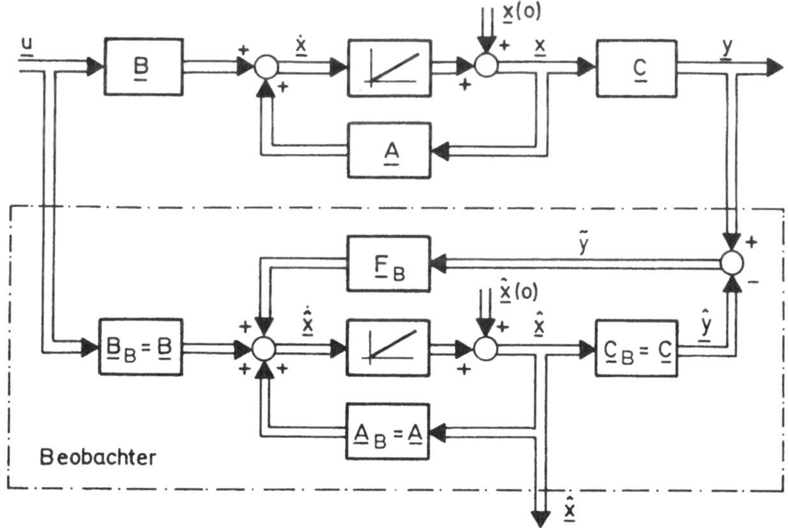

Bild 1.8.6. Prinzip des linearen Zustandsbeobachters (Identitätsbeobachter)

Aus Bild 1.8.6 läßt sich unmittelbar die Zustandsgleichung des Beobachters herleiten:

$$\dot{\hat{\underline{x}}} = \underline{A}\ \hat{\underline{x}} + \underline{B}\ \underline{u} + \underline{F}_B(\underline{y} - \hat{\underline{y}}) \quad . \tag{1.8.64}$$

Mit Gl.(1.8.61) sowie der Beziehung

$$\hat{\underline{y}} = \underline{C}\ \hat{\underline{x}}$$

folgt aus Gl.(1.8.64)

$$\dot{\hat{\underline{x}}} = \underline{A}\ \hat{\underline{x}} + \underline{B}\ \underline{u} + \underline{F}_B\underline{C}(\underline{x} - \hat{\underline{x}}) \quad . \tag{1.8.65}$$

Anhand dieser Beziehung erkennt man, daß im Falle gleicher Anfangswerte $\underline{x}(0) = \hat{\underline{x}}(0)$ die Beobachtergleichung in die Systemgleichung übergeht.

Die Rückführverstärkung $\underline{F}_B$ ist also nur wirksam, falls $\underline{x}(0) \neq \hat{\underline{x}}(0)$ gilt. Dies ist jedoch der Normalfall.

Wird Gl.(1.8.65) von Gl.(1.8.60) abgezogen, so erhält man

$$\dot{\underline{x}} - \dot{\hat{\underline{x}}} = \underline{A}(\underline{x} - \hat{\underline{x}}) - \underline{F}_B\underline{C}(\underline{x} - \hat{\underline{x}}) \quad ,$$

woraus durch Einführung des Rekonstruktions- oder Schätzfehlers

$$\tilde{\underline{e}} = \underline{x} - \hat{\underline{x}} \tag{1.8.66}$$

schließlich die Zustandsgleichung für diesen Fall folgt:

$$\dot{\tilde{\underline{e}}} = (\underline{A} - \underline{F}_B\underline{C})\tilde{\underline{e}} \quad . \tag{1.8.67}$$

Aus dieser Beziehung ist ersichtlich, daß der Beobachter ein nichtsteuerbares System ist. Besitzen alle Eigenwerte der Matrix $(\underline{A} - \underline{F}_B\underline{C})$ negative Realteile, dann gilt

$$\lim_{t\to\infty} \tilde{\underline{e}}(t) = \underline{0} \quad , \tag{1.8.68}$$

und damit ist auch Gl.(1.8.63) erfüllt. In der Matrix $(\underline{A} - \underline{F}_B\underline{C})$ ist die Verstärkungsmatrix $\underline{F}_B$ noch frei wählbar. Ist das vorgegebene System $(\underline{A}, \underline{C})$ beobachtbar, dann kann stets eine Matrix $\underline{F}_B$ ermittelt werden, die jede beliebige Polvorgabe für den Beobachter, also Vorgabe der Eigenwerte von $(\underline{A} - \underline{F}_B\underline{C})$, gestattet. Damit kann dann auch die Konvergenz von Gl.(1.8.68) beeinflußt werden. *)

Aus Gl.(1.8.67) folgt als charakteristische Gleichung des Beobachters

$$P_B(s) = |s\underline{I}_n - \underline{A} + \underline{F}_B\underline{C}| = |(s\underline{I}_n - \underline{A})|\,|\underline{I}_n + (s\underline{I}_n - \underline{A})^{-1}\underline{F}_B\underline{C}| = 0 \; . \tag{1.8.69}$$

Mit der $\mathcal{L}$-Transformation der Fundamental-Matrix und der charakteristischen Gleichung des vorgegebenen Systems

$$\underline{\underline{\phi}}(s) = (s\underline{I}_n - \underline{A})^{-1} \quad \text{und} \quad P^*(s) = |s\underline{I}_n - \underline{A}|$$

erhält man aus Gl.(1.8.69) [1.7]

$$\begin{aligned} P_B(s) &= |s\underline{I}_n - \underline{A}|\,|\underline{I}_n + \underline{\underline{\phi}}(s)\underline{F}_B\underline{C}| = P^*(s)\,|\underline{I}_m + \underline{C}\underline{\underline{\phi}}(s)\underline{F}_B| = \\ &= P^*(s)\,|(\underline{I}_m + \underline{C}\underline{\underline{\phi}}(s)\underline{F}_B)^T| = P^*(s)\,|\underline{I}_m^T + \underline{F}_B^T\underline{\underline{\phi}}^T(s)\underline{C}^T| = \\ &= P^*(s)\,|\underline{I}_m + \underline{F}_B^T\underline{\underline{\phi}}^T(s)\underline{C}^T| = 0 \quad , \end{aligned} \tag{1.8.70}$$

wobei $\underline{F}_B^T\underline{\underline{\phi}}^T(s)\underline{C}^T$ eine (mxm)-Matrix darstellt. Die Bestimmung der gesuchten Matrix $\underline{F}_B$ erfolgt nun nach demselben Verfahren, das im Ab-

*) Zweckmäßig wählt man die Eigenwerte von $(\underline{A}-\underline{F}_B\underline{C})$ so, daß sie in der s-Ebene links der Eigenwerte von $\underline{A}$ liegen. Damit wird der Beobachter schneller als die Regelstrecke. Zu weit links gewählte Beobachterpole sind wiederum ungünstig, da sie das Meßrauschen von y im Beobachter stark vergrößern.

schnitt 1.8.6.1 zur Ermittlung der Reglermatrix $\underline{F}$ beschrieben wurde. Unter der oben bereits getroffenen Voraussetzung, daß das vorgegebene System beobachtbar ist, müssen n linear unabhängige Spaltenvektoren aus den Spalten der Matrix $\underline{\underline{\phi}}^T(s)\underline{C}^T$ oder - bei mehrfachen Eigenwerten - erforderlichenfalls deren Ableitungen für die n Eigenwerte s_k des Beobachters gebildet werden können [1.8]. Gl.(1.8.70) ist somit für die n Eigenwerte $s_k (k = 1,2,\dots,n)$ erfüllt. Mit der Abkürzung

$$\underline{\underline{\varphi}}(s) = \underline{\underline{\phi}}^T(s)\underline{C}^T = [\underline{\varphi}_1(s) \dots \underline{\varphi}_m(s)] \qquad (1.8.71)$$

und Gl.(1.8.70) folgt dann für jeden Eigenwert s_k eine Beziehung der Form

$$\underline{F}_B^T \, \underline{\varphi}_i(s_k) = -\underline{e}_i \quad i = 1,2,\dots,m \qquad (1.8.72)$$

oder beim Auftreten doppelter Eigenwerte - falls erforderlich -

$$\underline{F}_B^T \left. \frac{d\underline{\varphi}_i(s)}{ds} \right|_{s=s_k} = \underline{O} \quad , \qquad (1.8.73)$$

wobei $\underline{e}_i$ den entsprechenden i-ten Spaltenvektor der (mxm)-Einheitsmatrix $\underline{I}_m$ in Gl.(1.8.70) und $\underline{O}$ einen (mx1)-Spaltenvektor mit Nullelementen darstellt. Bildet man nun für jeden Eigenwert s_k die (nx1)-Spaltenvektoren $\underline{\varphi}_i(s_k)$ und, falls erforderlich, $d\underline{\varphi}_i(s)/ds|_{s=s_k}$, so lassen sich n linear unabhängige derartige Spaltenvektoren zu einer nichtsingulären (nxn)-Matrix $\underline{M}$ zusammenfassen, wobei diese n Spaltenvektoren aus allen n Eigenwerten zu bilden sind. Somit erhält man mit den Gln.(1.8.72) und (1.8.73) die (mxn)-Matrix

$$\underline{F}_B^T \, \underline{M} = -[\underline{e}_{i_k} \text{ oder } \underline{O}_k] \quad \text{für } k = 1,2,\dots,n \quad , \qquad (1.8.74)$$

und hieraus folgt für die gesuchte Verstärkungsmatrix des Beobachters

$$\underline{F}_B^T = -[\underline{e}_{i_k} \text{ oder } \underline{O}_k] \, \underline{M}^{-1} \quad . \qquad (1.8.75)$$

Beispiel 1.8.7:

Zum besseren Verständnis des in diesem Kapitel dargestellten Beobachterentwurfs wird das folgende Mehrgrößensystem betrachtet:

$$\underline{A} = \begin{bmatrix} 0 & 1 & 0 \\ 0 & 0 & 1 \\ -6 & -11 & -6 \end{bmatrix} , \ \underline{B} = \begin{bmatrix} 1 & 0 \\ 0 & 2 \\ 0 & 1 \end{bmatrix} , \ \underline{C} = \begin{bmatrix} 0 & 1 & 0 \\ 1 & -1 & 0 \end{bmatrix} , \ \underline{D} = \underline{O} \ .$$

Daraus errechnet sich die $\mathcal{L}$-Transformierte der Fundamentalmatrix

$$\underline{\underline{\phi}}(s) = \frac{1}{(s+1)(s+2)(s+3)} \begin{bmatrix} s(s+6)+11 & s+6 & 1 \\ -6 & s(s+6) & s \\ -6s & -(6+11s) & s^2 \end{bmatrix} .$$

Im nächsten Schritt wird nun die Matrix $\underline{\underline{\Psi}}(s)$ nach Gl.(1.8.71) zu

$$\underline{\underline{\Psi}}(s) = \underline{\underline{\phi}}^T(s)\underline{C}^T = [\underline{\Psi}_1(s)\underline{\Psi}_2(s)] = \frac{1}{(s+1)(s+2)(s+3)} \begin{bmatrix} -6 & s(s+6)+17 \\ s(s+6) & (s+6)-s(s+6) \\ s & 1-s \end{bmatrix}$$

errechnet.

Wählt man als Eigenwerte des Zustandsbeobachters

$$s_1 = -5 \quad \text{und} \quad s_2 = s_3 = -6 \quad ,$$

so kann man die Spaltenvektoren $\underline{\Psi}_i(s_k)$ in der Matrix $\underline{M}$ in folgender Form zusammenfassen:

$$\underline{M} = [\underline{\Psi}_1(s_2)\underline{\Psi}_2(s_3)\underline{\Psi}_1(s_1)] = \begin{bmatrix} \frac{1}{10} & -\frac{17}{60} & \frac{1}{4} \\ 0 & 0 & \frac{5}{24} \\ \frac{1}{10} & -\frac{7}{60} & \frac{5}{24} \end{bmatrix} .$$

Man beachte, daß hierbei trotz dem Doppelpol $s_2 = s_3$ die Anwendung von Gl.(1.8.73) nicht erforderlich war. Für die Mehrdeutigkeit von $\underline{M}$ bei Mehrgrößensystemen gelten dieselben Aussagen wie beim Reglerentwurf. Mit obiger Matrix $\underline{M}$ folgt nach Gl.(1.8.75) für die gesuchte Verstärkungsmatrix

$$\underline{F}_B^T = - \begin{bmatrix} 1 & 0 & 1 \\ 0 & 1 & 0 \end{bmatrix} \begin{bmatrix} -7 & -\frac{43}{5} & 17 \\ -6 & \frac{6}{5} & 6 \\ 0 & \frac{24}{5} & 0 \end{bmatrix} = \begin{bmatrix} 7 & \frac{19}{5} & -17 \\ 6 & -\frac{6}{5} & -6 \end{bmatrix} .$$

Zur Überprüfung der durchgeführten Beobachtersynthese wird dieses Ergebnis in die charakteristische Gleichung des Beobachters eingesetzt. Dabei ergibt sich

$$P_B(s) = |s\underline{I}_n - \underline{A} + \underline{F}_B\ \underline{C}| = \left| \begin{bmatrix} s & 0 & 0 \\ 0 & s & 0 \\ 0 & 0 & s \end{bmatrix} - \begin{bmatrix} 0 & 1 & 0 \\ 0 & 0 & 1 \\ -6 & -11 & -6 \end{bmatrix} + \begin{bmatrix} 6 & 1 & 0 \\ -\frac{6}{5} & 5 & 0 \\ -6 & -11 & 0 \end{bmatrix} \right|$$

$$= \begin{vmatrix} (s+6) & 0 & 0 \\ -\frac{6}{5} & (s+5) & -1 \\ 0 & 0 & (s+6) \end{vmatrix} = 0 \ .$$

Diese Probe liefert die vorgegebenen Eigenwerte des Beobachters. Bild 1.8.7 zeigt die Ergebnisse einer Simulation, bei der die exakten und die beobachteten Zustandsgrößen gegenübergestellt sind.

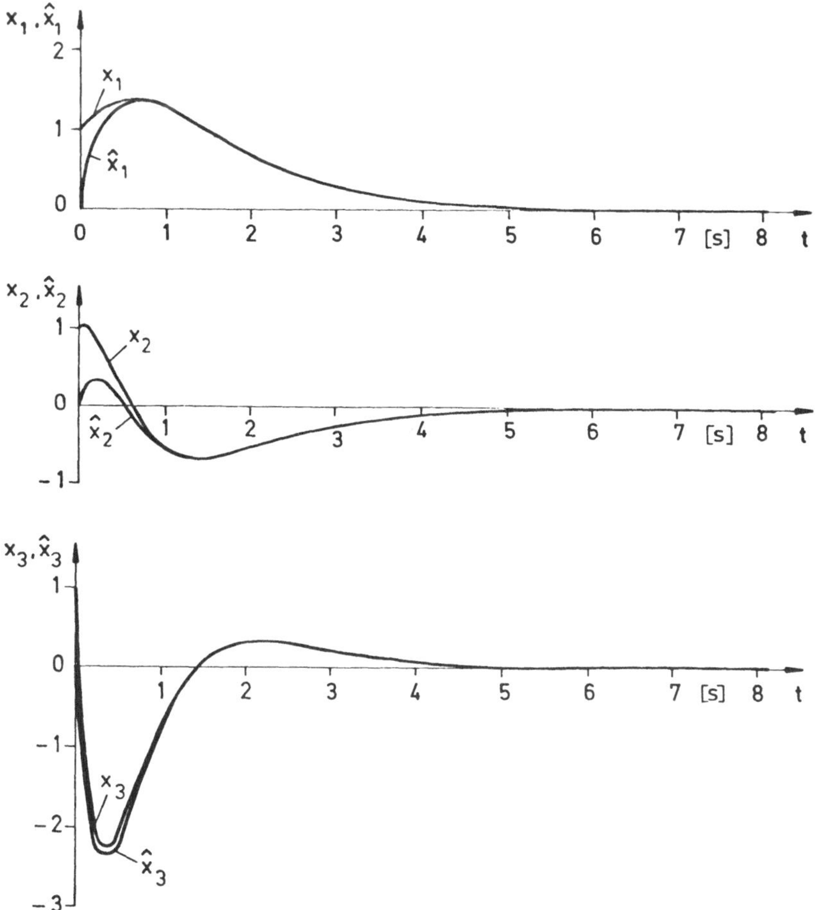

Bild 1.8.7. Exakte und beobachtete Zustandsgrößen zu Beispiel 1.8.7

Am nachfolgenden Beispiel soll gezeigt werden, daß für Eingrößensysteme der Entwurf eines Zustandsbeobachters häufig sehr einfach anhand der charakteristischen Gleichung erfolgen kann.

Beispiel 1.8.8:

Gegeben sei ein Eingrößensystem mit

$$A = \begin{bmatrix} 0 & 1 \\ -2 & -1 \end{bmatrix} \quad , \underline{B} = \underline{b} = \begin{bmatrix} 0 \\ 1 \end{bmatrix} \quad , \underline{C} = \underline{c}^T = [2 \quad 0] \quad \text{und} \quad d = 0 \quad .$$

Als Eigenwerte des Beobachters sollen

$$s_1 = s_2 = -8$$

vorgegeben werden. Gesucht sei die Verstärkungsmatrix

$$\underline{F}_B = \underline{f}_B = \begin{bmatrix} f_{B1} \\ f_{B2} \end{bmatrix} \quad .$$

Aus Gl.(1.8.69) folgt als charakteristische Gleichung des Zustandsbeobachters

$$P_B(s) = |s\underline{I} - \underline{A} + \underline{F}_B\underline{C}| = \begin{vmatrix} s+2f_{B1} & -1 \\ 2+2f_{B2} & s+1 \end{vmatrix}$$

$$= s^2 + (2f_{B1} + 1)s + (2f_{B1} + 2 + 2f_{B2}) = 0 \quad .$$

Andererseits ergibt sich mit obigen Eigenwerten die charakteristische Gleichung

$$P_B(s) = (s-s_1)(s-s_2) = s^2 + 16s + 64 = 0 \quad .$$

Der Koeffizientenvergleich beider Gleichungen für $P_B(s)$ liefert die gesuchten Koeffizienten

$$f_{B1} = 7{,}5 \quad \text{und} \quad f_{B2} = 23{,}5 \quad .$$

Bild 1.8.8 zeigt für die Anfangswerte

$$\underline{x}(0) = \begin{bmatrix} 0{,}4 \\ 0 \end{bmatrix} \quad \text{und} \quad \hat{\underline{x}}(0) = \begin{bmatrix} 0 \\ 0 \end{bmatrix}$$

den Verlauf der exakten und beobachteten Zustandsgrößen.

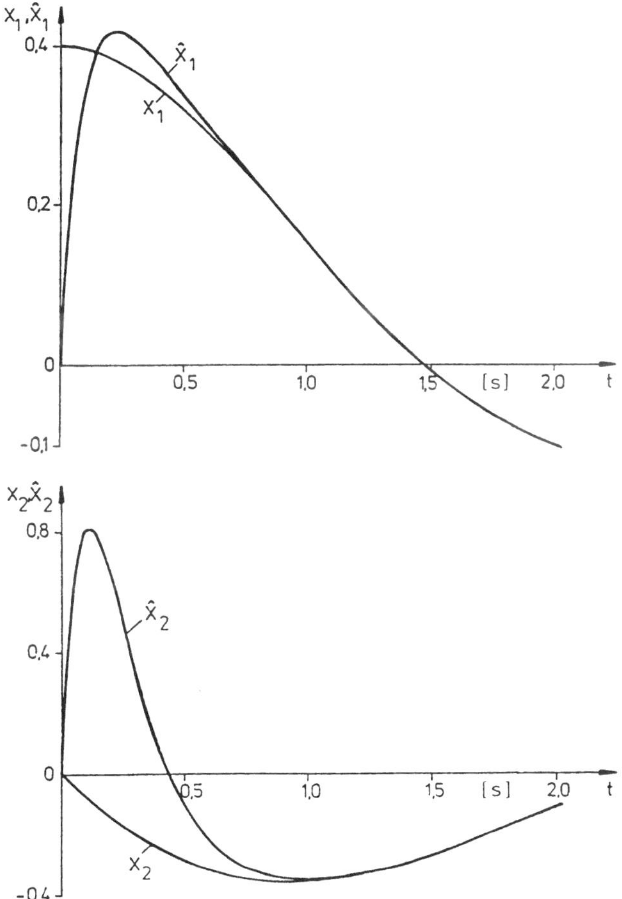

Bild 1.8.8. Exakte und beobachtete Zustandsgrößen zu Beispiel 1.8.8

1.8.7.2. Das geschlossene Regelsystem mit Zustandsbeobachter

Die Anordnung des Zustandsbeobachters im geschlossenen Regelsystem zeigt Bild 1.8.9. Dabei erhält die Reglermatrix $\underline{F}$ als Eingangsgröße anstelle von $\underline{x}$ den geschätzten Zustandsvektor $\underline{\hat{x}}$. Das Gesamtsystem besitzt nun die Ordnung 2n. Zur Aufstellung der Zustandsraumdarstellung des Gesamtsystems können folgende Zustandsgleichungen für die beiden Teilsysteme direkt anhand von Bild 1.8.9 angegeben werden:

$$\underline{\dot{x}} = \underline{A}\,\underline{x} - \underline{B}\,\underline{F}\,\underline{\hat{x}} + \underline{B}\,\underline{V}\,\underline{w} \qquad (1.8.76)$$

und

$$\underline{\dot{\hat{x}}} = \underline{A}\,\underline{\hat{x}} + \underline{F}_B\underline{C}\,(\underline{x} - \underline{\hat{x}}) - \underline{B}\,\underline{F}\,\underline{\hat{x}} + \underline{B}\,\underline{V}\,\underline{w} \quad . \qquad (1.8.77)$$

Mit Gl.(1.8.67) erhält man

$$\dot{\underline{\tilde{e}}} = \dot{\underline{x}} - \dot{\underline{\hat{x}}} = \underline{A}(\underline{x} - \underline{\hat{x}}) - \underline{F}_B\underline{C}(\underline{x} - \underline{\hat{x}}) = (\underline{A} - \underline{F}_B\underline{C})\underline{\tilde{e}} \quad ,$$

und aus Gl.(1.8.76) folgt mit $\hat{x} = x - \tilde{e}$

$$\dot{\underline{x}} = (\underline{A} - \underline{B}\ \underline{F})\underline{x} + \underline{B}\ \underline{F}\underline{\tilde{e}} + \underline{B}\ \underline{V}\ \underline{w} \quad . \qquad (1.8.78)$$

Nun lassen sich die Gln.(1.8.67) und (1.8.78) in einer einzigen Glei-

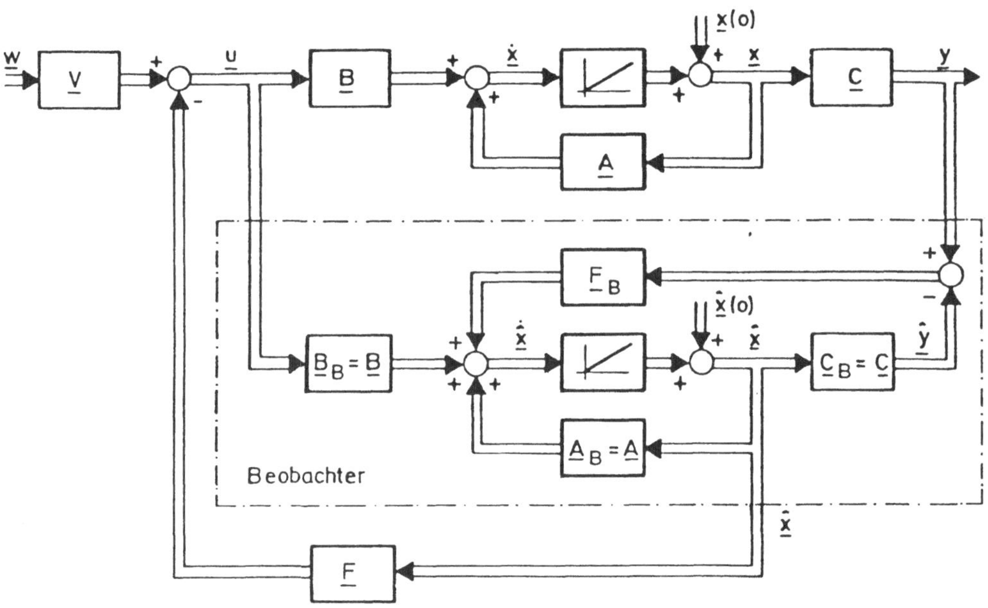

Bild 1.8.9. Geschlossenes Regelsystem mit Zustandsbeobachter

chung für das Gesamtsystem der Ordnung 2n anordnen:

$$\begin{bmatrix} \dot{\underline{x}} \\ \dot{\underline{\tilde{e}}} \end{bmatrix} = \begin{bmatrix} (\underline{A}-\underline{B}\ \underline{F}) & \underline{B}\ \underline{F} \\ \underline{0} & (\underline{A}-\underline{F}_B\underline{C}) \end{bmatrix} \begin{bmatrix} \underline{x} \\ \underline{\tilde{e}} \end{bmatrix} + \begin{bmatrix} \underline{B}\ \underline{V} \\ \underline{0} \end{bmatrix} \underline{w} \quad . \qquad (1.8.79)$$

Zur Untersuchung der *Stabilität* des Gesamtsystems verwendet man die charakteristische Gleichung

$$P_G(s) = \left| s\underline{I} - \begin{bmatrix} (\underline{A}-\underline{B}\ \underline{F}) & \underline{B}\ \underline{F} \\ \underline{0} & (\underline{A}-\underline{F}_B\underline{C}) \end{bmatrix} \right| = \begin{vmatrix} s\underline{I} - (\underline{A}-\underline{B}\ \underline{F}) & -\ \underline{B}\ \underline{F} \\ \underline{0} & s\underline{I} - (\underline{A}-\underline{F}_B\underline{C}) \end{vmatrix} = 0 \quad .$$

Hieraus folgt schließlich

$$P_G(s) = |s\underline{I} - \underline{A} + \underline{B}\ \underline{F}| \cdot |s\underline{I} - \underline{A} + \underline{F}_B\underline{C}| = P(s)\ P_B(s) = 0 \qquad (1.8.80)$$

bei Beachtung der Gln.(1.8.6) und (1.8.69), wobei $P(s)$ das charakteristische Polynom des geschlossenen Regelsystems ohne Beobachter und $P_B(s)$ das charakteristische Polynom des Beobachters beschreiben. Gl. (1.8.80) enthält das *Separationsprinzip*, das folgende Aussage zuläßt:

> Sofern das durch die Matrizen $\underline{A}$, $\underline{B}$, $\underline{C}$ vorgegebene offene System vollständig steuerbar und beobachtbar ist, können die n Eigenwerte der charakteristischen Gleichung des Beobachters und die n Eigenwerte der charakteristischen Gleichung des geschlossenen Regelsystems (ohne Beobachter) separat vorgegeben werden.

Anders formuliert besagt das Separationsprinzip auch, daß das Gesamtsystem stabil ist, sofern der Beobachter und das geschlossene Regelsystem (ohne Beobachter) je für sich stabil sind. Hieraus folgt, daß stets eine Reglermatrix $\underline{F}$ durch eine gewünschte Polvorgabe so entworfen werden kann, als ob alle Zustandsgrößen meßbar wären. Dann kann in einem getrennten Entwurfsschritt durch entsprechende Polvorgabe der Beobachter ermittelt werden, wobei im allgemeinen die Beobachterpole etwas links von den Polen des geschlossenen Regelsystems gewählt werden.

Zur Beurteilung des Regelverhaltens des im Bild 1.8.9 dargestellten Mehrgrößensystems *mit* Beobachter kann wie bei Eingrößensystemen der *dynamische Regelfaktor* (siehe Band Regelungstechnik I)

$$R(s) = \frac{\text{charakteristisches Polynom des offenen Systems}}{\text{charakteristisches Polynom des geschlossenen Systems}} \qquad (1.8.81)$$

eingeführt werden. Benutzt man nun die charakteristischen Polynome

- des *geschlossenen* Systems gemäß den Gln.(1.8.80) und (1.8.25)

$$P_G(s) = P^*(s)\, P^{**}(s)\, P_B(s) \quad , \qquad (1.8.82)$$

- des *offenen* Systems, wobei in Gl.(1.8.80) $\underline{F} = \underline{0}$ gesetzt wird,

$$P_O(s) = P^*(s)\, P_B(s) \quad , \qquad (1.8.83)$$

so ergibt sich für das System mit Beobachter der dynamische Regelfaktor

$$R(s) = \frac{1}{P^{**}(s)} \quad . \qquad (1.8.84)$$

In entsprechender Weise läßt sich für die Regelung *ohne* Beobachter mit Hilfe der charakteristischen Polynome $P^*(s)$ für das offene bzw. $P(s) = P^*(s)\, P^{**}(s)$ für das geschlossene Regelsystem ebenfalls die Größe $R(s)$ herleiten. Wie man sofort sieht, ist der dynamische Regelfaktor in beiden Fällen derselbe, d. h. der Beobachter hat keinen Einfluß auf die Regelung. Der in [1.12] eingeführte Beobachtereinflußfaktor existiert also nicht bzw. ist stets gleich Eins.

2. Lineare zeitdiskrete Systeme (digitale Regelung)

2.1. Arbeitsweise digitaler Regelsysteme

Bisher wurden ausschließlich kontinuierliche Systeme betrachtet, d.h. alle auftretenden Signale waren kontinuierliche Funktionen der Zeit. Dabei ist einem Signal zu jedem Zeitpunkt t in einem betrachteten Zeitintervall ein eindeutiger Wert zugeordnet. Wird ein solches Signal f(t), wie im Bild 2.1.1 dargestellt, nur zu bestimmten diskreten Zeit-

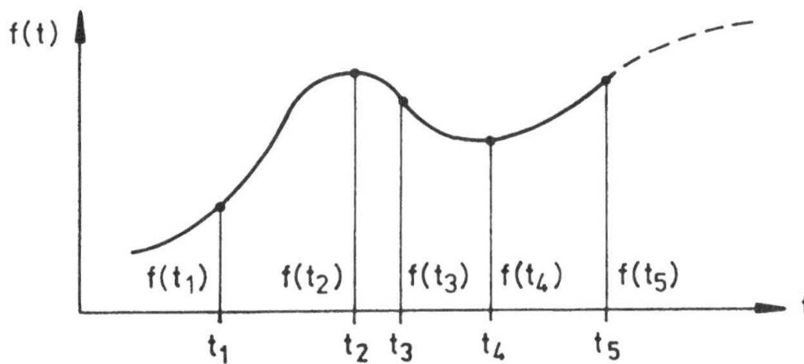

Bild 2.1.1. Zur Abtastung eines kontinuierlichen Signals

punkten t_1, t_2, ... gemessen oder "abgetastet", so entsteht ein *zeitdiskretes Signal* oder *Abtastsignal*, das durch die *Zahlenfolge*

$$f(t_i) = \{f(t_1),\ f(t_2),\ f(t_3),\ \ldots\} \text{ mit } i = 1,2,\ldots \quad (2.1.1)$$

definiert wird. Tritt in einem dynamischen System (mindestens) ein solches Signal auf, so spricht man von einem *(zeit-) diskreten System* oder *Abtastsystem.*

Eine derartige Diskretisierung der Zeit ergibt sich in technischen Systemen hauptsächlich in folgenden Fällen:

- Messungen an einem System können nur zu bestimmten Zeitpunkten vorgenommen werden.
  (Beispiele: Rundsicht-Radargerät zur Flugüberwachung, Analyse von Stichproben in der chemischen und metallurgischen Industrie).
- Stellgrößen treten nur zu bestimmten Zeitpunkten auf. (Beispiele: Steuerung einer drallstabilisierten Rakete, Phasenanschnittsteuerung)
- Serielle Messung und Verarbeitung mehrerer Größen durch ein einziges Gerät. (Beispiel: Prozeßrechner).

Speziell der letzte hier aufgeführte Fall spielt durch den umfassenden Einsatz digitaler Rechensysteme in der industriellen Anwendung heute eine besonders wichtige Rolle. Hierbei erfolgt die Abtastung der Prozeßsignale meist zu *äquidistanten* Zeitpunkten, also mit einer konstanten *Abtastzeit* T oder *Abtastfrequenz* $\omega_p = 2\pi/T$. Ein solches Abtastsignal wird somit beschrieben durch die Zahlenfolge

$$f(kT) = \{f(0),\ f(T),\ f(2T),\ \ldots\} \quad \text{mit } k \geqq 0 \quad , \qquad (2.1.2)$$

die meist auch abgekürzt mit f(k) bezeichnet wird. Für die weiteren Betrachtungen gilt stets

$$f(k) = 0 \quad \text{für} \quad k < 0 \quad . \qquad (2.1.3)$$

Den prinzipiellen Aufbau eines Abtastsystems, bei dem ein Prozeßrechner als Regler eingesetzt ist, zeigt Bild 2.1.2. Bei dieser *digitalen Regelung*, oft auch DDC-Betrieb genannt (DDC: Direct Digital Control), wird der analoge Wert der Regelabweichung e(t) in einen digitalen Wert e(kT)

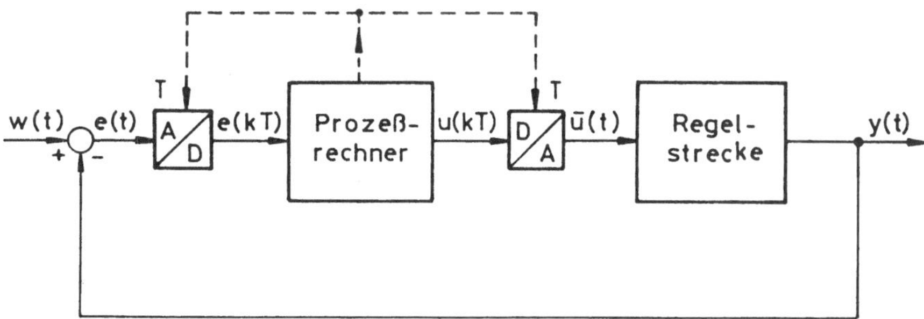

Bild 2.1.2. Prinzipieller Aufbau eines Abtastregelkreises

umgewandelt. Dieser Vorgang entspricht einer Signalabtastung und erfolgt periodisch mit der Abtastzeit T. Infolge der beschränkten Wortlänge des hierfür erforderlichen Analog-Digital-Umsetzers (ADU) entsteht eine *Amplitudenquantisierung*. Aus Bild 2.1.3 ist ersichtlich, daß alle Analogwerte e, die z. B. in das Intervall Δe fallen, durch denselben Digitalwert q(e) dargestellt werden. Diese Quantisierung oder auch Diskretisierung der Amplitude, die ähnlich auch beim Digital-Analog-Umsetzer (DAU) auftritt, ist im Gegensatz zur Diskretisierung der Zeit ein nichtlinearer Effekt.

Allerdings kann die Quantisierungsstufe Δe im allgemeinen so kldaß alle macht werden, daß der Quantisierungseffekt vernachlässigbar iodisch mithalb die Amplitudenquantisierung weiterhin nicht berücksicht auch beim-

Somit beziehen sich die weiteren Überlegungen ausschließlich auf die Beschreibung zeitdiskreter Signale und Systeme. Da nun eine genauere begriffliche Unterscheidung der Diskretisierung nicht mehr nötig ist, wird auf den Zusatz "Zeit" verzichtet und im folgenden nur noch von diskreten Signalen und diskreten Systemen gesprochen.

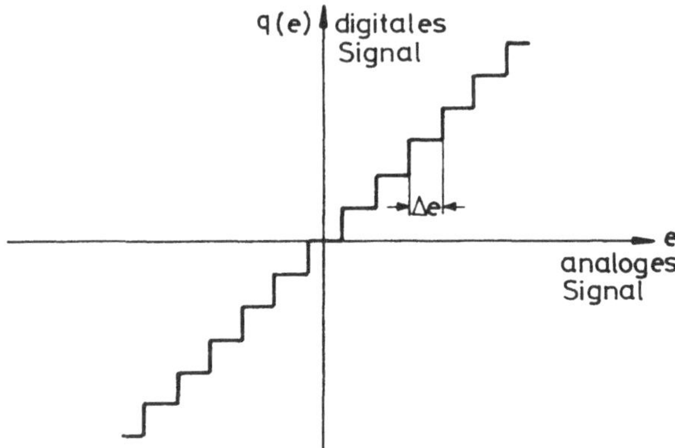

Bild 2.1.3. Amplitudenquantisierung bei der Analog/Digital-Umsetzung

Der Prozeßrechner als Regler berechnet nach einer zweckmäßig gewählten Rechenvorschrift *(Regelalgorithmus)* die Folge der Stellsignalwerte u(kT) aus den Werten der Folge e(kT). Die große Flexibilität des programmierbaren Rechners ermöglicht dabei den Entwurf sehr flexibler und leistungsfähiger Regelalgorithmen. Da nur diskrete Signale auftreten, kann der digitale Regler als *diskretes Übertragungssystem* betrachtet werden.

Die berechnete diskrete Stellgröße u(kT) wird vom D/A-Umsetzer in ein analoges Signal $\bar{u}(t)$ umgewandelt und jeweils über eine Abtastperiode $kT \leq t < (k+1)T$ konstant gehalten. Dieses Element hat die Funktion eines *Haltegliedes*, und $\bar{u}(t)$ stellt somit ein treppenförmiges Signal dar.

Eine wesentliche Eigenschaft solcher Abtastsysteme besteht darin, daß das Auftreten eines Abtastsignals in einem linearen kontinuierlichen System an der *Linearität* nichts ändert. Damit ist die theoretische Behandlung linearer diskreter Systeme in weitgehender Analogie zu der Behandlung linearer kontinuierlicher Systeme möglich. Dies wird dadurch erreicht, daß auch die kontinuierlichen Signale nur zu den Abtastzeitpunkten kT, also als Abtastsignale betrachtet werden. Damit ergibt sich eine *diskrete Systemdarstellung*, bei der alle Signale Zahlenfolgen sind. Voraussetzung hierfür ist eine geeignete mathematische Beschreibung des Übergangs von zeitdiskreten Signalen auf kontinuierliche Signale und umgekehrt. Diese grundsätzlichen Zusammenhänge werden nachfolgend behandelt.

2.2. Grundlagen der mathematischen Behandlung digitaler Regelsysteme

2.2.1. Diskrete Systemdarstellung durch Differenzengleichung und Faltungssumme

Werden bei einem kontinuierlichen System Eingangs- und Ausgangssignal mit der Abtastzeit T synchron abgetastet, wie es in Bild 2.2.1 dargestellt ist, so erhebt sich die Frage, welcher Zusammenhang zwischen den beiden Folgen u(kT) und y(kT) besteht. Geht man von der das kontinuierliche System beschreibenden Differentialgleichung aus, so besteht die

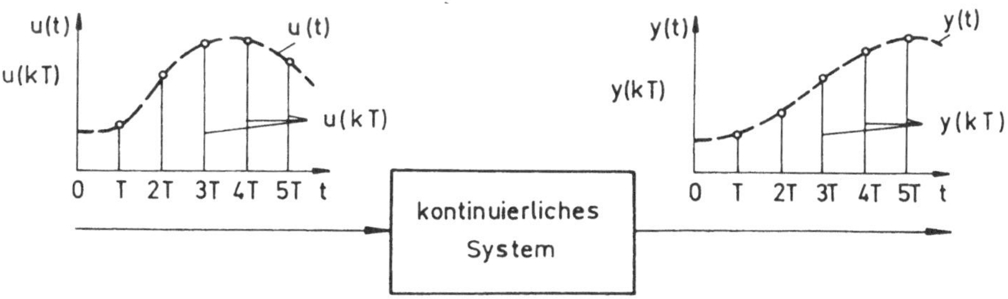

Bild 2.2.1. Zur diskreten Systemdarstellung

Aufgabe darin, diese in eine diskrete Form überzuführen. Beim einfachsten hierfür in Frage kommenden Verfahren, dem Euler-Verfahren, werden die Differentialquotienten durch Rückwärts-Differenzenquotienten mit genügend kleiner Schrittweite T approximiert:

$$\left.\frac{df}{dt}\right|_{t=kT} \approx \frac{f(kT) - f[(k-1)T]}{T} \qquad (2.2.1a)$$

$$\left.\frac{d^2f}{dt^2}\right|_{t=kT} \approx \frac{f(kT) - 2f[(k-1)T] + f[(k-2)T]}{T^2} \qquad (2.2.1b)$$

$$\left.\frac{d^3f}{dt^3}\right|_{=kT} \approx \frac{f(kT) - 3f[(k-1)T] + 3f[(k-2)T] - f[(k-3)T]}{T^3} \qquad (2.2.1c)$$

$$\vdots$$

Für das *Beispiel* einer Differentialgleichung erster Ordnung

$$T_1 \frac{dy(t)}{dt} + y(t) = u(t) \tag{2.2.2}$$

ergibt sich damit die gesuchte Differenzengleichung

$$\frac{T_1}{T} \{y(kT) - y[(k-1)T]\} + y(kT) = u(kT)$$

bzw. deren Lösung

$$y(kT) = \frac{1}{1 + (T_1/T)} \{(T_1/T)y[(k-1)T] + u(kT)\} \quad . \tag{2.2.3}$$

Mit Hilfe dieser *Differenzengleichung* kann die Ausgangsfolge y(kT) rekursiv aus der Eingangsfolge u(kT) für k = 0,1,2, ... berechnet werden. Allerdings handelt es sich dabei um eine Näherungslösung, die nur für kleine Schrittweiten T genügend genau ist. Falls jedoch der kontinuierliche Verlauf des Eingangssignals zwischen den Abtastpunkten bekannt ist, kann man eine Beziehung zwischen u(kT) und y(kT) ebenfalls in Form einer Differenzengleichung angeben, die für beliebige Abtastzeiten T exakt gilt.

Die allgemeine Beschreibung des dynamischen Verhaltens eines diskreten Systems erfolgt nun in Form einer derartigen Differenzengleichung. Diese entspricht der Differentialgleichung bei der Behandlung kontinuierlicher Systeme. Die allgemeine Form der Differenzengleichung zur Beschreibung eines linearen zeitinvarianten Eingrößensystems n-ter Ordnung mit der Eingangsfolge u(k) und der Ausgangsfolge y(k) lautet:

$$\begin{aligned} y(k) + \alpha_1 y(k-1) + \alpha_2 y(k-2) + \ldots + \alpha_n y(k-n) &= \\ = \beta_o u(k) + \beta_1 u(k-1) + \ldots + \beta_n u(k-n) \quad . \end{aligned} \tag{2.2.4}$$

Durch Umformen ergibt sich eine rekursive Gleichung für y(k)

$$y(k) = \sum_{\nu=o}^{n} \beta_\nu u(k-\nu) - \sum_{\nu=1}^{n} \alpha_\nu y(k-\nu) \quad , \tag{2.2.5}$$

die gewöhnlich zur Berechnung der Ausgangsfolge y(k) mit Hilfe des Digitalrechners verwendet wird. Die Größen $y(k-\nu)$ und $u(k-\nu)$, $\nu = 1,2,\ldots,n$, sind die zeitlich zurückliegenden Werte der Ausgangs- bzw. Eingangsgröße, die im Rechner gespeichert werden. Wie bei einer Differentialgleichung werden auch bei einer Differenzengleichung Anfangswerte für k = 0 berücksichtigt.

Ähnlich wie bei linearen kontinuierlichen Systemen die Gewichtsfunktion g(t) zur Beschreibung des dynamischen Verhaltens verwendet wurde, kann für diskrete Systeme die *Gewichtsfolge* g(k) eingeführt werden. Dabei wird g(k) in Analogie zur Gewichtsfunktion g(t) als Antwort auf den *diskreten Impuls* $u(k) = \delta_d(k)$ definiert, wobei für $\delta_d(k)$ die Definition

$$\delta_d(k) = \begin{cases} 1 \text{ für } k = 0 \\ 0 \text{ für } k \neq 0 \end{cases} \qquad (2.2.6)$$

gilt. Öfters wird $\delta_d(k)$ auch als Kronecker-Delta-Folge bezeichnet. Gl. (2.2.5) liefert für die ersten Werte von g(k):

$$\begin{aligned} g(0) &= \beta_o \\ g(1) &= \beta_1 - \alpha_1\beta_o \qquad (2.2.7)\\ g(2) &= \beta_2 - \alpha_1(\beta_1 - \alpha_1\beta_o) - \alpha_2\beta_o \\ &\vdots \end{aligned}$$

Nun läßt sich aber jedes diskrete Eingangssignal u(k) als eine Folge solcher diskreter Impulse beschreiben, die jeweils mit dem Wert von u in dem entsprechenden diskreten Zeitpunkt gewichtet werden:

$$u(k) = \sum_{\nu=o}^{\infty} u(\nu)\ \delta_d(k-\nu) \quad . \qquad (2.2.8)$$

Die Antwort des diskreten Systems auf einen Impuls $\delta_d(k-\nu)$ ist aber genau die Gewichtsfolge $g(k-\nu)$, und wegen der Linearität folgt damit aus Gl. (2.2.8) als Ausgangssignal durch Überlagerung dieser einzelnen Gewichtsfolgen

$$y(k) = \sum_{\nu=o}^{\infty} u(\nu)\ g(k-\nu) \quad . \qquad (2.2.9)$$

Dieser Ausdruck wird als *Faltungssumme* bezeichnet und entspricht dem Duhamelschen Faltungsintegral, das denselben Zusammenhang für kontinuierliche Systeme beschreibt. Da stets $g(j) = 0$ für $j < 0$ gilt, darf in Gl. (2.2.9) die obere Summengrenze ∞ auch durch die Variable k ersetzt werden.

Bei linearen kontinuierlichen Systemen läßt sich die Übertragungsfunktion aus dem Faltungsintegral direkt durch Laplace-Transformation ermitteln; daher liegt es nahe, auch für diskrete Signale eine der Laplace-Transformation entsprechende komplexe Transformation einzuführen, die in ähnlicher Weise anhand der Faltungssumme gemäß Gl. (2.2.9) die Definition einer Übertragungsfunktion für das diskrete System ermöglicht. Diese Aufgabe erfüllt die z-Transformation, die im Abschnitt 2.3 behandelt wird.

2.2.2. Mathematische Beschreibung des Abtastvorgangs

Der Übergang zwischen kontinuierlichen und zeitdiskreten Signalen wird bei dem im Bild 2.1.2 dargestellten Abtastsystem durch den Analog-Digital-Umsetzer realisiert. Für eine mathematische Beschreibung eines solchen Systems ist jedoch eine einheitliche Darstellung der Signale erforderlich. Dazu wird eine Modellvorstellung entsprechend Bild 2.2.2 benutzt. Es wird also ein *δ-Abtaster* eingeführt, der eine Folge von

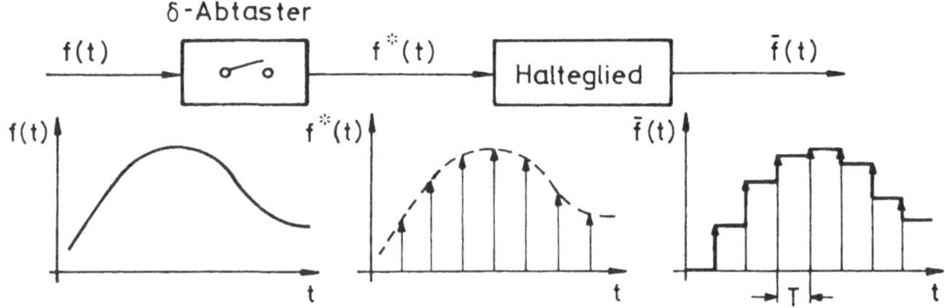

Bild 2.2.2. δ-Abtaster und Halteglied

gewichteten δ-Impulsen erzeugt. Diese Folge wird beschrieben durch die Pseudofunktion

$$f^*(t) = f(t) \sum_{k=0}^{\infty} \delta(t-kT) = \sum_{k=0}^{\infty} f(kT)\delta(t-kT) \quad . \qquad (2.2.10)$$

Der δ-Abtaster kann dabei auch als Modulator betrachtet werden, wobei das Eingangssignal $f(t)$ als modulierendes Signal und die Folge der δ-Impulse als Träger anzusehen sind. Diese Pseudofunktion $f^*(t)$ stellt neben der Zahlenfolge entsprechend Gl.(2.1.2) eine weitere mathematische Beschreibung eines *Abtastsignals* dar.

Es muß ausdrücklich darauf hingewiesen werden, daß es sich bei der graphischen Darstellung des Abtastsignals $f^*(t)$ in Bild 2.2.2 nur um eine symbolische Form handelt, bei der die δ-Impulse durch Pfeile repräsentiert werden, deren Höhe jeweils dem Gewicht, also der "Fläche" des zugehörigen δ-Impulses, entspricht. Die Pfeilhöhe ist somit gleich dem Wert von $f(t)$ zu den Abtastzeitpunkten $t = kT$, also gleich $f(kT)$.

Wie man leicht einsieht, entsteht durch δ-Abtastung von $cf(t)$ die Funktion $cf^*(t)$, und aus $f_1(t) + f_2(t)$ wird $f_1^*(t) + f_2^*(t)$. Es handelt sich also bei der δ-Abtastung um eine lineare Operation. Auf das Abtastsignal $f^*(t)$ kann somit die Laplace-Transformation angewendet werden, und man erhält hierfür

$$F^*(s) = \mathcal{L}\{f^*(t)\} = \sum_{k=0}^{\infty} f(kT)e^{-kTs} \quad . \qquad (2.2.11)$$

Für das in Bild 2.2.2 dargestellte spezielle Halteglied ergibt sich als Antwort auf einen einzigen δ-Impuls $\delta(t)$, also als Gewichtsfunktion, ein Rechteckimpuls der Breite T und der Höhe 1, der beschrieben wird durch

$$g_H(t) = s(t) - s(t-T) \quad , \qquad (2.2.12)$$

wobei s(t) die Einheitssprungfunktion darstellt. Wird darauf die Laplace-Transformation angewandt

$$\mathcal{L}\{g_H(t)\} = \frac{1}{s} - \frac{1}{s} e^{-Ts} \quad ,$$

so erhält man die Übertragungsfunktion des *Halteglieds nullter Ordnung:*

$$H_o(s) = \frac{1 - e^{-Ts}}{s} \quad . \qquad (2.2.13)$$

Damit kann auch die Laplace-Transformierte der Treppenfunktion am Ausgang des Halteglieds angegeben werden:

$$\overline{F}(s) = \mathcal{L}\{\overline{f}(t)\} = F^*(s)\; H_o(s) = \frac{1 - e^{-Ts}}{s} \sum_{k=0}^{\infty} f(kT)e^{-kTs} \quad . \qquad (2.2.14)$$

Außer dem Halteglied nullter Ordnung sind Halteglieder denkbar, die jeweils einen anderen Signalverlauf von $\overline{f}(t)$ in einem Abtastintervall erzeugen. So läßt sich beispielsweise eine lineare Extrapolation durch ein Halteglied erster Ordnung darstellen. Da solche Elemente jedoch selten verwendet werden, soll darauf nicht näher eingegangen werden.

Mit dieser mathematischen Beschreibung des Abtast- und Haltevorgangs ergibt sich für den Regelkreis von Bild 2.1.2 eine Struktur entsprechend Bild 2.2.3a. Für den diskreten digitalen Regler ist dabei angenommen, daß er anstelle von Zahlenwerten Impulse entsprechend ihrer Gewichtung verarbeitet, was mathematisch ohne weiteres darstellbar ist. Nun wird der δ-Abtaster entgegen der Signalrichtung verschoben, wie es Bild 2.2.3b zeigt. Um dasselbe $e^*(t)$ zu erhalten, muß dann auch ein δ-Abtaster für das Ausgangssignal y(t) vorgesehen werden. Dies ist wegen der Linearität des Abtastvorgangs erlaubt. Faßt man jetzt Halteglied, Regelstrecke und δ-Abtaster zu einem Block zusammen, so treten im Regelkreis nur noch Abtastsignale auf. In diesem Fall können die Abtastsignale einfach durch die entsprechenden Zahlenfolgen ersetzt werden. Man erhält damit eine diskrete Darstellung des Regelkreises entsprechend Bild 2.2.4. Hierbei sind sowohl der Regler als auch die Regelstrecke einschließlich Halteglied diskrete Übertragungssysteme.

Der hier vollzogene Übergang zwischen Abtastsignalen und den entsprechenden Zahlenfolgen ist immer dann möglich, wenn in einem System nur Abtastsignale betrachtet werden. Er ist nicht möglich, wenn gleichzeitig auch kontinuierliche Signale berücksichtigt werden müssen.

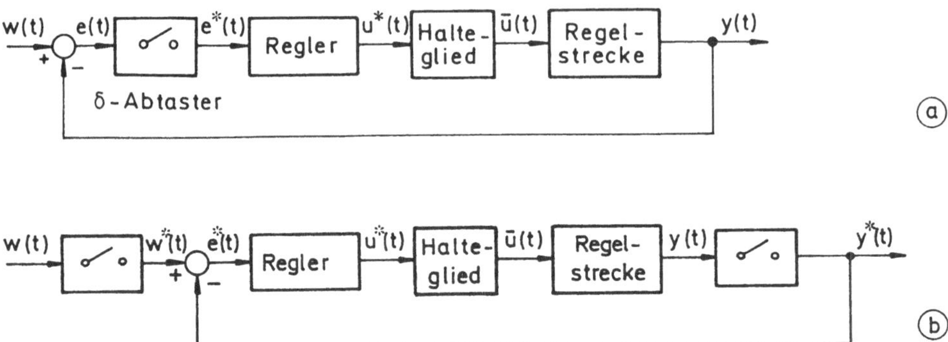

Bild 2.2.3. Äquivalente Blockschaltbilder eines Abtastregelkreises

Es sei noch darauf hingewiesen, daß die Zusammenfassung von Regelstrekke und Halteglied nur dann eine *exakte* diskrete Darstellung der Regelstrecke ermöglicht, wenn der Verlauf des Ausgangssignals des Haltegliedes, $\bar{u}(t)$, auch zwischen den Abtastzeitpunkten exakt mit dem tatsächlichen (eventuell ebenfalls kontinuierlichen) Stellsignal u(t) übereinstimmt. Darauf wird später noch ausführlicher eingegangen.

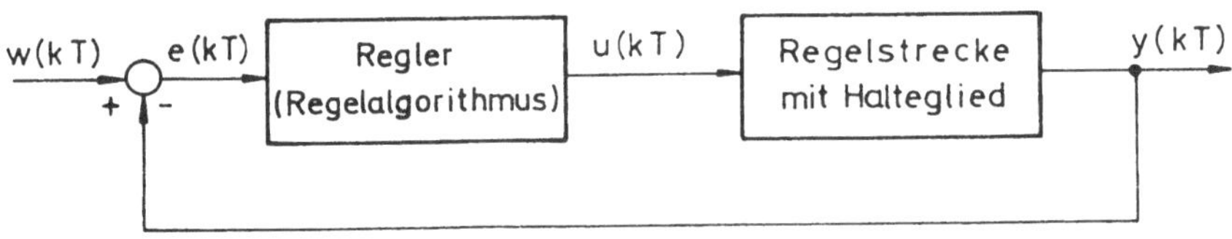

Bild 2.2.4. Darstellung des Abtastregelkreises

Die diskrete Darstellung bietet eine Reihe von Vorteilen, insbesondere den der einfachen Behandlung mit Hilfe von Digitalrechnern. Jedoch geht dabei die Information über den kontinuierlichen Verlauf von y(t) innerhalb des Abtastintervalls verloren. Dies kann vor allem bei sehr großen Abtastzeiten von Nachteil sein.

2.3. Die z-Transformation

2.3.1. Definition der z-Transformation

Für die Darstellung der Abtastung eines kontinuierlichen Signals wurden zuvor zwei äquivalente Möglichkeiten bereits beschrieben, entweder die Zahlenfolge f(k) oder die Impulsfolge

$$f^*(t) = \sum_{k=0}^{\infty} f(kT)\,\delta(t-kT) \quad . \qquad (2.3.1)$$

Durch Laplace-Transformation dieser Impulsfolge erhält man die komplexe Funktion

$$F^*(s) = \sum_{k=0}^{\infty} f(kT)\,e^{-kTs} \quad . \qquad (2.3.2)$$

Da in dieser Beziehung die Variable s immer nur in Verbindung mit e^{Ts} auftritt, wird deshalb anstelle von e^{Ts} als neue Variable die komplexe Größe z eingeführt, indem man

$$e^{Ts} = z \quad \text{bzw.} \quad s = \frac{1}{T}\ln z \qquad (2.3.3)$$

setzt. Damit geht $F^*(s)$ in eine Funktion

$$F_z(z) = \sum_{k=0}^{\infty} f(kT)\,z^{-k} \qquad (2.3.4)$$

über, wobei wegen der Substitution in Gl.(2.3.3) die Beziehungen

$$F^*(s) = F_z(e^{Ts}) \quad \text{und} \quad F_z(z) = F^*(\frac{1}{T}\ln z) \qquad (2.3.5)$$

gelten. Man bezeichnet nun die Funktion $F_z(z)$ als *z-Transformierte* der Folge f(kT). Da für die weiteren Überlegungen anstelle von f(kT) meist die abgekürzte Schreibweise f(k) benutzt wird, erfolgt die Definition der z-Transformation für diese Form durch

$$\mathfrak{Z}\{f(k)\} = F_z(z) = \sum_{k=0}^{\infty} f(k)\,z^{-k} \quad , \qquad (2.3.6)$$

wobei das Symbol $\mathfrak{Z}$ als Operator dieser Transformation zu verstehen ist. Der Index z dient zur Unterscheidung dieser Funktion gegenüber der Laplace-Transformierten F(s) von f(t).

Die bisherigen Überlegungen haben gezeigt, daß man durch Laplace-Transformation der Impulsfolge $f^*(t)$ eine Potenzreihe in e^{Ts} erhält, in die die Gewichte f(k) der Impulse eingehen. Damit ist diese Potenzreihe gleichzeitig eine Transformationsbeziehung für die Zahlenfolge f(k), die nur durch die Substitution $z = e^{Ts}$ von der Laplace-Transformation (in dieser Form gelegentlich auch als "diskrete Laplace-Transformation" bezeichnet) unterschieden wird. Im weiteren werden jedoch hauptsächlich Zahlenfolgen betrachtet und hierfür die z-Transformation benutzt. Bei Bedarf kann man mit Hilfe der Substitution nach den Gln.(2.3.3) oder (2.3.5) leicht auf die entsprechende Impulsfolge und ihre Laplace-Transformierte übergehen.

Die Transformationsbeziehung in Gl.(2.3.6) stellt eine spezielle *Laurent-Reihe* dar, in der keine positiven Potenzen der komplexen Variablen z auftreten. Eine solche Reihe konvergiert für sämtliche Werte von z mit

$$|z| > R$$

absolut, falls die Folge f(k) für alle k = 0,1,2,... die Ungleichung

$$|f(k)| < K\, R^k \tag{2.3.7}$$

erfüllt. Hierbei sind K und R positive Konstanten. Da die Funktionen f(t) bzw. Zahlenfolgen f(k), die in der Regelungstechnik vorkommen, beschränkt sind und für $t \to \infty$ bzw. $k \to \infty$ nicht schneller als eine e-Funktion mit genügend großem positiven Exponenten wachsen, existieren immer Konstanten K und R, so daß Gl.(2.3.7) erfüllt ist. Beim Rechnen mit z-Transformierten wird im folgenden als selbstverständlich vorausgesetzt, daß dies im Konvergenzbereich $|z| > R$ der Laurent-Reihe geschieht.

Zur Vertiefung sollen nachfolgend noch drei Beispiele zur z-Transformation betrachtet werden.

Beispiel 2.3.1:

Gesucht sei die z-Transformierte der Folge s(k), die durch Abtastung aus der kontinuierlichen Sprungfunktion s(t) gemäß Bild 2.3.1 entsteht.

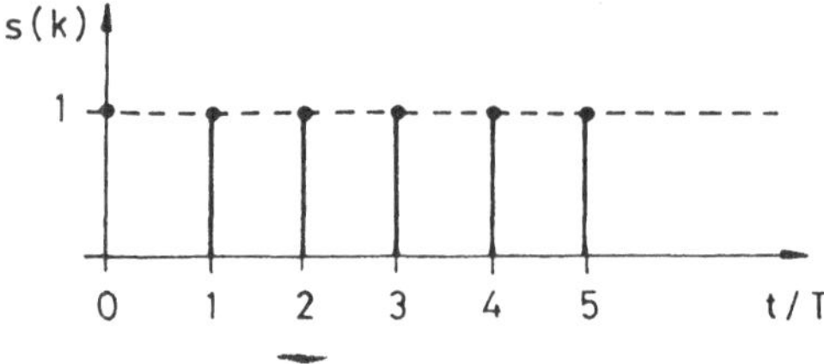

Bild 2.3.1. Darstellung der zur Sprungfunktion s(t) gehörenden Zahlenfolge s(k)

Es gilt

$$s(k) = \{1,\ 1,\ 1,\ 1,\ 1,\ \ldots\}$$

oder

$$s(k) = 1 \text{ für } k = 0,\ 1,\ 2,\ \ldots$$

Mit Gl.(2.3.6) folgt

$$S_z(z) = \sum_{k=o}^{\infty} z^{-k}$$

$$= 1 + z^{-1} + z^{-2} + z^{-3} + \ldots$$

Diese Reihe konvergiert für $|z| > 1$, und dafür ergibt sich

$$S_z(z) = \frac{1}{1-z^{-1}} = \frac{z}{z-1} \quad .$$

Beispiel 2.3.2:

Gesucht ist die z-Transformierte der Folge, deren Elemente beschrieben werden durch $f(k) = e^{-ak}$ für $k = 0,1,2,\ldots$, die durch Abtasten der Funktion $f(t) = e^{-at}$ mit $T = 1$ entsteht. Hierfür gilt

$$F_z(z) = \sum_{k=o}^{\infty} e^{-ak}\, z^{-k} = \sum_{k=o}^{\infty} (e^{a}\, z^{1})^{-k} \quad .$$

Diese Reihe konvergiert für $|z| > e^{-a}$, und man erhält

$$F_z(z) = \frac{1}{1-e^{-a}\, z^{-1}} = \frac{z}{z-e^{-a}} \quad .$$

Beispiel 2.3.3:

Gesucht ist die z-Transformierte der Folge $f(k) = (\frac{1}{4})^k$, $k = 0,1,2,\ldots$

$$F_z(z) = 1 + \frac{1}{4}\, z^{-1} + (\tfrac{1}{4})^2\, z^{-2} + (\tfrac{1}{4})^3\, z^{-3} + \ldots$$

Die Konvergenz dieser Reihe ist gesichert für $|z| > \frac{1}{4}$, und es ergibt sich dann

$$F_z(z) = \frac{1}{1 - \frac{1}{4}\, z^{-1}} = \frac{z}{z - \frac{1}{4}} \quad .$$

Für die wichtigsten Zeitfunktionen $f(t)$ sind in Tabelle 2.3.1 neben den Laplace-Transformierten auch die z-Transformierten der entsprechenden Folgen $f(kT) = f(t)\big|_{t=kT}$, $k = 0,1,2,\ldots$ zusammengestellt.

Nr.	Zeitfunktion $f(t)$	$\mathcal{L}$-Transformierte $F(s) = \mathcal{L}\{f(t)\}$	z-Transformierte $F_z(z) = \mathcal{Z}\{f(kT)\}$ mit $f(kT) = f(t)\|_{t=kT}$
1	δ-Impuls $\delta(t)$	1	1
2	Einheitssprung $s(t)$	$\frac{1}{s}$	$\frac{z}{z-1}$
3	t	$\frac{1}{s^2}$	$\frac{Tz}{(z-1)^2}$
4	t^2	$\frac{2}{s^3}$	$\frac{T^2z(z+1)}{(z-1)^3}$
5	e^{-at}	$\frac{1}{s+a}$	$\frac{z}{z-c}$; $c=e^{-aT}$
6	te^{-at}	$\frac{1}{(s+a)^2}$	$\frac{cTz}{(z-c)^2}$; $c=e^{-aT}$
7	t^2e^{-at}	$\frac{2}{(s+a)^3}$	$\frac{cT^2z(z+c)}{(z-c)^3}$; $c=e^{-aT}$
8	$1 - e^{-at}$	$\frac{a}{s(s+a)}$	$\frac{(1-c)z}{(z-1)(z-c)}$; $c=e^{-aT}$
9	$\sin \omega_o t$	$\frac{\omega_o}{s^2+\omega_o^2}$	$\frac{z \sin \omega_o T}{z^2-2z \cos \omega_o T+1}$
10	$\cos \omega_o t$	$\frac{s}{s^2+\omega_o^2}$	$\frac{z^2-z \cos \omega_o T}{z^2-2z \cos \omega_o T+1}$
11	$1-(1+at)e^{-at}$	$\frac{a^2}{s(s+a)^2}$	$\frac{z}{z-1} - \frac{z}{z-c} - \frac{acTz}{(z-c)^2}$; $c=e^{-aT}$
12	$1 + \frac{be^{-at}-ae^{-bt}}{a-b}$	$\frac{ab}{s(s+a)(s+b)}$	$\frac{z}{z-1} + \frac{bz}{(a-b)(z-c)} - \frac{az}{(a-b)(z-d)}$ $c=e^{-aT}$, $d=e^{-bT}$
13	$e^{-at} \sin \omega_o t$	$\frac{\omega_o}{(s+a)^2+\omega_o^2}$	$\frac{cz \sin \omega_o T}{z^2-2cz \cos \omega_o T+c^2}$; $c=e^{-aT}$
14	$e^{-at} \cos \omega_o t$	$\frac{s+a}{(s+a)^2+\omega_o^2}$	$\frac{z^2-cz \cos \omega_o T}{z^2-2cz \cos \omega_o T+c^2}$; $c=e^{-aT}$
15	$a^{t/T}$	$\frac{1}{s-(1/T)\ln a}$	$\frac{z}{z-a}$

Tabelle 2.3.1. Korrespondenzen zur $\mathcal{L}$- und z-Transformation

2.3.2. Eigenschaften der z-Transformation

Die Haupteigenschaften und Rechenregeln der z-Transformation können in den nachfolgenden Sätzen zusammengefaßt werden. Bezüglich des Beweises dieser Sätze sei auf die Spezialliteratur verwiesen, z. B. [2.1, 2.2].

a) Überlagerungssatz:

$$\mathfrak{Z}\{a\ f_1(k) + b\ f_2(k)\} = a\ F_{1z}(z) + b\ F_{2z}(z) \quad . \tag{2.3.8}$$

Diese Eigenschaft beschreibt die Linearität der z-Transformation.

b) Ähnlichkeitssatz:

$$\mathfrak{Z}\{a^k\ f(k)\} = F_z(\frac{z}{a}) \quad . \tag{2.3.9}$$

c) Verschiebungssatz:

Für die Rückwärtsverschiebung (Verschiebung "nach rechts") gilt

$$\mathfrak{Z}\{f(k-\mu)\} = z^{-\mu} F_z(z) \quad ; \quad \mu \geqq 0 \quad . \tag{2.3.10}$$

Für die Vorwärtsverschiebung (Verschiebung "nach links") gilt

$$\mathfrak{Z}\{f(k+\mu)\} = z^{\mu} [F_z(z) - \sum_{k=o}^{\mu-1} f(k) z^{-k}] \quad . \tag{2.3.11}$$

d) Differenzenbildung:

Mit der Definition

$$\Delta^1 f(k) = f(k+1) - f(k)$$

erhält man für die zugehörige z-Transformierte der ersten Differenz

$$\mathfrak{Z}\{\Delta^1\ f(k)\} = (z-1)\ F_z(z) - z f(0) \quad . \tag{2.3.12}$$

Diese Beziehung entspricht dem Differentiationssatz der Laplace-Transformation. Für die m-te Differenz gilt dann allgemein:

$$\mathfrak{Z}\{\Delta^m f(k)\} = (z-1)^m F_z(z) - z \sum_{j=o}^{m-1} (z-1)^{m-j-1} [\Delta^j f(0)] \quad , \tag{2.3.13}$$

wobei $\Delta^j f(0)$ die j-te Differenz für $k = 0$ ist, und $\Delta^0 f(0) = f(0)$ wird.

e) Summierung:

$$\mathcal{Z}\{\sum_{j=0}^{k} f(j)\} = \frac{z}{z-1} F_z(z) \text{ bzw. } \mathcal{Z}\{\sum_{j=0}^{k-1} f(j)\} = \frac{1}{z-1} F_z(z) . \quad (2.3.14)$$

Diese Beziehung entspricht dem Integrationssatz der Laplace-Transformation. Die zu der Summenfunktion der linken Seite gehörende Folge ist gegeben durch

$$f(k) = \{f(0),\ f(0)+f(1),\ f(0)+f(1)+f(2),\ \ldots\} \quad .$$

f) Faltungssatz:

$$\mathcal{Z}\{\sum_{k=0}^{n} f_1(k)\ f_2(n-k)\} = F_{1z}(z)\ F_{2z}(z) \quad . \qquad (2.3.15)$$

Zusammen mit der Faltungssumme in Gl. (2.2.9) erlaubt dieser Satz die Definition der "z-Übertragungsfunktion" eines diskreten Systems.

g) Satz vom Anfangs- und Endwert:

$$f(0) = \lim_{z\to\infty} F_z(z) \quad , \qquad (2.3.16)$$

$$f(\infty) = \lim_{z\to 1} (z-1)\ F_z(z), \quad \text{sofern } f(\infty) \text{ existiert.} \qquad (2.3.17)$$

2.3.3. Die inverse z-Transformation

Da $F_z(z)$ die z-Transformierte der Zahlenfolge $f(k)$ für $k = 0,1,2,\ldots$ darstellt, liefert die *inverse z-Transformation* von $F_z(z)$

$$\mathcal{Z}^{-1}\{F_z(z)\} = f(k) \qquad (2.3.18)$$

wieder die Zahlenwerte $f(k)$ dieser Folge, also die diskreten Werte der zugehörigen Zeitfunktion $f(t)|_{t=kT}$ für die Zeitpunkte $t = kT$. Da die z-Transformation umkehrbar eindeutig ist, kommen für die inverse z-Transformation zunächst natürlich die sehr ausführlichen Tabellenwerke [2.1 bis 2.4] in Betracht, aus denen unmittelbar korrespondierende Transformationspaare entnommen werden können. Für kompliziertere Fälle, die nicht in den Tabellen enthalten sind, oder darauf zurückgeführt werden können, kann die Berechnung auf verschiedene Arten durchgeführt werden. Nachfolgend sollen dazu drei Verfahren vorgestellt werden:

a) *Potenzreihenentwicklung*

Wird $F_z(z)$ in eine konvergente Potenzreihe nach z^{-1} entwickelt, also

$$F_z(z) = \sum_{k=o}^{\infty} f(k) z^{-k}$$
$$= f(0) + f(1) z^{-1} + f(2) z^{-2} + \ldots + f(n) z^{-n} + \ldots , \tag{2.3.19}$$

dann ergeben sich unmittelbar die Werte f(k) der zugehörigen Zeitfunktion zu den Zeitpunkten kT. Ist $F_z(z)$ eine gebrochen rationale Funktion, dann erhält man die Reihenentwicklung einfach durch Division von Zähler und Nenner. Dieses Vorgehen zeigt das folgende Beispiel.

Beispiel 2.3.4:

Es ist f(k) für k = 0,1,2,... zu bestimmen, wenn

$$F_z(z) = \frac{8z}{(z-1)(z-2)}$$

gegeben ist. Durch Umschreiben folgt:

$$F_z(z) = \frac{8z^{-1}}{1 - 3z^{-1} + 2z^{-2}}$$

und durch Division erhält man

$$F_z(z) = 8z^{-1} + 24z^{-2} + 56z^{-3} + 120z^{-4} + \ldots$$

Aus dieser Beziehung können direkt die Werte der Zahlenfolge f(k) abgelesen werden:

$$\begin{aligned} f(0) &= 0 \\ f(1) &= 8 \\ f(2) &= 24 \\ f(3) &= 56 \\ f(4) &= 120 \\ &\vdots \end{aligned}$$

Für große Werte von k ist gewöhnlich die Rechnung sehr langwierig.

Es soll hier noch darauf hingewiesen werden, daß sich bei z-Transformierten höherer Ordnung die Ermittlung des Bildungsgesetzes der Potenzreihe recht schwierig gestalten kann.

b) *Partialbruchzerlegung*

Zur Berechnung von f(k) wird $F_z(z)$ einer Partialbruchzerlegung unterzogen. Die Rücktransformation der dabei entstehenden einfachen Terme kann anhand einer Tabelle für z-transformierte Standardfunktionen durchgeführt werden. Die inverse z-Transformierte von $F_z(z)$, also f(k) erhält man dann als Summe der inversen z-Transformierten der Partialbrüche.

Beispiel 2.3.5:

Wie im vorigen Beispiel soll für

$$F_z(z) = \frac{8z}{(z-1)(z-2)}$$

durch Partialbruchzerlegung von $F_z(z)$ die zugehörige Zeitfunktion ermittelt werden. Die Partialbruchzerlegung liefert

$$F_z(z) = \frac{-8z}{z-1} + \frac{8z}{z-2} \quad .$$

Aus Tabelle 2.3.1 folgt

$$\mathcal{Z}^{-1}\{\frac{z}{z-1}\} = 1 \quad \text{und} \quad \mathcal{Z}^{-1}\{\frac{z}{z-2}\} = 2^k \quad .$$

Somit erhält man

$$f(k) = 8(-1+2^k) \quad \text{für} \quad k = 0,1,2,\ldots$$

oder

$$\begin{aligned} f(0) &= 0 \\ f(1) &= 8 \\ f(2) &= 24 \\ f(3) &= 56 \\ f(4) &= 120 \\ &\vdots \quad . \end{aligned}$$

c) *Auswertung des Umkehrintegrals (Residuensatz)*

Durch Multiplikation der Gl.(2.3.6) mit z^{k-1} folgt

$$F_z(z)z^{k-1} = f(0)z^{k-1} + f(1)z^{k-2} + f(2)z^{k-3} + \ldots + f(k)z^{-1} + \ldots \tag{2.3.20}$$

Diese Gleichung stellt eine Laurent-Reihenentwicklung der Funktion $F_z(z)z^{k-1}$ um $z = 0$ dar. Aus der Cauchyschen Formel für die Koeffizienten dieser Laurent-Reihe folgt für positive k-Werte das komplexe Kurvenintegral

$$f(k) = \frac{1}{2\pi j} \oint F_z(z)z^{k-1}\,dz \;, \quad k = 1,2,\ldots \tag{2.3.21}$$

Diese Beziehung stellt die Umkehrformel der z-Transformation, also die Definition der inversen z-Transformation dar. Sie wird auch als *Umkehrintegral* bezeichnet. Die Kontur des Integrals schließt alle Singularitäten von $F_z(z)z^{k-1}$ ein und wird im Gegenuhrzeigersinn durchlaufen. Die

Auswertung erfolgt mit Hilfe des *Residuensatzes*

$$f(k) = \sum_i \text{Res}\,\{F_z(z)z^{k-1}\}_{z=a_i} \quad . \qquad (2.3.22)$$

Hierbei sind die Größen a_i die Pole von $F_z(z)z^{k-1}$, d.h. also die Pole von $F_z(z)$. Besitzt $F_z(z)$ Pole bei $z=0$, so werden diese gemäß ihrer Vielfachheit als Totzeit interpretiert und nur das Restpolynom mit dem Residuensatz ausgewertet.

Bei einem einfachen Pol $z=a$ berechnet sich das Residuum als

$$\text{Res}\,\{F_z(z)z^{k-1}\}\Big|_{z=a} = \lim_{z\to a}\,(z-a)\,[F_z(z)z^{k-1}] \ . \qquad (2.3.23)$$

Ist $F_z(z)$ eine gebrochen rationale Funktion

$$F_z(z)z^{k-1} = \frac{B(z)}{A(z)} \quad , \qquad (2.3.24)$$

und ist a eine einfache Nullstelle von $A(z)$, so gilt

$$A'(a) = \frac{dA(z)}{dz}\Big|_{z=a} \neq 0 \quad ,$$

und es folgt aus Gl.(2.3.23)

$$\text{Res}\,\{\frac{B(z)}{A(z)}\}\Big|_{z=a} = \frac{B(a)}{A'(a)} \quad .$$

Tritt ein q-facher Pol bei $z = a$ auf, dann wird

$$\text{Res}\,\{F_z(z)z^{k-1}\}\Big|_{z=a} = \frac{1}{(q-1)!}\lim_{z\to a}\frac{d^{q-1}}{dz^{q-1}}\,[(z-a)^q\,F_z(z)z^{k-1}] \ . \qquad (2.3.25)$$

Beispiel 2.3.6:

Für das vorherige Beispiel mit

$$F_z(z) = \frac{8z}{(z-1)(z-2)}$$

folgt aus Gl.(2.3.21)

$$f(k) = \frac{1}{2\pi j}\oint \frac{8z^k}{z^2-3z+2}\,dz$$

$$= \sum_{i=1}^{2} \text{Res}\,\{\frac{8z^k}{z^2-3z+2}\}\Big|_{z=a_i} = \sum_{i=1}^{2} \frac{8z^k}{2z-3}\Big|_{z=a_i}$$

und mit den Werten $a_1 = 1$ und $a_2 = 2$ erhält man schließlich

$$f(k) = 8(-1+2^k) \ , \quad k = 0,1,2,\ldots$$

2.4. Darstellung im Frequenzbereich

2.4.1. Übertragungsfunktion diskreter Systeme

Ein lineares diskretes System n-ter Ordnung wird entsprechend Gl. (2.2.5) durch die Differenzengleichung

$$y(k) + \sum_{\nu=1}^{n} \alpha_\nu y(k-\nu) = \sum_{\nu=o}^{n} \beta_\nu u(k-\nu) \tag{2.4.1}$$

beschrieben. Wendet man hierauf den Verschiebungssatz der z-Transformation gemäß Gl. (2.3.10) an, so erhält man

$$Y_z(z)(1+\alpha_1 z^{-1}+\alpha_2 z^{-2}+\ldots+\alpha_n z^{-n}) = U_z(z)(\beta_o+\beta_1 z^{-1}+\ldots+\beta_n z^{-n}) , \tag{2.4.2}$$

woraus direkt als Verhältnis der z-Transformierten von Eingangs- und Ausgangsfolge die *z-Übertragungsfunktion* des diskreten Systems

$$G_z(z) = \frac{Y_z(z)}{U_z(z)} = \frac{\beta_o+\beta_1 z^{-1}+\ldots+\beta_n z^{-n}}{1+\alpha_1 z^{-1}+\ldots+\alpha_n z^{-n}} \tag{2.4.3}$$

definiert werden kann. Dabei sind die Anfangsbedingungen der Differenzengleichung als Null vorausgesetzt. In Analogie zu den kontinuierlichen Systemen ist die z-Übertragungsfunktion $G_z(z)$ als z-Transformierte der Gewichtsfolge g(k) definiert:

$$G_z(z) = \mathfrak{Z}\{g(k)\} \quad . \tag{2.4.4}$$

Dies soll anhand der Faltungssumme in Gl. (2.2.9) gezeigt und damit zugleich der Faltungssatz, Gl. (2.3.15), bewiesen werden. Mit der Definitionsgleichung der z-Transformation, Gl. (2.3.6), folgt aus Gl. (2.2.9)

$$Y_z(z) = \sum_{k=o}^{\infty} y(k) z^{-k} = \sum_{k=o}^{\infty} \sum_{\nu=o}^{\infty} u(\nu) g(k-\nu) z^{-k} \quad .$$

Mit der Substitution $\mu = k-\nu$ erhält man

$$Y_z(z) = \sum_{\mu=-\nu}^{\infty} \sum_{\nu=o}^{\infty} u(\nu) g(\mu) z^{-\mu} z^{-\nu} \quad .$$

Da aus Kausalitätsgründen $g(\mu) = 0$ für $\mu < 0$ ist, kann für die untere Grenze der ersten Summe auch $\mu = 0$ eingesetzt werden, und man erhält

$$Y_z(z) = \sum_{\mu=o}^{\infty} g(\mu) z^{-\mu} \sum_{\nu=o}^{\infty} u(\nu) z^{-\nu} \quad ,$$

also

$$Y_z(z) = G_z(z)\, U_z(z) \quad . \tag{2.4.5}$$

Anmerkung: In Gl.(2.3.15) wurde als obere Summengrenze anstelle von ∞ die Variable n verwendet. Da jedoch stets $f(k) = 0$ für $k < 0$ gilt, ändert sich dadurch an der Beziehung nichts.

Mit der Definition der z-Übertragungsfunktion hat man nun die Möglichkeit, diskrete Systeme formal ebenso zu behandeln wie kontinuierliche Systeme. Beispielsweise lassen sich zwei Systeme mit den z-Übertragungsfunktionen $G_{1z}(z)$ und $G_{2z}(z)$ hintereinanderschalten, und man erhält dann als Gesamtübertragungsfunktion

$$G_z(z) = G_{1z}(z)\, G_{2z}(z) \quad . \tag{2.4.6}$$

Ebenso ergibt sich für eine Parallelschaltung

$$G_z(z) = G_{1z}(z) + G_{2z}(z) \quad . \tag{2.4.7}$$

Wie im kontinuierlichen Fall kann bei Systemen mit P-Verhalten (Systemen mit Ausgleich) auch der *Verstärkungsfaktor* K bestimmt werden, der sich bei sprungförmiger Eingangsfolge

$$u(k) = 1 \quad \text{für} \quad k \geqq 0 \quad \text{bzw.} \quad U_z(z) = \frac{z}{z-1}$$

als stationärer Endwert der Ausgangsgröße,

$$K = \lim_{k\to\infty} y(k) \tag{2.4.8}$$

ergibt. Nach dem Endwertsatz der z-Transformation, Gl.(2.3.17), gilt mit Gl.(2.4.5)

$$\begin{aligned} \lim_{k\to\infty} y(k) &= \lim_{z\to 1} [(z-1)\; Y_z(z)] \\ &= \lim_{z\to 1} [(z-1)\; G_z(z)\, \frac{z}{z-1}] \\ &= G_z(1) \quad , \end{aligned}$$

also unter Berücksichtigung von Gl.(2.4.3)

$$K = G_z(1) = \frac{\sum\limits_{\nu=0}^{n} \beta_\nu}{1 + \sum\limits_{\nu=1}^{n} \alpha_\nu} \quad . \tag{2.4.9}$$

2.4.2. Berechnung der z-Übertragungsfunktion kontinuierlicher Systeme

2.4.2.1. Herleitung der Transformationsbeziehungen

Zur theoretischen Behandlung von Abtastregelkreisen wird - wie früher bereits erwähnt - auch für die kontinuierlichen Teilsysteme eine diskrete Systemdarstellung benötigt, also eine z-Übertragungsfunktion. Dazu betrachtet man den kontinuierlichen Teil des Abtastregelkreises von Bild 2.2.3, der im Bild 2.4.1 noch einmal dargestellt ist. H(s) sei die Übertragungsfunktion eines zunächst nicht näher spezifizierten Haltegliedes. Das Eingangssignal dieses Systems ist eine Impulsfolge $u^*(t)$, während das Ausgangssignal eine kontinuierliche Zeitfunktion y(t) ist,

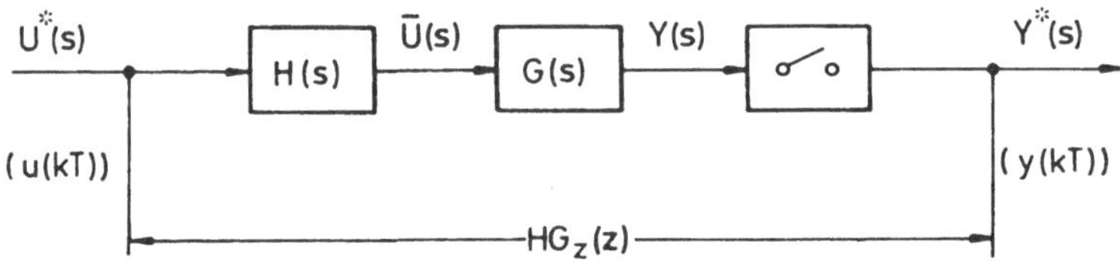

Bild 2.4.1. Zur Definition der z-Übertragungsfunktion eines kontinuierlichen Systems

aus der durch Abtastung die Impulsfolge $y^*(t)$ entsteht. Gesucht ist nun das Übertragungsverhalten zwischen der Eingangsfolge u(kT) und der Ausgangsfolge y(kT).

Zunächst soll die Gewichtsfunktion $g_{HG}(t)$ des kontinuierlichen Systems einschließlich Halteglied betrachtet werden, also

$$g_{HG}(t) = \mathcal{L}^{-1}\{H(s)G(s)\} \quad , \tag{2.4.10}$$

die sich als Antwort auf einen Dirac-Impuls

$$u^*(t) = \delta(t)$$

ergibt. Da aber der Dirac-Impuls, als Abtastsignal betrachtet, dem in Gl. (2.2.6) definierten diskreten Impuls $\delta_d(k)$ entspricht, erhält man die Gewichtsfolge einfach durch Abtasten der Gewichtsfunktion, also zu

$$g_{HG}(kT) = \mathcal{L}^{-1}\{H(s)G(s)\}\big|_{t=kT} \quad . \tag{2.4.11}$$

Damit ergibt sich als z-Transformierte dieser Gewichtsfolge die Beziehung

$$HG_z(z) = \mathcal{Z}\{\mathcal{L}^{-1}\{H(s)G(s)\}\big|_{t=kT}\} \quad , \tag{2.4.12}$$

die häufig auch als

$$HG_z(z) = \mathcal{Z}\{H(s)G(s)\} \tag{2.4.13}$$

geschrieben wird, wobei das Symbol $\mathcal{Z}$ die in Gl.(2.4.12) enthaltene doppelte Operation $\mathfrak{z}\{\mathcal{L}^{-1}\{\ldots\}|_{t=kT}\}$ kennzeichnet. Es ist somit falsch, $HG_z(z)$ als z-Transformierte der Übertragungsfunktion $H(s)G(s)$ zu betrachten; richtig ist vielmehr, daß $HG_z(z)$ die z-Transformierte der Gewichtsfolge $g_{HG}(kT)$ ist. Außerdem ist zu beachten, daß die durch Gl. (2.4.13) beschriebene Operation nicht umkehrbar eindeutig ist. Dies wird anschaulich klar, wenn man bedenkt, daß $HG_z(z)$ ja nur von der Eingangs- und Ausgangsfolge $u(kT)$ und $y(kT)$ abhängt. Die synchrone Signalabtastung bei Systemen mit unterschiedlichen Übertragungsfunktionen $H(s)G(s)$ kann identische Ergebnisse liefern, und zwar immer dann, wenn die Abtastzeitpunkte so liegen, daß identische Abtastsignale entstehen.

Hier wurde für die z-Übertragungsfunktion die Beziehung $HG_z(z)$ benutzt, um zu kennzeichnen, daß das vorgeschaltete Halteglied mit berücksichtigt ist. Selbstverständlich ist diese Transformation auch ohne Halteglied möglich, wobei dann die Übertragungsfunktion $G_z(z)$ entsteht. In diesem Zusammenhang soll nochmals näher auf die Funktion des Haltegliedes eingegangen werden.

Erweitert man die im Bild 2.4.1 dargestellte Blockstruktur um einen vorgeschalteten δ-Abtaster, der aus dem kontinuierlichen Signal $u(t)$ das Abtastsignal $u^*(t)$ erzeugt (Bild 2.4.2), dann kann man prinzipiell

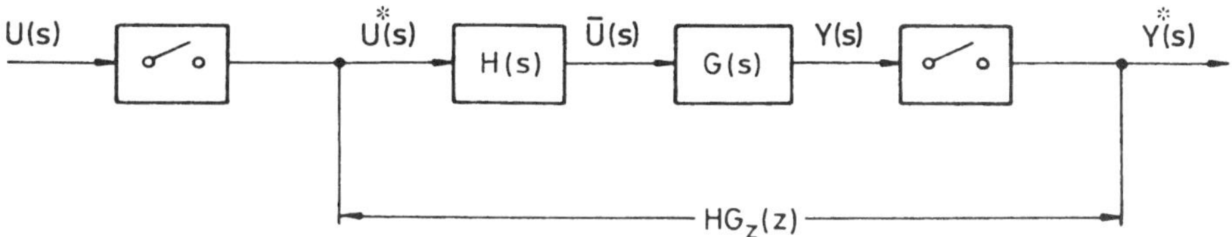

Bild 2.4.2. Abgetastete Signale eines kontinuierlichen Systems

durch ein geeignetes Halte- oder Formglied mit der Übertragungsfunktion $H(s)$ aus dem abgetasteten Eingangssignal $u^*(t)$ wiederum das tatsächliche kontinuierliche Eingangssignal so erzeugen, daß für das Ausgangssignal des Halte- oder Formgliedes gerade die fundamentale Beziehung

$$\bar{u}(t) = u(t) \tag{2.4.14}$$

gilt. Diese Bedingung kann jedoch durch geeignete Halteglieder nur für wenige Signalformen u(t) exakt erfüllt werden, z. B. bei sprungförmigen Signalen u(t) durch ein Halteglied nullter Ordnung, bei rampenförmigen Signalen durch ein Halteglied 1. Ordnung usw. Dagegen wäre die Benutzung eines Haltegliedes bei der z-Transformation falsch, wenn u(t) aus δ-Impulsen bestehen würde.

Verwendet man nun ein Halteglied nullter Ordnung gemäß Gl. (2.2.13), so folgt mit $H(s) = H_o(s)$ für Gl. (2.4.13)

$$H_oG_z(z) = \mathcal{Z}\{\mathcal{L}^{-1}\{\frac{G(s)}{s} - \frac{G(s)}{s} e^{-Ts}\}|_{t=kT}\} \quad . \qquad (2.4.15)$$

In dieser Beziehung stellt der Term

$$h(t) = \mathcal{L}^{-1}\{\frac{G(s)}{s}\}$$

bekanntlich die Übergangsfunktion des kontinuierlichen Teilsystems mit der Übertragungsfunktion G(s) dar. Durch Abtastung von h(t) entsteht die *Übergangsfolge*

$$h(kT) = \mathcal{L}^{-1}\{\frac{G(s)}{s}\}\Big|_{t=kT} \quad . \qquad (2.4.16)$$

Verwendet man Gl. (2.4.16) in Gl. (2.4.15), so erhält man

$$H_oG_z(z) = \mathcal{Z}\{h(kT) - h(kT - T)\}$$

und mit dem Verschiebungssatz der z-Transformation folgt

$$H_oG_z(z) = (1 - z^{-1})\, \mathcal{Z}\{h(kT)\} \qquad (2.4.17)$$

oder unter Berücksichtigung von Gl. (2.4.16)

$$H_oG_z(z) = (1 - z^{-1})\, \mathcal{Z}\{\frac{G(s)}{s}\} = \frac{z-1}{z} \mathcal{Z}\{\frac{G(s)}{s}\} \quad . \qquad (2.4.18)$$

Für den speziellen Fall eines sprungförmigen Eingangssignals u(t) formt das Halteglied nullter Ordnung gerade ein Signal $\bar{u}(t)$ so, daß Gl. (2.4.14) exakt erfüllt ist, sofern ein Abtastzeitpunkt mit dem Beginn des Sprunges zusammenfällt. Allgemein kann unter Verwendung eines Haltegliedes nullter Ordnung Gl. (2.4.14) nur erfüllt werden, wenn das Eingangssignal u(t) eine Treppenfunktion mit konstanter Schrittweite darstellt. Wird nämlich eine derartige Treppenfunktion u(t) mit einer Abtastzeit, die gerade gleich der Schrittweite ist, an den Sprungstellen abgetastet, so entsteht als "geformtes" Signal $\bar{u}(t)$ am Ausgang des Haltegliedes nullter Ordnung gerade wieder das Eingangssignal u(t), und es gilt somit Gl. (2.4.14). Die Stufenhöhe dieser Treppenfunktion ist dabei beliebig.

Damit stellt bei Einhaltung der Gl.(2.4.14) die z-Übertragungsfunktion

$$HG_z(z) = \frac{\mathfrak{Z}\{y(kT)\}}{\mathfrak{Z}\{u(kT)\}} \qquad (2.4.19)$$

eine *exakte diskrete Beschreibung* des kontinuierlichen Systems mit der Übertragungsfunktion G(s) dar; sie wird daher auch exakte z-Übertragungsfunktion genannt.

Interessant ist in diesem Zusammenhang die Transformation von Systemen mit Totzeit, die durch die transzendente Übertragungsfunktion

$$G'(s) = G(s)\, e^{-T_t s}$$

beschrieben werden. Es sei der Fall betrachtet, bei dem T_t ein ganzzahliges Vielfaches d der Abtastzeit T ist, also

$$T_t = dT \quad . \qquad (2.4.20)$$

Mit Gl.(2.4.12) gilt

$$HG_z'(z) = \mathfrak{Z}\{\mathcal{L}^{-1}\ H(s)G(s)e^{-T_t s}\}|_{t=kT}\} \quad .$$

Führt man die zur Übertragungsfunktion H(s)G(s) gehörende Gewichtsfunktion $g_{HG}(t)$ ein, so erhält man

$$HG_z'(z) = \mathfrak{Z}\{g_{HG}(t-T_t)|_{t=kT}\}$$

$$= \mathfrak{Z}\{g_{HG}\ [(k-d)T]\}$$

$$HG_z'(z) = HG_z(z)z^{-d} \quad . \qquad (2.4.21)$$

Gl.(2.4.21) zeigt, daß die Totzeit nur eine Multiplikation von $HG_z(z)$ mit z^{-d} bewirkt, d.h. die z-Übertragungsfunktion bleibt eine rationale Funktion. Dies vereinfacht natürlich die Behandlung von Totzeit-Systemen im diskreten Bereich außerordentlich. Auch ohne die Einschränkung, daß T_t ein ganzzahliges Vielfaches von T sei, erhält man immer eine rationale Übertragungsfunktion, worauf hier jedoch nicht eingegangen werden soll.

2.4.2.2. Durchführung der exakten Transformation

Nachfolgend wird der in digitalen Regelkreisen häufigste Fall betrachtet, daß das Eingangssignal eines kontinuierlichen Teilsystems, z. B. der Regelstrecke, eine Treppenfunktion ist, die durch ein Halteglied nullter Ordnung erzeugt wird. Dies tritt immer dann auf, wenn die vom digitalen Regler (Prozeßrechner) berechnete Stellgröße über einen Digital/Analog-Umsetzer (D/A-Umsetzer) auf die Regelstrecke einwirkt. Dabei übt der D/A-Umsetzer die Funktion eines Haltegliedes nullter Ordnung aus. In diesem Fall gilt somit Gl.(2.4.18):

$$H_oG_z(z) = \frac{z-1}{z} \mathcal{Z}\{\frac{G(s)}{s}\} \quad .$$

G(s) sei eine gebrochen rationale Funktion,

$$G(s) = \frac{b_o + b_1 s + \ldots + b_m s^m}{a_o + a_1 s + \ldots + s^n} = \frac{Z(s)}{N(s)} \quad , \qquad (2.4.22)$$

mit $m < n$ und $a_o \neq 0$. Die entsprechende z-Transformation läßt sich nun auf folgende verschiedene Arten exakt durchführen:

a) *Methode der Partialbruchzerlegung*

Für einfache Übertragungsfunktionen G(s) liegen die benötigten Korrespondenzen tabelliert vor (vgl. z. B. Tabelle 2.3.1). Bei Übertragungsfunktionen höherer Ordnung liefert eine *Partialbruchzerlegung* einfache Funktionen, die tabelliert sind. Dieses Vorgehen führt besonders für den Fall leicht zum Ziel, daß G(s) nur einfache Pole $s_1, s_2, \ldots, s_n$ besitzt. Dann gilt

$$G(s) = \sum_{i=1}^{n} \frac{c_i}{s-s_i}$$

und mit Gl.(2.4.18) folgt

$$H_oG_z(z) = \frac{z-1}{z} \mathcal{Z}\{\sum_{i=1}^{n} \frac{c_i}{s(s-s_i)}\} \quad . \qquad (2.4.23)$$

Mit der Korrespondenz 8 in Tabelle 2.3.1 ergibt dies

$$H_oG_z(z) = \frac{z-1}{z} \sum_{i=1}^{n} - \frac{c_i}{s_i} \frac{(1-e^{s_iT})z}{(z-1)(z-e^{s_iT})}$$

und nach Kürzen

$$H_oG_z(z) = \sum_{i=1}^{n} - \frac{c_i}{s_i} \frac{1-e^{s_iT}}{z-e^{s_iT}} \quad . \qquad (2.4.24)$$

Wenn G(s) einen Pol $s_j = 0$ enthält (System mit I-Verhalten), $a_o = 0$, so lautet der j-te Term dieser Summe $c_jT/(z-1)$.

Wie man aus Gl.(2.4.24) erkennt, sind die Pole von $H_oG_z(z)$ gegeben durch

$$z_i = e^{s_iT} \quad .$$

Dies entspricht der Substitutionsbeziehung nach Gl.(2.3.3). Allerdings existiert für die Nullstellen von $H_oG_z(z)$ ein solcher allgemeiner Zusammenhang nicht.

b) *Residuenmethode*

Eine geschlossene Transformationsbeziehung erhält man auch mit Hilfe des Residuensatzes aufgrund der Laplace-Transformierten der abgetasteten Gewichtsfunktion. Dazu definiert man

$$\bar{G}(s) = G(s)/s \quad , \tag{2.4.25}$$

wobei der zusätzliche Pol bei $s = 0$ mit s_o bezeichnet wird. Gemäß Gl. (2.2.10) kann die Abtastung der zugehörigen Gewichtsfunktion $\bar{g}(t)$ beschrieben werden durch

$$\bar{g}^*(t) = \bar{g}(t) \sum_{k=o}^{\infty} \delta(t-kT) \quad .$$

Mit Hilfe des Faltungssatzes im Frequenzbereich folgt die Laplace-Transformierte

$$\bar{G}^*(s) = \frac{1}{2\pi j} \int_{c-j\infty}^{c+j\infty} \bar{G}(p)\Delta(s-p)\,dp \quad ,$$

wobei p die komplexe Integrationsvariable kennzeichnet und für $\Delta(s)$ gilt

$$\Delta(s) = \mathcal{L}\{\sum_{k=o}^{\infty} \delta(t-kT)\} = \sum_{k=o}^{\infty} e^{-kTs} = \frac{1}{1-e^{-Ts}} \quad \text{für} \quad |e^{-Ts}| < 1 \quad .$$

Damit folgt

$$\bar{G}^*(s) = \frac{1}{2\pi j} \int_{c-j\infty}^{c+j\infty} \frac{\bar{G}(p)}{1-e^{-T(s-p)}}\,dp \quad . \tag{2.4.26}$$

Entsprechend Gl.(2.3.5) wird $\bar{G}^*(s) = \bar{G}_z(e^{Ts})$, und durch Einführen der Substitution $z = e^{Ts}$ erhält man aus Gl.(2.4.26) schließlich

$$\bar{G}_z(z) = \mathfrak{Z}\{\bar{G}(s)\} = \frac{1}{2\pi j} \int_{c-j\infty}^{c+j\infty} \frac{\bar{G}(s)}{1-z^{-1}e^{Ts}}\,ds \quad , \tag{2.4.27}$$

wobei p durch s ersetzt wurde.

Durch Erweitern des Integrationswegs um einen Halbkreis mit unendlich großem Radius in der linken s-Halbebene ergibt sich eine geschlossene Kontur, die alle Singularitäten von $\bar{G}(s)$ einschließt. Damit kann der Residuensatz angewendet werden, und es folgt aus Gl.(2.4.27)

$$\overline{G}_z(z) = \sum_i \text{Res}\left\{\frac{\overline{G}(s)z}{z-e^{Ts}}\right\}_{s=s_i} .$$

Diese Beziehung gilt nur dann, wenn das Integral über den zusätzlich eingeführten Halbkreis verschwindet. Dies ist aber bei $\overline{G}(s)$ wegen $m < n$ der Fall.

Als allgemeine Beziehung folgt durch Auswerten der Residuen

$$\overline{G}_z(z) = \sum_{i=o}^{r} \frac{1}{(m_i-1)!} \frac{d^{m_i-1}}{ds^{m_i-1}} \left[\frac{(s-s_i)^{m_i}\overline{G}(s)z}{z-e^{Ts}}\right]_{s=s_i} , \qquad (2.4.28)$$

wobei $r+1$ die Anzahl der verschiedenen Pole von $\overline{G}(s)$ und m_i deren Vielfachheit bezeichnen. Treten die Pole von $\overline{G}(s)$ nur einfach auf, so vereinfacht sich diese Beziehung zu

$$\overline{G}_z(z) = \sum_{i=o}^{n} \left.\frac{(s-s_i)\overline{G}(s)z}{z-e^{Ts}}\right|_{s=s_i} \qquad (2.4.29a)$$

oder, mit $\overline{G}(s) = Z(s)/N_o(s)$ und $N_o(s) = sN(s)$, zu

$$\overline{G}_z(z) = \sum_{i=o}^{n} \frac{Z(s_i)}{N_o'(s_i)} \frac{z}{z-e^{s_iT}} , \qquad (2.4.29b)$$

wobei $N_o'(s_i)$ die Ableitung $dN_o(s)/ds$ an der Stelle s_i darstellt. Das Residuum für $i = 0$, $s_o = 0$, tritt immer auf, wenn ein Halteglied angenommen wird. Es enthält mit $Z(0)/N_o'(0) = K$ den Verstärkungsfaktor des Systems und hat die Form $Kz/(z-1)$. Mit Gl.(2.4.18) folgt schließlich:

$$H_oG_z(z) = \frac{z-1}{z}\overline{G}_z(z) = \frac{z-1}{z}\sum_{i=o}^{n} \frac{Z(s_i)}{N_o'(s_i)} \frac{z}{z-e^{s_iT}} . \qquad (2.4.30)$$

Der Faktor $(z-1)/z$ kürzt sich hierbei i. a. heraus, so daß die Ordnung von $H_oG_z(z)$ gleich der Ordnung von $G(s)$ ist.

Beispiel 2.4.1:

Für ein kontinuierliches System mit der Übertragungsfunktion

$$G(s) = \frac{1}{s^2+4s+3}$$

soll die diskrete Übertragungsfunktion nach der exakten Transformation mittels

a) der Methode der Partialbruchzerlegung und

b) der Residuenmethode

ermittelt werden.

Zu a) Die Partialbruchzerlegung von G(s) liefert

$$G(s) = \frac{c_1}{s+1} + \frac{c_2}{s+3}$$

mit $c_1 = -c_2 = 0{,}5$. Mit Gl.(2.4.24) folgt

$$H_oG_z(z) = -\frac{0{,}5}{-1}\,\frac{1-e^{-T}}{z-e^{-T}} - \frac{-0{,}5}{-3}\,\frac{1-e^{-3T}}{z-e^{-3T}}$$

$$= \frac{0{,}5}{3}\,\frac{3(1-e^{-T})(z-e^{-3T})-(1-e^{-3T})(z-e^{-T})}{z^2-z(e^{-T}+e^{-3T})+e^{-4T}}$$

$$= \frac{1}{6}\,\frac{(2-3e^{-T}+e^{-3T})z+(e^{-T}-3e^{-3T}+2e^{-4T})}{z^2-z(e^{-T}+e^{-3T})+e^{-4T}} \quad .$$

Zu b) Aus der Beziehung

$$\bar{G}(s) = \frac{G(s)}{s} = \frac{Z(s)}{N_o(s)} = \frac{1}{s(s^2+4s+3)} = \frac{1}{s^3+4s^2+3s}$$

ergibt sich für

$$N_o'(s) = 3s^2 + 8s + 3 \quad .$$

Durch Anwendung der Gln.(2.4.30) folgt

$$H_oG_z(z) = \frac{z-1}{z}\left[\frac{1}{3}\,\frac{z}{z-1} - \frac{1}{2}\,\frac{z}{z-e^{-T}} + \frac{1}{6}\,\frac{z}{z-e^{-3T}}\right]$$

$$= \frac{1}{3} - \frac{1}{2}\,\frac{z-1}{z-e^{-T}} + \frac{1}{6}\,\frac{z-1}{z-e^{-3T}}$$

$$= \frac{1}{6}\,\frac{(2-3e^{-T}+e^{-3T})z+(e^{-T}-3e^{-3T}+2e^{-4T})}{z^2-z(e^{-T}+e^{-3T})+e^{-4T}} \quad .$$

Beide Verfahren liefern also dasselbe Ergebnis, das sich durch Multiplikation sowohl des Zählers als auch des Nenners mit z^{-2} auf die Form der z-Übertragungsfunktion gemäß Gl.(2.4.3) bringen läßt.

2.4.2.3. Durchführung der approximierten Transformation

Obwohl die Ermittlung einer exakten z-Übertragungsfunktion zur diskreten Darstellung eines kontinuierlichen Systems nur für wenige Formen des

Eingangssignals u(t) möglich ist, existiert - wie bereits im Abschnitt 2.2.1 gezeigt wurde - auch dann eine diskrete Systemdarstellung, wenn der Verlauf von u(t) beliebig ist. Diese kann jedoch nur näherungsweise gelten, da Gl.(2.4.14) dann gewöhnlich nicht mehr erfüllt ist. Deshalb spricht man hier bei der Systembeschreibung von einer approximierten z-Übertragungsfunktion und hinsichtlich der darin enthaltenen Signale von einer approximierten z-Transformation.

Eine der Möglichkeiten hierzu wurde bereits in Abschnitt 2.2.1 behandelt. Die mit Hilfe des Euler-Verfahrens ermittelte Differenzengleichung läßt sich leicht in eine z-Übertragungsfunktion umwandeln. Zur Verallgemeinerung wird Gl.(2.2.1a) noch einmal auf ein I-Glied angewandt, das durch die Beziehung

$$\dot{y}(t) = u(t) \quad \text{bzw.} \quad Y(s) = \frac{1}{s}\, U(s) \tag{2.4.31}$$

beschrieben wird. Daraus folgt als Differenzengleichung

$$y(k) = y(k-1) + Tu(k) \quad ,$$

die bekannte Beziehung für die Rechteck-Integration. Die Anwendung der z-Transformation auf diese Beziehung liefert

$$Y_z(z)\;(1-z^{-1}) = T\; U_z(z)$$

und hieraus folgt

$$Y_z(z) = \frac{Tz}{z-1}\, U_z(z) \quad .$$

Durch Vergleich mit Gl.(2.4.31) ergibt sich für die entsprechenden Übertragungsfunktionen somit die Korrespondenz

$$\frac{1}{s} \rightarrow \frac{Tz}{z-1} \quad . \tag{2.4.32}$$

Bei Systemen höherer Ordnung geht man nun bei der Anwendung der approximierten z-Transformation so vor, daß man aus der Korrespondenz von (2.4.32) die Substitutionsbeziehung

$$s \approx \frac{z-1}{Tz} \tag{2.4.33}$$

bildet und in G(s) einsetzt, woraus sich die approximierte z-Übertragungsfunktion $G_z(z)$ ergibt. Dieses Vorgehen entspricht genau der Anwendung der Differenzenquotienten von Gl.(2.2.1) auf die zugehörige Differentialgleichung. Allerdings ist dieses $G_z(z)$ nicht mit der Funktion vergleichbar, die durch die exakte z-Transformation mit Halteglied entsteht, da bei der Approximation nicht nur die Eingangsgröße sondern auch die Ausgangsgröße und sämtliche Ableitungen derselben ebenfalls durch Treppenfunktionen angenähert werden. Es ist daher leicht verständlich, daß die Übereinstimmung der so gewonnenen Ausgangssignale nur für kleine Abtastzeiten T ausreichend ist.

Eine etwas genauere Approximationsbeziehung erhält man aus Gl. (2.3.3),

$$s = \frac{1}{T} \ln z$$

durch die Reihenentwicklung der ln-Funktion:

$$s = \frac{1}{T} 2 \left[\frac{z-1}{z+1} + \frac{1}{3} \left(\frac{z-1}{z+1}\right)^3 + \frac{1}{5} \left(\frac{z-1}{z+1}\right)^5 + \ldots\right] . \qquad (2.4.34)$$

Durch Abbruch nach dem ersten Glied entsteht die *Tustin-Formel* [2.5]

$$s \approx \frac{2}{T} \frac{z-1}{z+1} , \qquad (2.4.35)$$

mit der wiederum durch Substitution $G_z(z)$ aus $G(s)$ näherungsweise für kleine Werte von T berechnet werden kann. Durch Anwendung auf ein I-Glied mit der Übertragungsfunktion

$$G(s) = \frac{1}{s}$$

erhält man

$$G_z(z) = \frac{T}{2} \frac{z+1}{z-1} = \frac{T}{2} \frac{1+z^{-1}}{1-z^{-1}} ,$$

woraus die Differenzengleichung

$$y(k) = y(k-1) + T \frac{u(k) + u(k-1)}{2}$$

folgt, die eine Integration nach der Trapezregel beschreibt.

Die Substitution mit Gl. (2.4.33) oder Gl. (2.4.35) kann leicht durchgeführt und für den Digitalrechner programmiert werden.

2.4.3. Einige Strukturen von Abtastsystemen

Durch die Einführung des δ-Abtasters und des Halteglieds ist die Möglichkeit gegeben, für kontinuierliche Teilsysteme in Abtastsystemen eine entsprechende z-Übertragungsfunktion zumindest näherungsweise zu berechnen und damit jedes Abtastsystem als rein diskretes System darzustellen, in dem nur Zahlenfolgen als Signale auftreten (vgl. Bild 2.2.4).

Enthält ein Abtastsystem mehrere kontinuierliche Teilsysteme und evtl.

mehrere synchron arbeitende δ-Abtaster, so beeinflußt der Ort, an dem die Abtaster eingebaut sind, die diskrete Gesamtübertragungsfunktion entscheidend. Dazu sollen die in Tabelle 2.4.1 dargestellten Systemstrukturen etwas näher untersucht werden.

Bei der *Struktur 1* handelt es sich um eine Hintereinanderschaltung zweier diskreter Systeme, für die sich gemäß Gl.(2.4.6) als Gesamtübertragungsfunktion

$$G_z(z) = \frac{Y_z(z)}{U_z(z)} = G_{1z}(z)\ G_{2z}(z) \tag{2.4.36}$$

ergibt. Als Beispiel sei angenommen

$$G_1(s) = \frac{1}{s+1} \quad \text{und} \quad G_2(s) = \frac{1}{s+2} \quad .$$

Die z-Transformation liefert ohne Berücksichtigung von Haltegliedern

$$G_{1z}(z) = \frac{z}{z-e^{-T}} \quad \text{und} \quad G_{2z}(z) = \frac{z}{z-e^{-2T}} \quad ,$$

und damit folgt für die Gesamtübertragungsfunktion

$$G_z(z) = G_{1z}(z)\ G_{2z}(z) = \frac{z^2}{(z-e^{-T})(z-e^{-2T})} \quad .$$

Bei der *Struktur 2* sind die beiden kontinuierlichen Teilsysteme $G_1(s)$ und $G_2(s)$ nicht durch Abtaster voneinander getrennt; sie müssen daher gemeinsam der z-Transformation unterzogen werden. Dies liefert wieder ohne Berücksichtigung eines Haltegliedes

$$Y_z(z) = U_z(z)\,\mathcal{Z}\{G_1(s)G_2(s)\} = U_z(z)\ G_1G_{2z}(z) \quad ,$$

wobei die Schreibweise $G_1G_{2z}(z)$ die z-Transformierte der Zahlenfolge $\mathcal{L}^{-1}\{G_1(s)G_2(s)|_{t=kT}\}$ für $k=0,1,2,\ldots$ darstellt. Damit erhält man als Gesamtübertragungsfunktion

$$G_z(z) = \frac{Y_z(z)}{U_z(z)} = G_1G_{2z}(z) \quad . \tag{2.4.37}$$

Wählt man für $G_1(s)$ und $G_2(s)$ dieselben Übertragungsfunktionen wie bei dem vorherigen Beispiel, dann folgt

$$G_1G_{2z}(z) = \mathcal{Z}\{\frac{1}{(s+1)(s+2)}\} = \mathcal{Z}\{\frac{1}{s+1} - \frac{1}{s+2}\}$$

und somit

$$G_1G_{2z}(z) = \frac{z}{z-e^{-T}} - \frac{z}{z-e^{-2T}} = \frac{z(e^{-T} - e^{-2T})}{(z-e^{-T})(z-e^{-2T})} \quad .$$

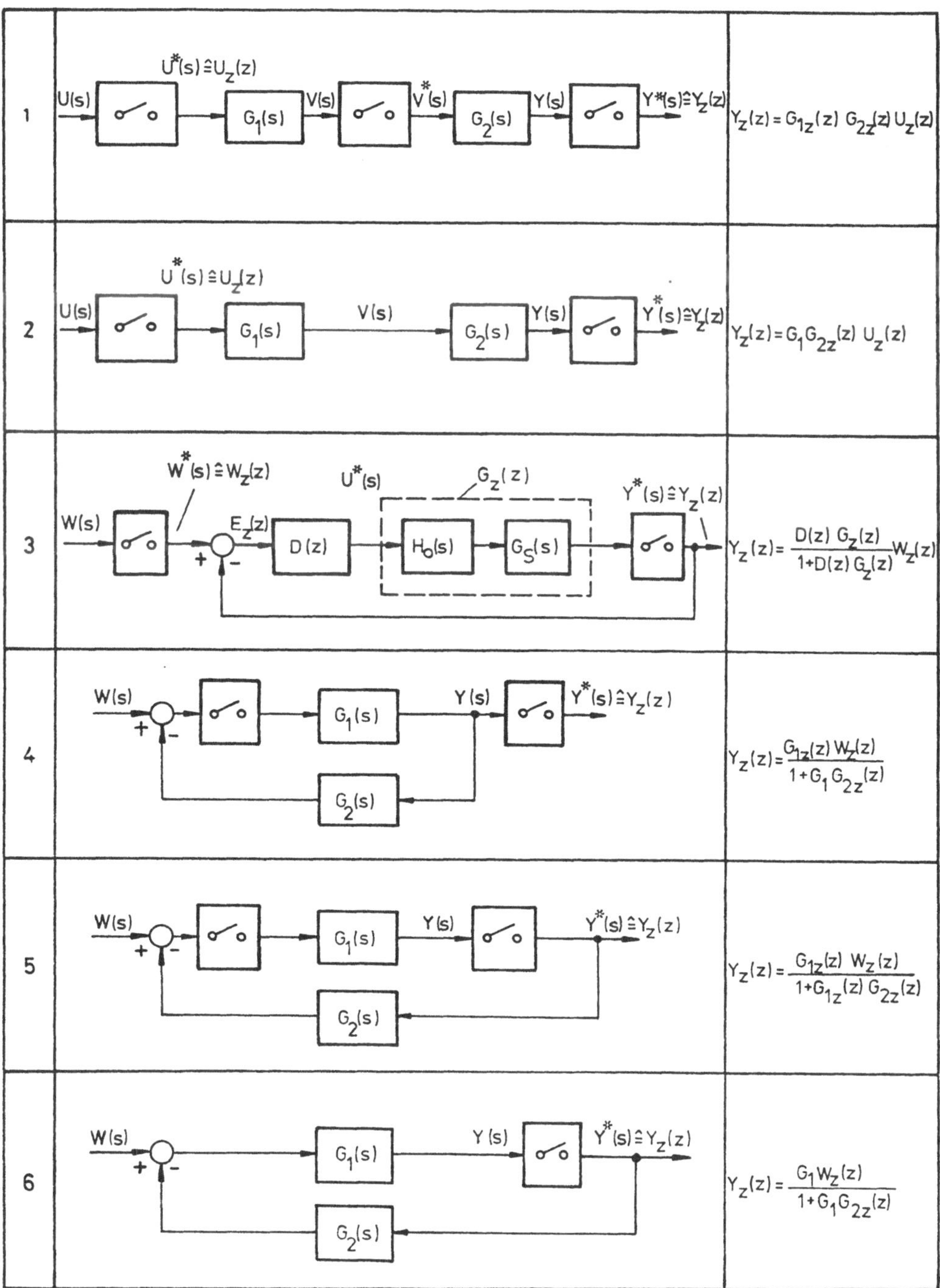

Tabelle 2.4.1. Einige Strukturen von Abtastsystemen

Hieraus ist ersichtlich, daß

$$G_{1z}(z)\ G_{2z}(z) \neq G_1G_{2z}(z) \qquad (2.4.38)$$

ist.

Struktur 3 zeigt einen geschlossenen Regelkreis, wobei das Glied mit der z-Übertragungsfunktion $D(z) = U_z(z)/E_z(z)$ den diskreten Regler und $G_S(s)$ eine kontinuierliche Regelstrecke darstellt. Diese Struktur tritt in der Regel bei der früher schon diskutierten digitalen Regelung (DDC) (vgl. Bild 2.1.2 bzw. 2.2.3) auf und ist von besonderer Bedeutung. Zur Bestimmung der Gesamtübertragungsfunktion wird von der Regelgröße

$$Y_z(z) = E_z(z)\ D(z)\ H_oG_{Sz}(z)$$

ausgegangen. Für die Regelabweichung gilt wegen der Linearität des Abtastvorgangs

$$E_z(z) = W_z(z) - Y_z(z) \quad ,$$

und durch Einsetzen ergibt sich

$$Y_z(z) = \frac{D(z)\ H_oG_{Sz}(z)}{1 + D(z)\ H_oG_{Sz}(z)}\ W_z(z) \quad ,$$

oder mit der Abkürzung $G_z(z) = H_oG_{Sz}(z)$ als diskrete Führungsübertragungsfunktion des geschlossenen Kreises

$$G_{wz}(z) = \frac{D(z)\ G_z(z)}{1 + D(z)\ G_z(z)} \quad . \qquad (2.4.39)$$

Die *Strukturen 4 bis 6* zeigen einige weitere Variationen rückgekoppelter Systeme, deren diskrete Übertragungsfunktion sich jeweils leicht berechnen läßt. In der Struktur 6 wird das Eingangssignal $w(t)$ nicht abgetastet; es muß deshalb als Zeitfunktion bekannt sein, da für eine exakte diskrete Darstellung die z-Transformierte des Produkts $G_1(s)W(s)$ benötigt wird. In diesem Fall ist der geschlossene Kreis nicht als diskrete Übertragungsfunktion darstellbar.

2.4.4. Stabilität diskreter Systeme

2.4.4.1. Bedingungen für die Stabilität

Nachfolgend wird von einem linearen zeitinvarianten diskreten System mit der Differenzengleichung

$$y(k) + \sum_{\nu=1}^{n} \alpha_\nu y(k-\nu) = \sum_{\nu=o}^{n} \beta_\nu u(k-\nu)$$

ausgegangen, dessen z-Übertragungsfunktion durch

$$G_z(z) = \frac{\beta_o + \beta_1 z^{-1} + \ldots + \beta_n z^{-n}}{1 + \alpha_1 z^{-1} + \ldots + \alpha_n z^{-n}} \qquad (2.4.40a)$$

oder mit z^n erweitert durch

$$G_z(z) = \frac{\beta_o z^n + \beta_1 z^{n-1} + \ldots + \beta_n}{z^n + \alpha_1 z^{n-1} + \ldots + \alpha_n} \qquad (2.4.40b)$$

gegeben ist. Auf ein solches System läßt sich der Stabilitätsbegriff unmittelbar übertragen, der auch bei den linearen kontinuierlichen Systemen im Band I eingeführt wurde. Für diskrete Systeme lautet dann die *Definition der Stabilität* wie folgt:

> Ein diskretes System (Abtastsystem) heißt stabil, wenn zu jeder beschränkten Eingangsfolge u(k) auch die Ausgangsfolge y(k) beschränkt ist.

Wie später in Kapitel 3 noch gezeigt wird, ist diese Stabilitätsdefinition bei linearen zeitinvarianten Systemen mit der Definition der globalen asymptotischen Stabilität identisch. Aus obiger Stabilitätsdefinition folgt mit $|u(k)| < \infty$ unter Verwendung der Faltungssumme gemäß Gl.(2.2.9) für die Ausgangsgröße

$$|y(k)| = \sum_{\nu=o}^{k} |g(k-\nu)| \cdot |u(\nu)| < \infty \quad .$$

Daraus erhält man aber direkt folgende notwendige und hinreichende Stabilitätsbedingungen:

> Ist g(k) die Gewichtsfolge eines diskreten Systems, so ist dieses System genau dann stabil, wenn
>
> $$\sum_{k=o}^{\infty} |g(k)| < \infty \qquad (2.4.41)$$
>
> gilt.

Diese Stabilitätsbedingung im Zeitbereich ist allerdings recht unhandlich. Durch Übergang in den komplexen Bereich zu der z-Transformierten $G_z(z)$ von g(k) erhält man folgende *notwendige und hinreichende Stabilitätsbedingung in der z-Ebene*:

> Das durch die rationale Funktion $G_z(z)$ gemäß Gl.(2.4.40b) bestimmte Abtastsystem ist genau dann stabil, wenn alle Pole z_i von $G_z(z)$ innerhalb des Einheitskreises der z-Ebene liegen, d. h. wenn gilt

$$|z_i| < 1 \quad \text{für} \quad i = 1,2,\ldots,n \quad . \tag{2.4.42}$$

In Bild 2.4.3 ist der Stabilitätsbereich für die Pole dargestellt. Die Pole werden dabei als Wurzeln des Nennerpolynoms von $G_z(z)$ in der Darstellung mit positiven Potenzen von z definiert.

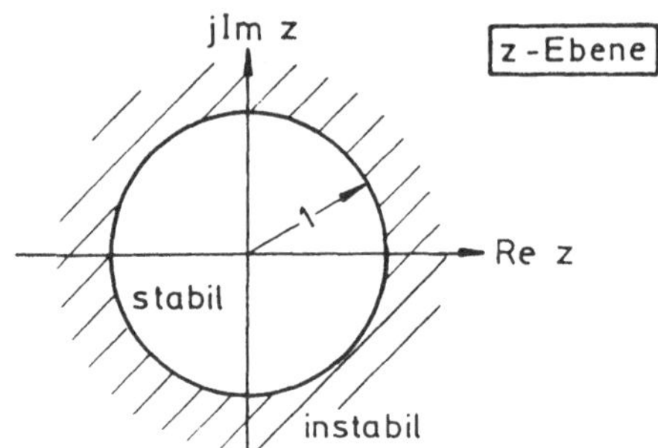

Bild 2.4.3. Bereich der stabilen und instabilen Pole in der z-Ebene

Diese Stabilitätsbedingung folgt unmittelbar aus der Analogie zwischen der s-Ebene für kontinuierliche und der z-Ebene für diskrete Systeme. Die linke s-Halbebene wird mit Hilfe der Substitution nach Gl.(2.3.3)

$$z = e^{Ts} \quad \text{mit} \quad s = \sigma + j\omega$$

in das Innere des Einheitskreises der z-Ebene abgebildet, wobei

$$|z| = e^{T\sigma} \tag{2.4.43a}$$

und

$$\phi = \arg z = \omega T \tag{2.4.43b}$$

gilt. Da im kontinuierlichen Fall für asymptotische Stabilität alle Pole s_i der Übertragungsfunktion G(s) in der linken s-Halbebene ($\mathrm{Re}(s_i) < 0$) liegen müssen, folgt aus den Abbildungsgesetzen der z-Transformation, daß entsprechend bei einem diskreten System alle Pole z_i der z-Übertragungsfunktion $G_z(z)$ im Innern des Einheitskreises liegen müssen, wie oben bereits festgestellt wurde.

Diese Überlegung zeigt auch, daß die Stabilitätseigenschaften eines kontinuierlichen Systems in der diskreten Darstellung voll erhalten bleiben. Anhand eines einfachen Beispiels sollen diese Stabilitätsbedingungen noch veranschaulicht werden.

Beispiel 2.4.2:

Gegeben sei ein System erster Ordnung

$$G_z(z) = \frac{z}{z - a}$$

mit einem Pol an der Stelle z = a. Die Gewichtsfolge dieses Systems lautet nach Tabelle 2.3.1 (Nr. 15 für k = t/T)

$$g(k) = a^k \quad .$$

Die Stabilitätsbedingung nach Gl.(2.4.41) sagt nun aus, daß für stabiles Verhalten die Reihe

$$1 + |a| + |a^2| + |a^3| + \ldots$$

konvergieren muß. Dies ist aber genau dann der Fall, wenn

$$|a| < 1$$

ist, d. h. wenn der Pol z = a im Einheitskreis liegt. Bild 2.4.4 zeigt die Situation für a = 1,2 und a = 0,8.

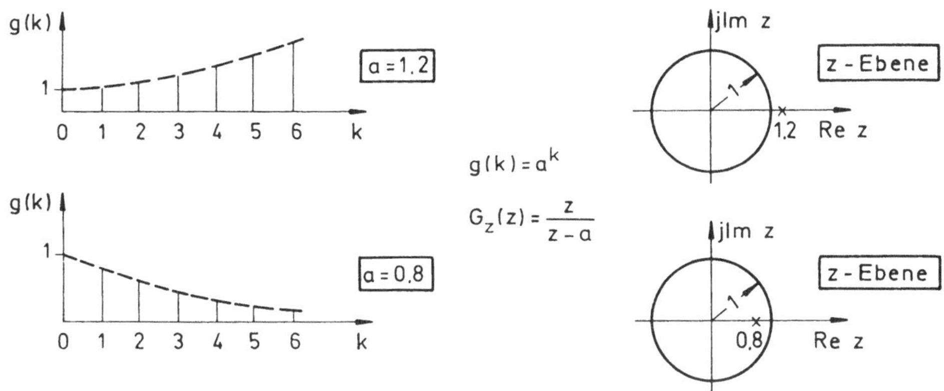

Bild 2.4.4. Beispiel zur Gewichtsfolge eines instabilen und eines stabilen Systems erster Ordnung

2.4.4.2. Zusammenhang zwischen dem Zeitverhalten und den Polen bei kontinuierlichen und diskreten Systemen

Die Beziehungen nach den Gln.(2.4.43a, b),

$$z = e^{sT} \quad \text{mit} \quad |z| = e^{\sigma T} \quad \text{und} \quad \phi = \arg z = \omega T \quad ,$$

ermöglichen die Abbildung von Punkten der s-Ebene in die z-Ebene. Jeder Punkt $s = \sigma + j\omega$ in der s-Ebene liefert also bei der Abbildung in die z-Ebene für $T = const$ einen Betrag $|z|$, der nur von σ abhängt, sowie einen Winkel ϕ, der nur von ω bestimmt wird. Der Ursprung der s-Ebene ($\sigma = 0$, $\omega = 0$) wird somit in der z-Ebene auf den Punkt $z = \alpha + j\beta = 1 + j0$ abgebildet. Läßt man einen Punkt in der s-Ebene auf der $j\omega$-Achse ($\sigma = 0$) wandern, so behält gemäß obiger Abbildungsvorschrift die komplexe Variable z den Betrag $|z| = 1$, während sich der Winkel ϕ im Gegenuhrzeigersinn von $-\pi$ bis π ändert, wenn ω den Bereich $-\pi/T \leqq \omega \leqq \pi/T$ durchläuft. Dies entspricht einem Umlauf auf dem Einheitskreis der z-Ebene, eine Änderung von ω im Bereich $\pi/T \leqq \omega \leqq 3\pi/T$ einem weiteren Umlauf. Der Einheitskreis wird demnach unendlich oft durchlaufen, wenn ein Punkt in der s-Ebene sich auf der $j\omega$-Achse von $-\infty$ bis ∞ bewegt (Bild 2.4.5). Generell entspricht somit ein Punkt der z-Ebene einer unendlich großen Zahl von Punkten in der s-Ebene.

Die gesamte linke s-Halbebene ($\sigma < 0$) wird damit in das Innere des Einheitskreises $0 \leqq |z| < 1$ und die rechte s-Halbebene ($\sigma > 0$) in das Äußere des Einheitskreises $|z| > 1$ abgebildet. Der $j\omega$-Achse der s-Ebene entspricht der Einheitskreis der z-Ebene ($|z| = 1$).

Anhand dieser Überlegungen ist leicht ersichtlich, daß Linien konstanter Dämpfung ($\sigma = const$) in der s-Ebene bei dieser Abbildung in Kreise um den Ursprung der z-Ebene übergehen. Linien konstanter Frequenz ($\omega = const$) in der s-Ebene werden in der z-Ebene als Strahlen abgebildet, die im Ursprung der z-Ebene mit konstantem Winkel $\phi = \omega T$ beginnen. Je größer die Frequenz, desto größer wird also auch der Winkel ϕ dieser Geraden.

Interessant ist in diesem Zusammenhang, wie sich die Lage der Pole eines Systems in der s-Ebene und z-Ebene auf das Zeitverhalten auswirken. Eine Übersicht hierüber vermittelt Tabelle 2.4.2 für den Fall, daß dem kontinuierlichen System ein Halteglied nullter Ordnung vorgeschaltet ist, und es durch ein sprungförmiges Eingangssignal erregt wird. Hierbei ist zu beachten, daß sich die Polpaare ①, ④ und ⑧ in der s-Ebene auf die entsprechenden *Doppelpole* auf der negativ reellen Achse in der z-Ebene abbilden.

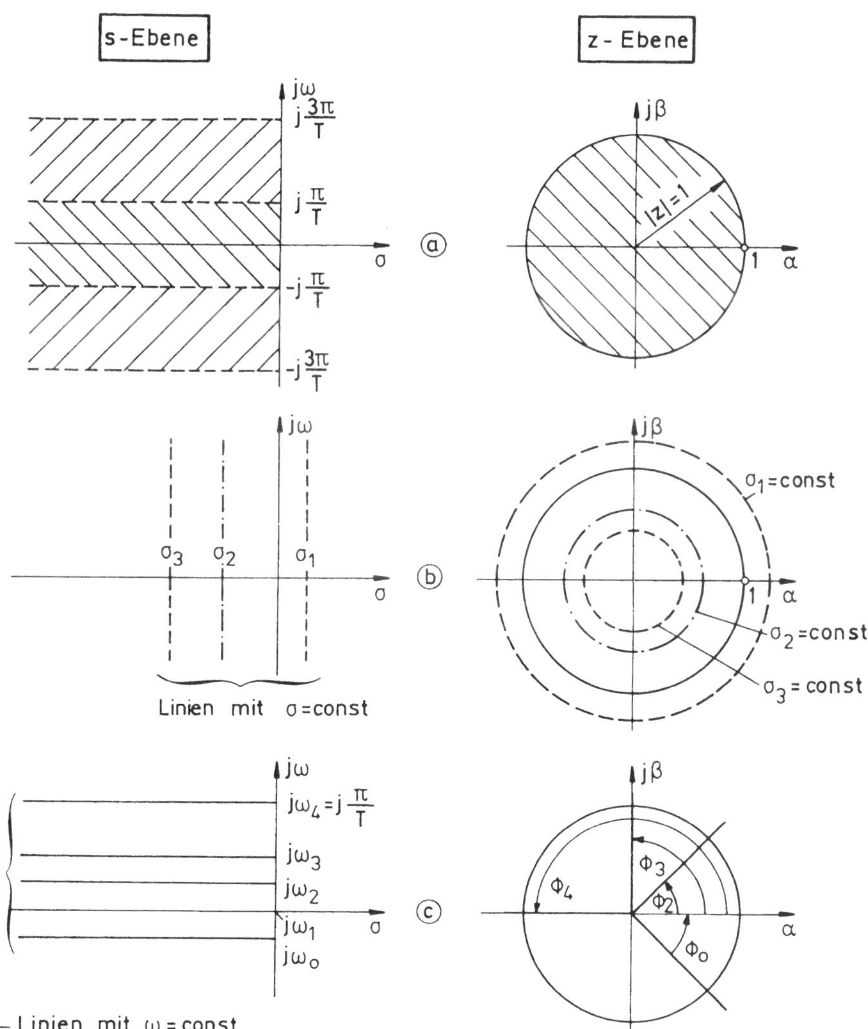

Bild 2.4.5. Abbildung der s-Ebene in die z-Ebene

(a) Abbildung der linken s-Halbebene in das Innere des Einheitskreises der z-Ebene

(b) Abbildung der Linien $\sigma = \text{const}$ in Kreise der z-Ebene

(c) Abbildung der Linien $\omega = \text{const}$ in Strahlen aus dem Ursprung der z-Ebene

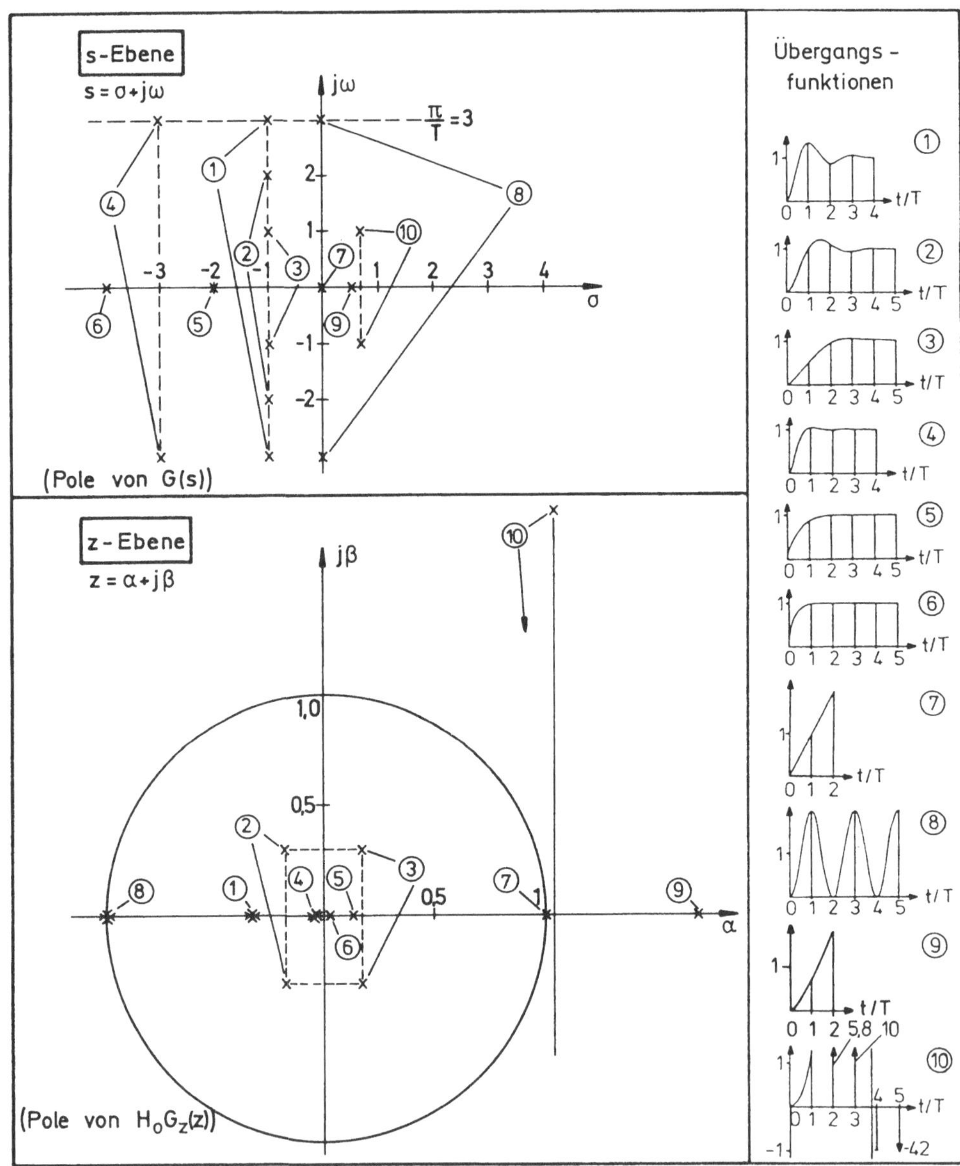

Tabelle 2.4.2. Korrespondierende Lage der Wurzeln der charakteristischen Gleichung eines Übertragungssystems in der s- und z-Ebene sowie die jeweils zugehörige Übergangsfunktion

2.4.4.3. Stabilitätskriterien

Zur Überprüfung der zuvor definierten Stabilitätsbedingungen, daß alle Pole z_i von $G_z(z)$ innerhalb des Einheitskreises der z-Ebene liegen müssen, stehen auch bei diskreten Systemen Kriterien zur Verfügung, die ähnlich wie bei linearen kontinuierlichen Systemen von der *charakteristischen Gleichung*

$$f(z) = \gamma_o + \gamma_1 z + \ldots + \gamma_n z^n = 0 \qquad (2.4.44)$$

ausgehen. Diese Beziehung folgt aus Gl.(2.4.40b) durch Nullsetzen und andere Darstellung des Nennerpolynoms. Der Anschaulichkeit halber wurden in Gl.(2.4.44) die Indizes der Koeffizienten γ_i entsprechend den positiven Potenzen von z gewählt.

Eine einfache Möglichkeit, die Stabilität eines diskreten Systems zu überprüfen, besteht in der Verwendung der *w-Transformation*

$$w = \frac{z-1}{z+1} \quad \text{oder} \quad z = \frac{1+w}{1-w} \quad . \qquad (2.4.45)$$

Diese Transformation bildet das Innere des Einheitskreises der z-Ebene in die linke w-Ebene ab. Damit werden bei einem stabilen System alle Wurzeln z_i der charakteristischen Gleichung, Gl.(2.4.44), in der linken w-Halbebene abgebildet. Mit Gl.(2.4.45) erhält man als charakteristische Gleichung in der w-Ebene

$$\gamma_o + \gamma_1 \left(\frac{1+w}{1-w}\right) + \ldots + \gamma_n \left(\frac{1+w}{1-w}\right)^n = 0 \quad . \qquad (2.4.46)$$

Da alle Wurzeln w_i dieser Gleichung in der linken w-Halbebene liegen müssen, kann hierfür das Routh- oder Hurwitz-Kriterium - wie es bei kontinuierlichen Systemen eingeführt wurde - angewandt werden (s. Band Regelungstechnik I).

Dieser Weg ist jedoch nicht erforderlich, wenn speziell für diskrete Systeme entwickelte Stabilitätskriterien angewandt werden, wie beispielsweise das Kriterium von Jury [2.2] oder das Schur-Cohn-Kriterium [2.6, 2.7]. Nachfolgend sei kurz das Vorgehen beim *Jury-Stabilitätskriterium* gezeigt.

Zunächst wird in Gl.(2.4.44) das Vorzeichen so gewählt, daß

$$\gamma_n > 0 \qquad (2.4.47)$$

wird. Dann berechnet man das in Tabelle 2.4.3 dargestellte Koeffizientenschema. Zu diesem Zweck schreibt man die Koeffizienten γ_i in den ersten beiden Reihen vor- und rückwärts - wie dargestellt - an.

Reihe	z^o	z^1	z^2	...	z^{n-2}	z^{n-1}	z^n
1	γ_o	γ_1	γ_2	...	γ_{n-2}	γ_{n-1}	γ_n
2	γ_n	γ_{n-1}	γ_{n-2}	...	γ_2	γ_1	γ_o
3	b_o	b_1	b_2	...	b_{n-2}	b_{n-1}	
4	b_{n-1}	b_{n-2}	b_{n-3}	...	b_1	b_o	
5	c_o	c_1	c_2	...	c_{n-2}		
6	c_{n-2}	c_{n-3}	c_{n-4}	...	c_o		
⋮				⋮			
2n - 5	r_o	r_1	r_2	r_3			
2n - 4	r_3	r_2	r_1	r_o			
2n - 3	s_o	s_1	s_2				

Tabelle 2.4.3. Koeffizienten zum Jury-Stabilitätskriterium

Jeder nachfolgende Satz zweier zusammengehöriger Reihen wird berechnet aus folgenden Determinanten:

$$b_k = \begin{vmatrix} \gamma_o & \gamma_{n-k} \\ \gamma_n & \gamma_k \end{vmatrix} ; \; c_k = \begin{vmatrix} b_o & b_{n-1-k} \\ b_{n-1} & b_k \end{vmatrix} ; \; d_k = \begin{vmatrix} c_o & c_{n-2-k} \\ c_{n-2} & c_k \end{vmatrix} ; \; \ldots$$

$$s_o = \begin{vmatrix} r_o & r_3 \\ r_3 & r_o \end{vmatrix} ; \; s_1 = \begin{vmatrix} r_o & r_2 \\ r_3 & r_1 \end{vmatrix} ; \; s_2 = \begin{vmatrix} r_o & r_1 \\ r_3 & r_2 \end{vmatrix} .$$

Die Berechnung erfolgt solange, bis die letzte Reihe mit den drei Zahlen s_o, s_1 und s_2 erreicht ist.

Das Jury-Stabilitätskriterium besagt nun (hier ohne weiteren Beweis!), daß unter der Voraussetzung (2.4.47) für asymptotisch stabiles Verhalten folgende notwendigen und hinreichenden Bedingungen erfüllt sein müssen:

a) $f(1) > 0$ und $(-1)^n f(-1) > 0$ (2.4.48)

b) außerdem folgende (n-1) Bedingungen:

$$\begin{aligned} |\gamma_o| &< \gamma_n > 0 \\ |b_o| &> |b_{n-1}| \\ |c_o| &> |c_{n-2}| \\ |d_o| &> |d_{n-3}| \\ &\vdots \\ |s_o| &> |s_2| \quad . \end{aligned} \tag{2.4.49}$$

Ist eine dieser Bedingungen nicht erfüllt, dann ist das System instabil. Bevor das Koeffizientenschema aufgestellt wird, muß zuerst $f(z=1)$ und $f(z=-1)$ berechnet werden. Erfüllt eine dieser Beziehungen die zugehörige obige Ungleichung nicht, dann liegt bereits instabiles Verhalten vor.

Beispiel 2.4.3:

Gegeben sei die charakteristische Gleichung

$$f(z) = 1 - z + 2z^2 - 3z^3 + 2z^4 = 0 \quad .$$

Ungleichung (2.4.48) liefert

$$f(1) = 1 - 1 + 2 - 3 + 2 = 1 > 0$$

$$(-1)^4 f(-1) = 1 + 1 + 2 + 3 + 2 = 9 > 0 \quad .$$

Da beide Bedingungen erfüllt sind, muß noch das Koeffizientenschema berechnet werden:

Reihe	z^0	z^1	z^2	z^3	z^4
1	$\gamma_o = 1$	-1	2	-3	2
2	$\gamma_4 = 2$	-3	2	-1	1
3	$b_o = -3$	5	-2	-1	
4	$b_3 = -1$	-2	5	-3	
5	$c_o = 8$	-17	11		

$$\begin{aligned} |\gamma_o| &< \gamma_4 : 1 < 2 \\ |b_o| &> |b_3| : 3 > 1 \\ |c_o| &> |c_2| : 8 \not> 11 \quad . \end{aligned}$$

Die letzte Bedingung ist somit nicht erfüllt, daher liegt instabiles Verhalten vor.

2.4.5. Spektrale Darstellung von Abtastsignalen und diskreter Frequenzgang

In diesem Abschnitt sollen die Abtastsignale noch etwas näher untersucht werden, die im Abschnitt 2.2.2 als Impulsfolgen

$$f^*(t) = f(t) \sum_{k=0}^{\infty} \delta(t-kT) \tag{2.4.50}$$

eingeführt wurden. Dabei charakterisiert der Summenterm eine in T periodische Folge von δ-Impulsen, die man in eine komplexe Fourier-Reihe entwickeln kann. Mit der *Abtastfrequenz* $\omega_p = 2\pi/T$ gilt

$$\sum_{k=0}^{\infty} \delta(t-kT) = \sum_{\nu=-\infty}^{+\infty} C_\nu e^{j\nu\omega_p t} \quad , \quad \nu = 0, \pm 1, \pm 2, \ldots \quad , \tag{2.4.51}$$

wobei die Fourier-Koeffizienten C_ν nach der Beziehung

$$C_\nu = \frac{1}{T} \int_{-T/2}^{T/2} \sum_{k=0}^{\infty} \delta(t-kT) e^{-j\nu\omega_p t} dt \quad ,$$

bestimmt werden. Es ergibt sich dabei für alle ν-Werte

$$C_\nu = \frac{1}{T} \quad , \tag{2.4.52}$$

und damit folgt für Gl. (2.4.50)

$$f^*(t) = f(t) \sum_{\nu=-\infty}^{\infty} \frac{1}{T} e^{j\nu\omega_p t} \tag{2.4.53}$$

oder

$$f^*(t) = \frac{1}{T} \sum_{\nu=-\infty}^{\infty} f(t)\, e^{j\nu\omega_p t} \quad . \tag{2.4.54}$$

Unter der Voraussetzung, daß f(0) = 0 ist, wird nun auf Gl. (2.4.54) die Laplace-Transformation

$$\mathcal{L}\{f^*(t)\} = \frac{1}{T} \sum_{\nu=-\infty}^{\infty} \mathcal{L}\{f(t)\, e^{j\nu\omega_p t}\} \tag{2.4.55}$$

angewandt. Mit der Definitionsgleichung der Laplace-Transformation folgt

$$\begin{aligned} \mathcal{L}\{f(t) e^{j\nu\omega_p t}\} &= \int_0^{\infty} f(t)\, e^{-(s-j\nu\omega_p)t} dt \\ &= F(s-j\nu\omega_p) \quad , \end{aligned} \tag{2.4.56}$$

und damit erhält man schließlich für Gl. (2.4.55)

$$\mathcal{L}\{f^*(t)\} = F^*(s) = \frac{1}{T}\sum_{\nu=-\infty}^{+\infty} F(s-j\nu\omega_p) \quad . \tag{2.4.57}$$

Für den Fall $f(0) \neq 0$ ist zu beachten, daß das Laplace-Integral bei Sprungstellen den Mittelwert der beiden Limites von links und rechts, also bei $t = 0$ den Wert $f(0+)/2$ darstellt. Deshalb gilt für den allgemeinen Fall

$$F^*(s) = \frac{1}{T}\sum_{\nu=-\infty}^{\infty} F(s-j\nu\omega_p) + \frac{f(0+)}{2} \quad . \tag{2.4.58}$$

Für $s = j\omega$ stellt diese komplexe Funktion $F^*(j\omega)$ die *Spektraldichte* des Abtastsignals $f^*(t)$ dar. Sie ist periodisch mit der Periode ω_p, also der Abtastfrequenz, und entsteht aus der Spektraldichtefunktion $F(j\omega)$ des kontinuierlichen Signals $f(t)$ durch eine Überlagerung entsprechend Gl. (2.4.58). Hat das kontinuierliche Signal $f(t)$ ein Amplitudendichtespektrum $|F(j\omega)|$ mit dem in Bild 2.4.6a dargestellten Verlauf, dann erhält man für das zugehörige Abtastsignal $f^*(t)$ das in Bild 2.4.6b dargestellte periodische Amplitudenspektrum, das aus $|F(j\omega)|$ durch Multiplikation mit $1/T$ und Verschieben um $\nu\omega_p$, $\nu = 0, \pm 1, \pm 2, \ldots$ hervorgeht. Hierbei ist angenommen, daß das Spektrum $F(j\omega)$ *tiefpaßbegrenzt* ist, d. h. es gilt

$$F(j\omega) = 0 \quad \text{für} \quad |\omega| > \omega_g \quad ,$$

wobei ω_g die Grenzfrequenz des Signals bezeichnet.

In Bild 2.4.6b ist die Abtastfrequenz so gewählt, daß $\omega_p/2 > \omega_g$ ist. Dadurch überdecken sich die einzelnen *Teilspektren* oder *Seitenbänder* nicht, und der Verlauf von $|F(j\omega)|$ bleibt erhalten. Durch ein ideales *Tiefpaßfilter*, dessen Amplitudengang im Bild 2.4.6b angedeutet ist, kann daher in diesem Fall das kontinuierliche Signal $f(t)$ aus dem Abtastsignal $f^*(t)$ wieder rekonstruiert werden. Ist dagegen T so groß, daß $\omega_p/2 < \omega_g$ gilt, so überdecken sich die Teilspektren, wie Bild 2.4.7 zeigt.

Aus diesem Sachverhalt ergibt sich unmittelbar das *Shannonsche Abtasttheorem*:

> Ist ω_g die Grenzfrequenz eines Signals $f(t)$, so muß für die Abtastfrequenz
>
> $$\omega_p = \frac{2\pi}{T} \geqq 2\omega_g \tag{2.4.59}$$

gelten, damit der Informationsgehalt des Signals bei der Abtastung voll erhalten bleibt.

Anders ausgedrückt bedeutet das: Entsteht aus zwei Signalen $f_1(t)$ und $f_2(t)$ das gleiche Abtastsignal $f^*(t)$, so gilt $f_1(t) = f_2(t)$, falls die Bedingung (2.4.59) erfüllt ist.

In der Regelungstechnik hat das Abtasttheorem von Shannon nur geringe Bedeutung, da die Voraussetzung der Tiefpaßbegrenzung von $F(j\omega)$ bei den

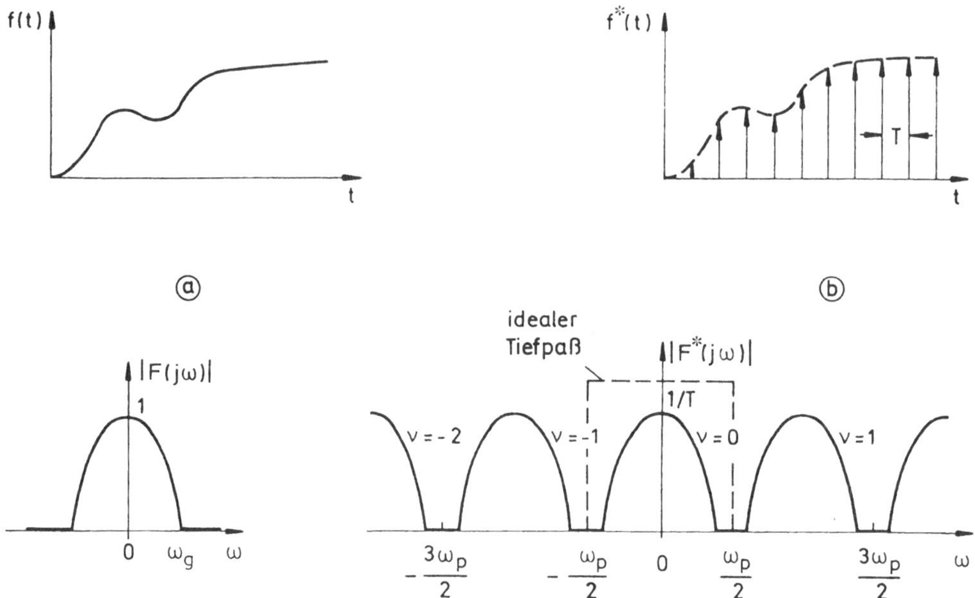

Bild 2.4.6. Amplitudendichtespektrum eines kontinuierlichen (a) und eines entsprechenden abgetasteten (b) Signals

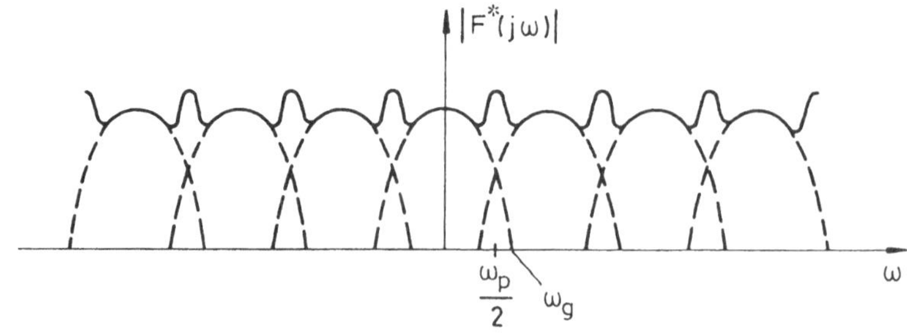

Bild 2.4.7. Amplitudenspektrum eines abgetasteten Signals für $\omega_p/2 < \omega_g$

betrachteten Signalen praktisch nie erfüllt ist. Gelegentlich orientiert man sich an der Grenzfrequenz der betrachteten Systeme, doch im allgemeinen wird die untere Grenze der Abtastfrequenz nicht durch das Abtasttheorem bestimmt.

Ist f(t) = g(t) speziell die Gewichtsfunktion eines kontinuierlichen Systems und $g^*(t)$ das entsprechende Abtastsignal, so gilt für den *Frequenzgang des diskreten Systems* entsprechend Gl.(2.4.58)

$$G^*(j\omega) = \frac{1}{T} \sum_{\nu=-\infty}^{+\infty} G[j(\omega-\nu\omega_p)] + \frac{g(0+)}{2} \; . \tag{2.4.60}$$

Der diskrete Frequenzgang ist also ebenfalls eine periodische Funktion, die im Intervall $-\pi \leq \omega T < \pi$ bzw. aus Symmetriegründen im Intervall $0 \leq \omega T < \pi$ vollständig bestimmt ist. Dabei gilt Gl.(2.3.5),

$$G^*(j\omega) = G_z(e^{j\omega T}) \quad , \tag{2.4.61}$$

d.h. man erhält den diskreten Frequenzgang aus der z-Übertragungsfunktion $G_z(z)$ durch die Substitution $z = e^{j\omega T}$.

2.5. Regelalgorithmen für die digitale Regelung

2.5.1. PID-Algorithmus

Eine der einfachsten Möglichkeiten, einen Regelalgorithmus für die digitale Regelung zu entwerfen, besteht darin, die Funktion des konventionellen PID-Reglers einem Prozeßrechner zu übertragen. Dazu muß der PID-Regler mit verzögertem D-Verhalten und der Übertragungsfunktion

$$G_{PID}(s) = K_R \left[1 + \frac{1}{T_I s} + \frac{T_D s}{1+T_V s} \right] \tag{2.5.1}$$

in einen diskreten Algorithmus umgewandelt werden. Da hierbei der Zeitverlauf des Eingangssignals, nämlich die Regelabweichung e(t) beliebig sein kann, ist die Bestimmung der z-Übertragungsfunktion des diskreten PID-Reglers nur näherungsweise möglich.

Für die Berechnung des I-Anteils wird die Tustin-Formel, Gl.(2.4.35), benutzt

$$\frac{1}{s} \approx \frac{T}{2} \frac{z+1}{z-1} \quad ,$$

wodurch, wie oben gezeigt wurde, eine Integration nach der Trapezregel beschrieben wird. Zur Diskretisierung des D-Anteils erweist sich eine Substitution nach Gl.(2.4.33) als günstiger - sie entspricht ja genau einem Differenzenquotienten -, so daß man insgesamt für den PID-Algorithmus die z-Übertragungsfunktion

$$D_{PID}(z) = K_R\left[1 + \frac{T}{2T_I}\,\frac{z+1}{z-1} + \frac{T_D}{T}\,\frac{z-1}{z(1+T_v/T) - T_v/T}\right] \qquad (2.5.2)$$

erhält. Faßt man die einzelnen Terme zusammen, so ergibt sich eine z-Übertragungsfunktion 2. Ordnung mit den Polen $z = 1$ und $z = -c_1$

$$D_{PID}(z) = \frac{U_z(z)}{E_z(z)} = \frac{d_o + d_1 z^{-1} + d_2 z^{-2}}{(1-z^{-1})(1+c_1 z^{-1})}, \qquad (2.5.3)$$

deren Koeffizienten aus den Parametern K_R, T_I, T_D und T_v wie folgt berechnet werden:

$$d_o = \frac{K_R}{1+T_v/T}\left[1 + \frac{T+T_v}{2T_I} + \frac{T_D+T_v}{T}\right], \qquad (2.5.4a)$$

$$d_1 = \frac{K_R}{1+T_v/T}\left[-1 + \frac{T}{2T_I} - \frac{2(T_D+T_v)}{T}\right], \qquad (2.5.4b)$$

$$d_2 = \frac{K_R}{1+T_v/T}\left[\frac{T_D+T_v}{T} - \frac{T_v}{2T_I}\right], \qquad (2.5.4c)$$

$$c_1 = -\frac{T_v}{T+T_v}\,. \qquad (2.5.4d)$$

Die zugehörige Differenzengleichung

$$u(k) = d_o e(k) + d_1 e(k-1) + d_2 e(k-2) + \\ + (1-c_1)u(k-1) + c_1 u(k-2) \qquad (2.5.5)$$

erhält man direkt aus Gl.(2.5.3) durch inverse z-Transformation. Gl. (2.5.5) wird auch als *Stellungs- oder Positionsalgorithmus* bezeichnet, da hier die Stellgröße direkt berechnet wird. Im Gegensatz dazu wird beim *Geschwindigkeitsalgorithmus* jeweils die Änderung der Stellgröße

$$\Delta u(k) = u(k) - u(k-1) \qquad (2.5.6)$$

berechnet, wobei die entsprechende Differenzengleichung lautet:

$$\Delta u(k) = d_o e(k) + d_1 e(k-1) + d_2 e(k-2) - c_1 \Delta u(k-1)\,. \qquad (2.5.7)$$

Durch Anwendung der z-Transformation folgt aus Gl.(2.5.7) direkt die z-Übertragungsfunktion des Geschwindigkeitsalgorithmus

$$D'_{PID}(z) = \frac{\Delta U_z(z)}{E_z(z)} = \frac{d_o + d_1 z^{-1} + d_2 z^{-2}}{1 + c_1 z^{-1}} \quad . \tag{2.5.8}$$

In der Praxis wird der Geschwindigkeitsalgorithmus immer dann angewendet, wenn das Stellglied speicherndes (integrales) Verhalten hat, wie es z. B. bei einem Schrittmotor der Fall ist.

Die hier besprochenen PID-Algorithmen stellen aufgrund ihrer Herleitung *quasistetige* Regelalgorithmen dar. Wählt man dabei die Abtastzeit T mindestens 1/10 kleiner als die dominierende Zeitkonstante des Systems, so können unmittelbar die Parameter des kontinuierlichen PID-Reglers in die Gln. (2.5.4a) bis (2.5.4d) eingesetzt werden, wie sie durch *Optimierung*, aufgrund von *Einstellregeln* oder Erfahrungswerten bekannt sind. Am meisten verbreitet sind die von Takahashi [2.8] für diskrete Regler entwickelten Einstellregeln, die sich weitgehend an die Regeln von Ziegler-Nichols anlehnen (vgl. hierzu Kapitel 8.2.3.1 und Tabelle 8.2.8 in Band I).

Die Reglerparameter können entweder anhand der Kennwerte des geschlossenen Regelkreises an der Stabilitätsgrenze bei Verwendung eines P-Reglers (Methode I) oder anhand der gemessenen Übergangsfunktion der Regelstrecke (Methode II) ermittelt werden. Die hierfür notwendigen Beziehungen sind in Tabelle 2.5.1 für den P-, PI- und PID-Regler zusammengestellt. Dabei beschreiben die Größen K_{RKrit} den Verstärkungsfaktor eines P-Reglers an der Stabilitätsgrenze und T_{Krit} die Periodendauer der sich einstellenden Dauerschwingung.

Bezüglich der Wahl der Größe von T_v ist darauf zu achten, daß bei kleinen Abtastzeiten das durch den A/D-Umsetzer verursachte "Quantisierungsrauschen" am Reglereingang verstärkt wird. Ändert sich die Regelabweichung e(t) gerade um den Betrag der Quantisierungsstufe Δe, so verändert sich das entsprechende digitale Signal e(k) sprungförmig um den Betrag der Quantisierung h. Betrachtet man nun in Gl. (2.5.2) nur den D-Anteil,

$$\frac{U_{Dz}(z)}{E_z(z)} = K_R \frac{T_D}{T} \frac{z-1}{z(1+T_v/T) - T_v/T} \quad ,$$

oder die hierzu gehörende Differenzengleichung

$$u_D(k)(T+T_v) - u_D(k-1)T_v = K_R T_D [e(k) - e(k-1)] \quad ,$$

	Reglertypen	Reglereinstellwerte		
		K_R	T_I	T_D
Methode I	P	$0{,}5\ K_{RKrit}$	-	-
	PI	$0{,}45 K_{RKrit}$	$0{,}83\ T_{Krit}$	-
	PID	$0{,}6\ K_{RKrit}$	$0{,}5\ T_{Krit}$	$0{,}125\ T_{Krit}$
Methode II	P	$\frac{1}{K_S}\ \frac{T_a}{T_u}$	-	-
	PI	$\frac{0{,}9}{K_S}\ \frac{T_a}{T_u+T/2}$	$3{,}33(T_u+T/2)$	-
	PID	$\frac{1{,}2}{K_S}\ \frac{T_a}{T_u+T}$	$2\frac{(T_u+T/2)^2}{T_u+T}$	$\frac{T_u+T}{2}$
Übergangsfunktion der Regelstrecke		für $T/T_a \leq 1/10$		

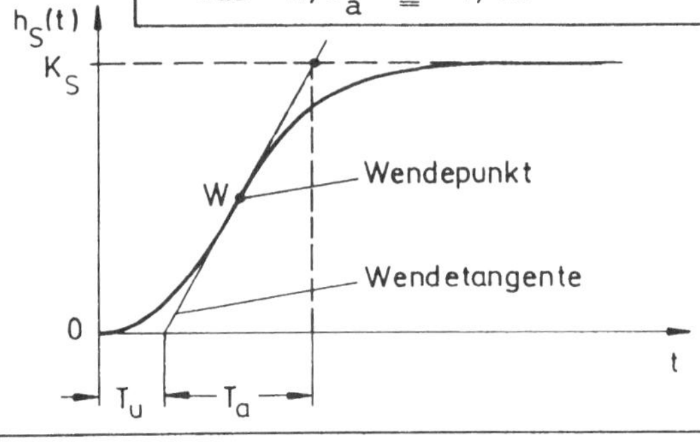

Tabelle 2.5.1. Einstellwerte für diskrete Regler nach Takahashi [2.8]

so erhält man mit e(k) = hs(k) - wobei s(k) die Sprungfolge ist - für den D-Anteil des Stellsignals unmittelbar einen Impuls der Höhe

$$\Delta u_D = u_D(k=0) = h\ K_R\ \frac{T_D}{T + T_v} \quad . \tag{2.5.9}$$

Sind die Größen K_R, T_D und h vorgegeben, so können die noch freien Parameter T und T_v so gewählt werden, daß Δu_D einen vorgegebenen Grenzwert einhält.

Selbstverständlich kann der PID-Algorithmus auch mit größeren Abtastzeiten eingesetzt werden. Allerdings ist es dann nicht mehr möglich, die Parameter nach den zuvor erwähnten Regeln einzustellen. Sehr gute Ergebnisse erhält man in diesem Fall durch Optimierung der Parameter. Dafür ist das quadratische Gütekriterium

$$I(K_R, T_I, T_D, T_V) = \sum_{k=0}^{N} e^2(k) + \lambda[u(k) - u(N)]^2 \overset{!}{=} \text{Min} \qquad (2.5.10)$$

geeignet. Hierbei stellt N die Anzahl der Abtastschritte bis zum Erreichen des stationären Endwertes eines Einschwingvorganges dar. Durch den Parameter $\lambda \geqq 0$ kann das Stellverhalten bewertet und so beeinflußt werden, daß auch das Quantisierungsrauschen weitgehend unterdrückt wird.

2.5.2. Der Entwurf diskreter Kompensationsalgorithmen

2.5.2.1. Allgemeine Grundlagen

Der diskrete Entwurf ist besonders dann interessant, wenn die Abtastzeit so groß gewählt wird, daß nicht mehr von einem quasistetigen Betrieb ausgegangen werden kann. In diesem Fall erhält man aus dem Prinzip der Kompensation der Regelstrecke ein sehr einfaches und leistungsfähiges Syntheseverfahren für diskrete Regelalgorithmen, das es ermöglicht, die diskrete Führungsübertragungsfunktion des geschlossenen Regelkreises nahezu beliebig vorzugeben.

Ausgangspunkt ist ein Abtastregelkreis in diskreter Darstellung gemäß Bild 2.5.1, wobei die Regelstrecke durch die z-Übertragungsfunktion

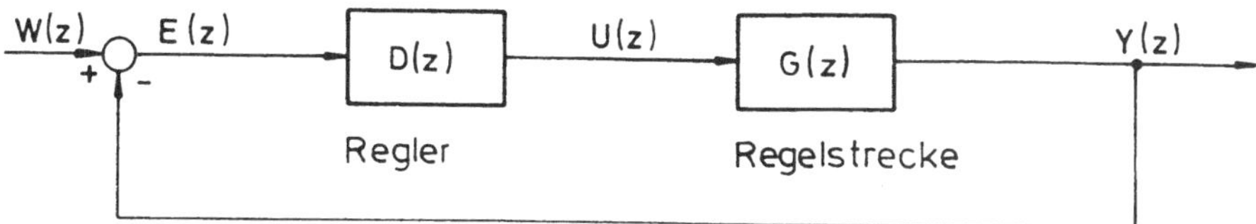

Bild 2.5.1. Diskreter Regelkreis

(der anschaulichen Beschreibung halber soll im folgenden auf den Index z verzichtet werden)

$$G(z) = \frac{B(z)z^{-d}}{A(z)} = \frac{b_0 + b_1 z^{-1} + \ldots + b_n z^{-n}}{1 + a_1 z^{-1} + \ldots + a_n z^{-n}} z^{-d} \qquad (2.5.11)$$

mit $b_0 \neq 0$ und der diskrete Regler durch D(z) beschrieben werden. Hierbei ist d die diskrete Totzeit der Regelstrecke, für die entsprechend Gl. (2.4.20) $d = T_t/T$ gilt *). Die Führungsübertragungsfunktion dieses

*) Bei Regelstrecken, für die $b_0 = 0$ gilt, kann eine zu Gl. (2.5.11) äquivalente Beziehung gefunden werden, indem aus dem Zählerpolynom von Gl. (2.5.11) der Faktor z^{-1} herausgezogen und dem Totzeitterm hinzugeschlagen wird.

Regelkreises lautet:

$$G_W(z) = \frac{Y(z)}{W(z)} = \frac{D(z)G(z)}{1 + D(z)G(z)} \quad . \tag{2.5.12}$$

Nun gibt man für $G_W(z)$ ein gewünschtes Übertragungsverhalten in Form einer "Modellübertragungsfunktion" $K_W(z)$ vor mit der Forderung

$$G_W(z) \stackrel{!}{=} K_W(z) \quad .$$

Damit löst man Gl.(2.5.12) nach D(z) auf und erhält die Übertragungsfunktion des Reglers

$$D(z) = \frac{1}{G(z)} \frac{K_W(z)}{1 - K_W(z)} \quad . \tag{2.5.13}$$

Diese Beziehung stellt die Grundgleichung der diskreten Kompensation dar.

Es wird nun angenommen, daß die Regelstrecke stabil sei und daß außerdem alle Nullstellen von G(z), d.h. die Wurzeln von B(z), innerhalb des Einheitskreises liegen. Dann ergeben sich für die Wahl von $K_W(z)$ zwei fast selbstverständliche Bedingungen:

a) Die Reglerübertragungsfunktion D(z) muß realisierbar sein. Schreibt man die Polynome in negativen Potenzen von z, so bedeutet dies, daß der Absolutkoeffizient des Nennerpolynoms von D(z) nicht verschwinden darf, da sonst D(z) kein kausales System beschreibt. Durch Einsetzen von Gl.(2.5.11) in Gl.(2.5.13) ergibt sich

$$D(z) = \frac{A(z)}{B(z)z^{-d}} \frac{K_W(z)}{1 - K_W(z)} \quad . \tag{2.5.14}$$

Der Faktor z^{-d} im Nenner wird offensichtlich dann gekürzt, wenn er auch im Zähler von $K_W(z)$ auftritt. Es muß also gelten

$$K_W(z) = \frac{P'(z)z^{-d}}{N(z)} \quad , \tag{2.5.15}$$

wobei P'(z) und N(z) zunächst noch frei wählbare Polynome sind.

b) Beim Aufschalten einer sprungförmigen Führungsgröße w(k) soll der Regelkreis keine bleibende Regelabweichung aufweisen. Daher muß $K_W(z)$ den Verstärkungsfaktor 1 besitzen. Es gilt also für Gl.(2.5.15) noch die Zusatzbedingung

$$K_W(1) = \frac{P(1)}{N(1)} = 1 \quad . \tag{2.5.16}$$

Dieselbe Bedingung erhält man auch durch Betrachtung der Regelabweichung $E(z) = W(z) - Y(z)$, für die wegen $Y(z) = K_W(z)W(z)$ die Beziehung

$$E(z) = W(z)[1 - K_W(z)] \qquad (2.5.17)$$

gilt. Für eine sprungförmige Führungsgröße, also $W(z) = z/(z-1)$ ergibt sich mit dem Endwertsatz der z-Transformation

$$\lim_{k\to\infty} e(k) = \lim_{z\to 1} (z-1) \frac{z}{z-1}[1 - K_W(z)] \overset{!}{=} 0 \quad , \qquad (2.5.18)$$

also

$$1 - K_W(1) = 0 \quad . \qquad (2.5.19)$$

Dies bedeutet, daß die Funktion $1 - K_W(z)$ mindestens eine Nullstelle bei $z = 1$ besitzen muß, oder, da mit Gl.(2.5.13)

$$D(z)G(z) = \frac{K_W(z)}{1 - K_W(z)} \qquad (2.5.20)$$

gilt, daß der offene Regelkreis $D(z)G(z)$ mindestens einen Pol bei $z = 1$ aufweisen muß, der einem I-Anteil entspricht.

Unter Berücksichtigung dieser beiden Bedingungen kann $K_W(z)$ völlig frei gewählt werden, sofern keine Beschränkung der Stellgröße in Betracht gezogen wird. Die Berechnung des Reglers nach Gl.(2.5.13) ist dann sehr einfach, wobei die Stabilität des geschlossenen Regelkreises garantiert ist.

Treten in $G(z)$ jedoch Pole oder Nullstellen außerhalb und auf dem Einheitskreis der z-Ebene auf, so muß $K_W(z)$ noch weitere Bedingungen erfüllen. Streckennullstellen mit einem Betrag $|z_i| \geq 1$ liefern gemäß Gl. (2.5.13) keinen brauchbaren Regler. Ein derartiger Regler würde wegen der Kompensation der Streckennullstellen durch die Reglerpolstellen zwar theoretisch nicht direkt zur Instabilität der Regelgröße führen, jedoch treten Stellsignale mit wachsender Amplitude auf, die nach Erreichen der maximalen Stellamplitude praktisch die Instabilität des Regelkreises ergeben. Außerdem muß stets auch mit geringen Ungenauigkeiten oder Änderungen in der Übertragungsfunktion der Regelstrecke gerechnet werden, was eine unvollständige Kompensation zur Folge hätte. Aus ähnlichen Gründen kann auch die direkte Kompensation instabiler Streckenpole durch entsprechende Reglernullstellen nicht zugelassen werden.

Schreibt man daher Gl.(2.5.11) in der Form

$$G(z) = \frac{B^+(z)B^-(z)z^{-d}}{A^+(z)A^-(z)} \quad , \tag{2.5.21}$$

wobei die Polynome $A^+(z)$ und $B^+(z)$ nur Wurzeln $|z_i| < 1$ enthalten, während $A^-(z)$ und $B^-(z)$ nur Wurzeln außerhalb und auf dem Einheitskreis besitzen, so lautet die Reglerübertragungsfunktion nach Gl.(2.5.14)

$$D(z) = \frac{A^+(z)A^-(z)}{B^+(z)B^-(z)z^{-d}} \; \frac{K_W(z)}{1 - K_W(z)} \quad . \tag{2.5.22}$$

Anhand dieser Beziehung erkennt man sofort, daß die unerwünschten Anteile $A^-(z)$ und $B^-(z)$ durch den Ansatz

$$K_W(z) = B^-(z)K_1(z)z^{-d} \tag{2.5.23}$$

und

$$1 - K_W(z) = A^-(z)K_2(z) \tag{2.5.24}$$

aus der Reglerübertragungsfunktion eliminiert werden. Hierbei sind $K_1(z)$ und $K_2(z)$ zunächst noch frei wählbare, gebrochen rationale Übertragungsfunktionen. Für den Regler gilt dann

$$D(z) = \frac{A^+(z)K_1(z)}{B^+(z)K_2(z)} \quad . \tag{2.5.25}$$

Bei der Wahl von $K_1(z)$ und $K_2(z)$ ist weiterhin die Gültigkeit von Gl. (2.5.16) bzw. Gl.(2.5.19), also

$$1 - K_W(1) = 0$$

zu berücksichtigen. Diese Bedingung wird für $K_1(z)$ und $K_2(z)$ unter Beachtung der Gln.(2.5.23) und (2.5.24) gerade erfüllt mit den Ansätzen

$$K_1(z) = \frac{B_K(z)P(z)}{N(z)} \tag{2.5.26}$$

und

$$K_2(z) = \frac{(1 - z^{-1})Q(z)}{N(z)} \quad . \tag{2.5.27}$$

In diesen beiden Beziehungen können die Polynome $N(z)$ und $B_K(z)$ noch frei gewählt werden.

Damit ist $K_W(z)$ vollständig festgelegt. Die unbekannten Polynome $P(z)$ und $Q(z)$ werden mit minimaler Ordnung so bestimmt, daß $B_K(z)$ und $N(z)$ alle frei wählbaren Parameter enthalten. Durch Einsetzen von Gl. (2.5.23) in Gl.(2.5.24) folgt unter Berücksichtigung der Gln.(2.5.26) und (2.5.27) die Polynomgleichung

$$N(z) - A^-(z)(1 - z^{-1})Q(z) = B^-(z)B_K(z)P(z)z^{-d} \qquad (2.5.28)$$

zur Bestimmung von P(z) und Q(z) mittels Koeffizientenvergleich. Hierbei gibt es nur dann einen eindeutigen Zusammenhang, wenn auf beiden Gleichungsseiten die gleiche Anzahl von Koeffizienten auftritt. Durch Einsetzen der Gln.(2.5.26) und (2.5.27) in Gl.(2.5.25) erhält man schließlich als Beziehung für den allgemeinen Kompensationsalgorithmus

$$D(z) = \frac{A^+(z)B_K(z)P(z)}{B^+(z)Q(z)(1-z^{-1})} \quad . \qquad (2.5.29)$$

2.5.2.2. Kompensationsalgorithmus für endliche Einstellzeit

Das Verfahren der diskreten Kompensation bietet die Möglichkeit, Regelkreise mit endlicher Einstellzeit (*deadbeat response*) zu entwerfen. Dies ist eine für Abtastsysteme typische Eigenschaft, die bei kontinuierlichen Regelsystemen nicht erreicht werden kann.

Es soll also $K_W(z)$ nun so gewählt werden, daß der Einschwingvorgang nach einer sprungförmigen Sollwertänderung innerhalb von $n_E = q + d$ Abtastschritten abgeschlossen ist. Offensichtlich wird diese Bedingung erfüllt, wenn $K_W(z)$ ein endliches Polynom in z^{-1} der Ordnung n_E ist. Dies ist gewährleistet, wenn in Gl.(2.5.15) und wegen der Beziehungen gemäß Gln.(2.5.23) und (2.5.24) auch in den Gln.(2.5.26) und (2.5.27) gerade

$$N(z) = 1$$

gewählt wird. Somit ergibt sich für die Modellübertragungsfunktion des Führungsverhaltens des geschlossenen Regelkreises

$$K_W(z) = \sum_{i=1}^{q} k_i z^{-i-d} \quad . \qquad (2.5.30)$$

Anhand der zugehörigen Differenzengleichung

$$y(k) = \sum_{i=1}^{q} k_i w(k-i-d) \qquad (2.5.31)$$

folgt dann bei sprungförmiger Sollwertänderung

$$w(k) = 1 \quad , \quad k \geqq 0$$

für alle $k \geqq n_E$ als Ausgangsgröße

$$y(k) = \sum_{i=1}^{q} k_i = 1 \quad , \qquad (2.5.32)$$

sofern $K_W(z)$ die Zusatzbedingung gemäß Gl. (2.5.16)

$$K_W(1) = 1$$

erfüllt.

Hierbei ist allerdings zu beachten, daß bei Betrachtung der im Abtastregelkreis tatsächlich auftretenden kontinuierlichen Signalverläufe die Regelabweichung im allgemeinen zunächst nur in den Abtastpunkten zu Null wird. Dies schließt also nicht aus, daß das kontinuierliche Ausgangssignal $y(t)$, z.B. eine Schwingung mit der halben Abtastfrequenz ausführt. Dieser Fall tritt aber sicherlich dann nicht ein, wenn auch die Stellgröße $u(k)$ nach n_E Abtastschritten einen konstanten Wert annimmt.

Diese Forderung ist entsprechend obigen Überlegungen genau dann erfüllt, wenn die Übertragungsfunktion

$$G_U(z) = \frac{U(z)}{W(z)} \tag{2.5.33}$$

ebenfalls ein endliches Polynom in z^{-1} der Ordnung n_E ist. Dabei ist noch zu berücksichtigen, daß $u(k)$ über ein Halteglied nullter Ordnung auf die Regelstrecke einwirkt und somit der Verlauf der Stellgröße $\bar{u}(t)$ jeweils während eines Abtastintervalls konstant ist. Aus Bild 2.5.1 ergibt sich

$$G_U(z) = \frac{D(z)}{1 + D(z)G(z)} = \frac{K_W(z)}{G(z)}$$

und mit Gl. (2.5.21) folgt hieraus

$$G_U(z) = \frac{K_W(z)A^+(z)A^-(z)}{B^+(z)B^-(z)z^{-d}} \quad . \tag{2.5.34}$$

Damit $G_U(z)$ ein endliches Polynom in z^{-1} wird, muß nicht wie in Gl. (2.5.23) nur das unerwünschte Polynom $B^-(z)$ in $K_W(z)$ als Faktor enthalten sein, sondern auch $B^+(z)$. Mit $B(z) = B^+(z)B^-(z)$ folgt somit in Analogie zu Gl. (2.5.23)

$$K_W(z) = B(z)K_1(z)z^{-d} \quad ,$$

woraus sich nun mit Gl. (2.5.26) bei Berücksichtigung der Bedingung $N(z) = 1$ die Beziehung

$$K_W(z) = B(z)B_K(z)P(z)z^{-d} \tag{2.5.35}$$

ergibt. Setzt man noch in Gl. (2.5.22) die Gln. (2.5.24) und (2.5.35) unter Verwendung der Gl. (2.5.27) ein, so erhält man schließlich für die

Übertragungsfunktion des Reglers mit endlicher Einstellzeit

$$D(z) = \frac{A^+(z)B_K(z)P(z)}{Q(z)(1-z^{-1})} \quad . \tag{2.5.36}$$

Zur Bestimmung von P(z) und Q(z) werden die Gln.(2.5.27) und (2.5.35) in Gl.(2.5.24) eingesetzt. Dies liefert in Analogie zu Gl.(2.5.28) die Bestimmungsgleichung für P(z) und Q(z):

$$1 - A^-(z)(1-z^{-1})Q(z) = B(z)B_K(z)P(z)z^{-d} \quad . \tag{2.5.37}$$

P(z) und Q(z) können bei entsprechender Wahl von $B_K(z)$ mit Gl.(2.5.37) durch Koeffizientenvergleich gewonnen werden und ermöglichen so einen Entwurf, der den Anteil $A^-(z)$ der Streckenübertragungsfunktion berücksichtigt.

Für den speziellen Fall *stabiler Regelstrecken* führt folgendes Vorgehen auf sehr einfache Weise unmittelbar zum Entwurf eines Reglers mit endlicher Einstellzeit. Benutzt man in Gl.(2.5.35) noch die Abkürzung

$$B^*(z) = B(z)B_K(z) = \sum_{i=o}^{q} b_i^* z^{-i} \quad , \tag{2.5.38}$$

dann wird mit dem Ansatz

$$P(z) = \frac{1}{\sum\limits_{i=o}^{q} b_i^*} = \frac{1}{B^*(1)} \tag{2.5.39}$$

gerade die Zusatzbedingung $K_W(1) = 1$ erfüllt, und es gilt somit für das gewünschte Verhalten der Führungsübertragungsfunktion nach Gl.(2.5.35)

$$K_W(z) = \frac{B^*(z)}{B^*(1)} z^{-d} \quad . \tag{2.5.40}$$

Mit den Gln.(2.5.22) und (2.5.40) folgt weiterhin für die Übertragungsfunktion des Reglers bei stabilen Regelstrecken ($A^-(z) = 1$ und $A^+(z) \equiv A(z)$):

$$D(z) = \frac{A(z)B_K(z)/B^*(1)}{1-[B^*(z)/B^*(1)]z^{-d}} = \frac{A(z)B_K(z)}{B^*(1)-B^*(z)z^{-d}} \quad . \tag{2.5.41}$$

Wählt man in der Gl.(2.5.38) bzw. in den Gln.(2.5.40) und (2.5.41) beispielsweise

$$B_K(z) = 1 \quad , \tag{2.5.42}$$

so wird gemäß Gl.(2.5.38) q = n, also gleich der Ordnung der Regelstrecke. Damit ergibt sich als minimale Anzahl von Abtastschritten

$$n_E = n + d \tag{2.5.43}$$

für die Ausregelung eines Sollwertsprunges, wodurch die *minimale Ausregelzeit* festgelegt wird.

Bezüglich der Wahl von $B_K(z)$ können verschiedene Kriterien angewendet werden. Einerseits erhöht sich mit der Ordnung von $B_K(z)$ die Reglerordnung und damit bei einem Sollwertsprung die Anzahl der Abtastschritte bis zum Erreichen des stationären Endwertes der Regelgröße. Andererseits kann aber durch geeignete Wahl von $B_K(z)$ das Stellverhalten verbessert werden. Wählt man beispielsweise

$$B_K(z) = 1 + b_{K1} z^{-1} \quad , \tag{2.5.44}$$

dann kann der Anfangswert u(O) der Stellgröße bei einer sprungförmigen Sollwertänderung frei vorgegeben werden. Um dies zu zeigen, geht man von Gl.(2.5.34) - für den Fall einer stabilen Regelstrecke - aus

$$G_U(z) = \frac{U(z)}{W(z)} = K_W(z) \, \frac{A(z)}{B(z) z^{-d}}$$

und führt hierin $K_W(z)$ gemäß Gl.(2.5.40) unter Beachtung von Gl. (2.5.38) ein:

$$\frac{U(z)}{W(z)} = \frac{B(z) B_K(z)}{B(1) B_K(1)} \, z^{-d} \, \frac{A(z)}{B(z) z^{-d}} \quad .$$

Hieraus folgt für den Anfangswert der Stellgröße

$$u(O) = \lim_{z \to \infty} U(z) = \lim_{z \to \infty} \frac{z}{z-1} \, \frac{B_K(z) A(z)}{B(1) B_K(1)} \quad .$$

Ausgewertet erhält man

$$u(O) = \frac{1}{B(1)(1 + b_{K1})} \quad , \tag{2.5.45}$$

und aufgelöst nach b_{K1} ergibt sich schließlich

$$b_{K1} = \frac{1}{u(O) B(1)} - 1 \quad . \tag{2.5.46}$$

Da u(O) gewöhnlich die größte Stellamplitude bei einer sprungförmigen Sollwertänderung darstellt, kann man bei Kenntnis der maximal zulässigen Stellamplitude u_{max} den Koeffizienten b_{K1} direkt berechnen.

Zusammenfassend kann festgehalten werden, daß der Entwurf des Reglers mit endlicher Einstellzeit - oft auch als *Deadbeat-Regler* bezeichnet - gemäß Gl.(2.5.36) auf einen geschlossenen Regelkreis mit folgenden Eigenschaften führt:

a) Bei sprungförmiger Änderung der Führungsgröße wird die Regelabweichung nach endlicher Zeit $t_e = qT + T_t$ exakt zu Null.

b) Die Regelabweichung besitzt für $t \geqq t_e$ auch zwischen den Abtastzeitpunkten stets den Wert Null.

c) Falls keine Totzeit vorhanden ist, wird die minimale Anzahl der Abtastschritte q gleich der Ordnung n der Regelstrecke.

d) Bei Erhöhung von q kann das Stellverhalten verbessert werden.

e) Der Einschwingvorgang kann mit oder ohne Überschwingen erfolgen. Bei Regelstrecken mit PT_n-Verhalten ist ein monotoner Verlauf der Ausgangsgröße für $t < t_e$ zu erwarten.

Beispiel 2.5.1:

Gegeben sei eine Regelstrecke mit der Übertragungsfunktion

$$G_S(s) = \frac{e^{-T_t s}}{1 + T_s s} .$$

Wird die Abtastzeit T so festgelegt, daß die Totzeit ein ganzzahliges Vielfaches von T, also

$$T_t = dT \quad , \quad d > 0 \text{ ganzzahlig}$$

wird, dann erhält man unter Berücksichtigung eines Haltegliedes nullter Ordnung mit den Gln. (2.4.18) und (2.4.21) sowie Tabelle 2.3.1 (Fall 8) die z-Übertragungsfunktion

$$G(z) = H_0G_{Sz}(z) = \frac{1-c}{z-c}\, z^{-d} \quad \text{mit} \quad c = e^{-T/T_s} < 1$$

oder

$$G(z) = \frac{B(z)\, z^{-d}}{A(z)} = \frac{(1-c)\, z^{-1}}{1 - cz^{-1}}\, z^{-d} .$$

Nach Gl. (2.5.40) und mit $B_K(z) = 1$ folgt für den geschlossenen Regelkreis die Modellübertragungsfunktion

$$K_W(z) = \frac{(1-c)\, z^{-1}}{1-c}\, z^{-d} = z^{-(d+1)} .$$

Die Einstellzeit nach einer sprungförmigen Änderung des Sollwertes beträgt also bei diesem Regelkreis $t_e = (d+1)T = T + T_t$. Die Übertragungsfunktion des Deadbeat-Reglers lautet gemäß Gl. (2.5.41) für diesen Fall

$$D(z) = \frac{1 - cz^{-1}}{(1-c)\,[1-z^{-(d+1)}]} .$$

Dieser Regler besitzt einen (d+1)-fachen Pol bei $z = 1$. Für die Übertragungsfunktion $G_U(z)$ entsprechend Gl.(2.5.34) ergibt sich hierbei

$$G_U(z) = \frac{U(z)}{W(z)} = \frac{1}{1-c}\,(1-cz^{-1}) \quad .$$

Das Stellsignal nimmt also nach einem Sollwertsprung nur zwei verschiedene Werte an, nämlich

$$u(0) = \frac{1}{1-c}$$

und

$$u(k) = 1 \; , \quad k \geqq 1 \quad .$$

Für zwei verschiedene Abtastzeiten, $T = T_t$ und $T = T_t/2$ sind die Zeitverläufe von w(t), u(t) und y(t) in Bild 2.5.2 dargestellt.

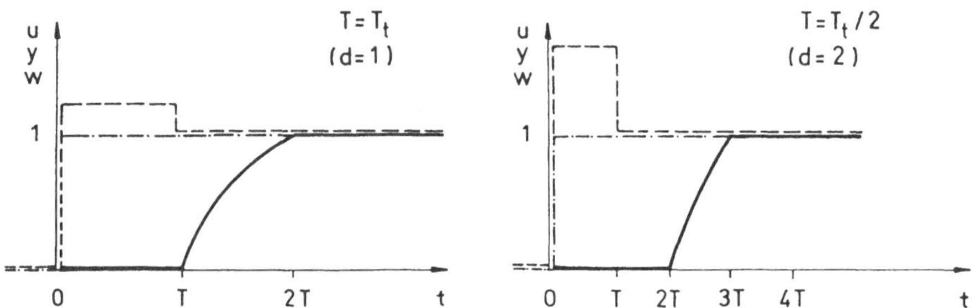

Bild 2.5.2. Verlauf der Signale w(t) —·—·— , u(t) – – – – – und y(t) ——— des Abtastregelkreises mit endlicher Einstellzeit

Wie aus Beispiel 2.5.1 anschaulich hervorgeht, bestimmt hauptsächlich die Abtastzeit T die minimale Einstellzeit $t_e = T_t + nT$. Könnte man T beliebig klein wählen, so würde t_e nahe an den Wert der Totzeit T_t herankommen. Dies ist jedoch nicht möglich, da für $T \to 0$ die Stellgröße unendlich groß werden müßte, was technisch nicht realisierbar ist. Daher ist stets ein Kompromiß zwischen maximal möglicher Stellamplitude und Abtastzeit T zu treffen. Im allgemeinen nehmen die Schwierigkeiten des Entwurfs mit kleiner werdender Abtastzeit zu, jedoch läßt sich durch geeignete Wahl von $B_K(z)$ meist eine befriedigende Lösung erzielen.

2.5.2.3. Deadbeat-Regelkreisentwurf für Störungs- und Führungsverhalten

Im Kapitel 2.5.2.2 wurde der Regelkreisentwurf für endliche Einstellzeit bei sprungförmiger Änderung der Führungsgröße w(k) behandelt. Nicht ausreichend berücksichtigt wurde dabei das Verhalten des Regelkreises bei deterministischen Störungen z(k). Deshalb soll nachfolgend für die Ausregelung von Störungen am Eingang der Regelstrecke ebenfalls eine endliche Einstellzeit beim Entwurf des Regelkreises gefordert werden.

Zunächst aber wird die in Bild 2.5.3 dargestellte Struktur eines diskreten Regelkreises mit zusätzlicher Störgröße z(k) betrachtet. Der Regler sei bereits als Deadbeat-Regler für Führungsverhalten ausgelegt.

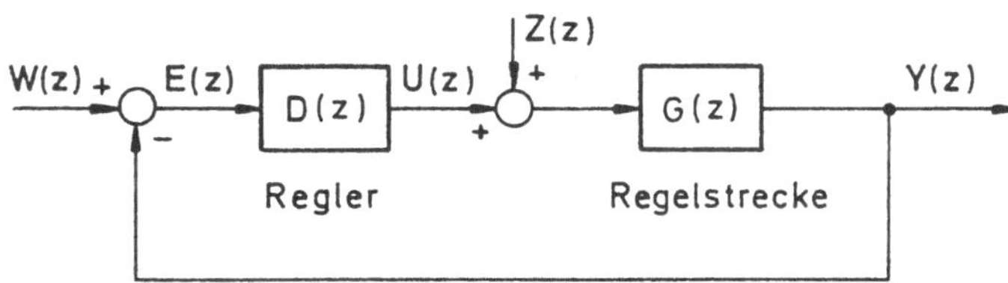

Bild 2.5.3. Diskreter Regelkreis mit Störgröße $z(k) = \mathfrak{Z}^{-1}\{Z(z)\}$

Setzt man in Gl.(2.5.36) der Einfachheit halber $B_K(z) = 1$, so ergibt sich als Übertragungsfunktion des Reglers

$$D(z) = \frac{A^+(z)\,P(z)}{Q(z)\,(1-z^{-1})}\,, \qquad (2.5.47)$$

wobei die Polynome P(z) und Q(z) mittels der Gl.(2.5.37) zu bestimmen sind. Mit der Übertragungsfunktion der Regelstrecke $G(z) = \frac{B(z)}{A(z)}\,z^{-d}$ erhält man somit als Störungsübertragungsfunktion des geschlossenen Regelkreises

$$G_Z(z) = \frac{Y(z)}{Z(z)} = \frac{G(z)}{1+D(z)G(z)} = \frac{B(z)z^{-d}Q(z)(1-z^{-1})}{A(z)Q(z)(1-z^{-1}) + A^+(z)P(z)B(z)z^{-d}}. \qquad (2.5.48)$$

Da die Polynome $A^+(z)$, P(z) und zunächst auch B(z) keine Wurzeln bei $z = 1$ besitzen, folgt aus Gl.(2.5.48) $G_Z(1) = 0$, d. h. beim Ausregeln einer Störung tritt keine bleibende Regelabweichung auf. Allerdings stellt im vorliegenden Fall $G_Z(z)$ gewöhnlich kein endliches Polynom dar, sondern eine gebrochen rationale Funktion, so daß bei diesem auf Deadbeat-Führungsverhalten ausgelegten Entwurf die Störung nicht mit endlicher Einstellzeit ausgeregelt wird.

Will man Störverhalten und Führungsverhalten unabhängig voneinander beeinflussen, so ist dies durch Einführung eines Vorfilters $D_V(z)$ möglich. Man erhält dann die in Bild 2.5.4 dargestellte Struktur des Regelkrei-

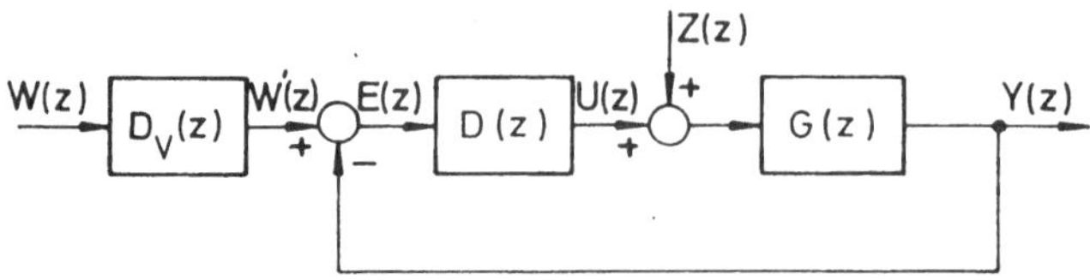

Bild 2.5.4. Diskreter Regelkreis mit Vorfilter $D_V(z)$

ses. Bei diesem Regelkreisentwurf geht man nun so vor, daß man mit Hilfe des Reglers D(z) das Störverhalten und mit dem Vorfilter $D_V(z)$ das Führungsverhalten des Regelkreises beeinflußt.

Ausgangspunkt für die Synthese des Regelkreises ist die festzulegende Störungsübertragungsfunktion

$$G_Z(z) = \frac{Y(z)}{Z(z)} = \frac{G(z)}{1+D(z)G(z)} \overset{!}{=} K_Z(z) \quad . \tag{2.5.49}$$

Für einen Entwurf mit endlicher Einstellzeit ist die Übertragungsfunktion $K_Z(z)$ für das gewünschte Verhalten (Modellübertragungsfunktion K_Z) als endliches Polynom in z^{-1}, also als

$$K_Z(z) = k_o + k_1 z^{-1} + k_2 z^{-2} + \ldots + k_m z^{-m} \tag{2.5.50}$$

anzusetzen.

Aus Gl.(2.5.49) folgt für die Übertragungsfunktion des Reglers

$$D(z) = \frac{G(z) - K_Z(z)}{G(z)\;K_Z(z)} \quad . \tag{2.5.51}$$

Um Aussagen über die Realisierbarkeit des Reglers zu gewinnen, muß nun Gl.(2.5.50) und die Übertragungsfunktion der Regelstrecke

$$G(z) = \frac{B(z)}{A(z)} = \frac{b_1 z^{-1} + b_2 z^{-2} + \ldots + b_n z^{-n}}{1 + a_1 z^{-1} + a_2 z^{-2} + \ldots + a_n z^{-n}} \quad , \tag{2.5.52}$$

in Gl.(2.5.51) eingesetzt werden. Der Einfachheit der Darstellung halber wird hierbei eine Regelstrecke ohne Totzeit angenommen. Als Ergebnis erhält man

$$D(z) = \frac{-k_o + (b_1-k_1-k_oa_1)z^{-1} + (b_2-k_2-k_1a_1-k_oa_2)z^{-2} + \ldots}{k_ob_1z^{-1} + (k_1b_1+k_ob_2)z^{-2} + \ldots} \quad . \tag{2.5.53}$$

Damit die Übertragungsfunktion dieses Reglers realisierbar wird, d. h. der Absolutkoeffizient im Nenner von D(z) vorhanden ist, müssen die Bedingungen

$$k_o = 0 \tag{2.5.54a}$$

und

$$k_1 = b_1 \tag{2.5.54b}$$

erfüllt sein. Durch Einsetzen dieser Werte in Gl.(2.5.53) erkennt man unmittelbar, daß im Nenner- und Zählerpolynom von D(z) mit z^{-2} gekürzt werden kann.

Damit sprungförmige Störungen vollständig ausgeregelt werden, muß die Bedingung

$$\lim_{k\to\infty} y(k) = 0$$

erfüllt sein. Unter Beachtung von Gl.(2.3.17) liefert diese Bedingung dann $K_Z(1) = 0$. Daraus wird ersichtlich, daß $K_Z(z)$ eine Nullstelle bei $z = 1$ enthalten muß. Als erstes Ergebnis folgt damit für die gewünschte Störungsübertragungsfunktion

$$K_Z(z) = (1-z^{-1})K_Z'(z) \quad , \tag{2.5.56}$$

wobei $K_Z'(z)$ ein noch zu bestimmendes Polynom ist.

Neben der Regelgröße y(k) muß die Stellgröße u(k) ebenfalls in endlicher Zeit ihren stationären Wert erreichen. Die zugehörige Übertragungsfunktion ist gegeben durch

$$G_{UZ}(z) = \frac{U(z)}{Z(z)} = -\frac{D(z)G(z)}{1+D(z)G(z)} = \frac{K_Z(z)}{G(z)} - 1 = \frac{K_Z(z)A(z) - B(z)}{B(z)} \quad . \tag{2.5.57}$$

Die Stellgröße u(k) kann aber nur dann in endlicher Zeit den stationären Wert erreichen, wenn $K_Z(z)$ das Zählerpolynom B(z) der Regelstrecke als Faktor enthält. Die Störungsübertragungsfunktion $K_Z(z)$ muß somit die Struktur

$$K_Z(z) = (1-z^{-1})B(z)B_Z(z) \tag{2.5.58}$$

besitzen, wobei $B_Z(z)$ hier ein frei wählbares Polynom in z^{-1} der Form

$$B_Z(z) = b_{Z0} + b_{Z1}z^{-1} + \ldots + b_{Ze}z^{-e}$$

ist. Damit erhält man für Gl.(2.5.58)

$$K_Z(z) = (1-z^{-1})[b_1z^{-1} + \ldots + b_nz^{-n}][b_{Z0} + \ldots + b_{Ze}z^{-e}]$$

$$= b_{Z0}b_1z^{-1} + \ldots + b_{Ze}b_nz^{-(n+e+1)} \quad .$$

Der Vergleich mit Gl.(2.5.50) sowie die Berücksichtigung der Realisierbarkeitsbedingung nach Gl.(2.5.54a, b) zeigt, daß

$$b_{Z0} = 1 \tag{2.5.59}$$

sein muß.

Die Übertragungsfunktion des Reglers errechnet sich nach Einsetzen von Gl.(2.5.58) in Gl.(2.5.51) zu

$$D(z) = \frac{1 - (1-z^{-1})B_Z(z)A(z)}{(1-z^{-1})B_Z(z)B(z)} \quad . \tag{2.5.60}$$

Die wichtige Forderung nach einer stabilen Stellübertragungsfunktion $G_{UZ}(z)$ (und damit meist auch nach einer stabilen Reglerübertragungsfunktion) ist nicht erfüllt, wenn $B(z)$ Wurzeln besitzt, die außerhalb oder auf dem Einheitskreis liegen. Treten solche Wurzeln auf, so kann $B(z)$ wiederum in der Form

$$B(z) = B^+(z)B^-(z) \tag{2.5.61}$$

geschrieben werden. $B^-(z)$ enthält alle Wurzeln außerhalb und auf dem Einheitskreis. Eine Kompensation dieser Streckennullstellen durch Reglerpolstellen nach Gl.(2.5.60) ist nicht zulässig, da dann zwar theoretisch die Regelgröße $y(k)$ stabil ist, jedoch die Stellgröße $u(k)$ über alle Grenzen anwächst, was aus praktischen Gesichtspunkten nicht realisiert werden kann. Somit wird das Regelsystem doch instabil. Deshalb wird für den Zähler von Gl.(2.5.60) der Ansatz

$$1 - (1-z^{-1})B_Z(z)A(z) = B^-(z)H(z) \tag{2.5.62}$$

gemacht, wobei das Polynom $B_Z(z)$ unter Berücksichtigung von Gl.(2.5.59) eingesetzt wurde. Die Berücksichtigung einer Aufspaltung des Nennerpolynoms $A(z)$ der Regelstrecke in $A^-(z)$ und $A^+(z)$ ist nicht erforderlich, weil das Zählerpolynom von Gl.(2.5.60) nicht $A^-(z)$ als Faktor enthält, und somit eine Kürzung instabiler Regelstreckenpole nicht auftritt.

Die Polynome $B_Z(z)$ und $H(z)$ lassen sich dann durch Koeffizientenvergleich beider Seiten der Gl.(2.5.62) ermitteln. Das ist aber nur dann möglich, wenn die Polynome $B_Z(z)$ und $H(z)$ bezüglich ihres Grades bestimmte Bedingungen erfüllen. Für den Grad der Polynome in Gl.(2.5.62) gilt

$$1 + \text{Grad } B_Z + \text{Grad } A = \text{Grad } B^- + \text{Grad } H \quad . \tag{2.5.63}$$

Damit läßt sich der Grad des Polynoms $H(z)$ nach

$$\text{Grad } H = 1 + \text{Grad } B_Z + \text{Grad } A - \text{Grad } B^- \tag{2.5.64}$$

berechnen.

Die Übertragungsfunktion des Reglers läßt sich mit Hilfe der Gln. (2.5.60) bis (2.5.62) dann als

$$D(z) = \frac{H(z)}{(1-z^{-1})B_Z(z)B^+(z)} \tag{2.5.65}$$

angeben.

Nach der Synthese des Reglers für eine vorgegebene Störungsübertragungsfunktion muß nun durch einen entsprechenden Entwurf des Vorfilters dafür gesorgt werden, daß der Regelkreis gemäß Bild 2.5.4 das geforderte Führungsübertragungsverhalten

$$G_W(z) = \frac{Y(z)}{W(z)} = D_V(z)\,\frac{D(z)G(z)}{1+D(z)G(z)} = D_V(z)\,\frac{G(z) - K_Z(z)}{G(z)} \stackrel{!}{=} K_W(z) \tag{2.5.66}$$

erhält. Durch Auflösung dieser Beziehung läßt sich die Übertragungsfunktion des Vorfilters

$$D_V(z) = \frac{K_W(z)G(z)}{G(z)-K_Z(z)} \tag{2.5.67}$$

ermitteln.

Bei sprungförmiger Eingangsgröße $w(k)$ müssen nun die Regelgröße $y(k)$ und die Stellgröße $u(k)$ in endlicher Zeit ihre stationären Werte erreichen. Um dies zu gewährleisten, betrachtet man zuerst die z-Transformierte der Stellgröße

$$U(z) = \frac{K_W(z)}{B(z)}\,A(z)W(z) \quad . \tag{2.5.68}$$

Damit $U(z)$ ein endliches Polynom in z^{-1} wird, muß $K_W(z)$ das Polynom $B(z)$ enthalten. Man kann somit nach Gl.(2.5.35) den allgemeinen Ansatz

$$K_W(z) = B(z)B_K(z)P(z) \tag{2.5.69}$$

machen. Da die Regelgröße keine bleibende Regelabweichung aufweisen soll, muß hier gelten

$$K_W(1) = 1 \quad . \tag{2.5.70}$$

Diese Bedingung ist erfüllt, wenn wie in Gl. (2.5.39) der Ansatz

$$P(z) = \frac{1}{B(1)B_K(1)} = \text{const} \tag{2.5.71}$$

gewählt wird. $B_K(z)$ bleibt weiterhin frei wählbar und kann z. B. in der Form

$$B_K(z) = b_{K0} + b_{K1}z^{-1} \quad , \tag{2.5.72}$$

wie im Abschnitt 2.5.2.2 bereits beschrieben wurde, dazu benutzt werden, um die Stellamplitude, bei einer sprungförmigen Sollwertänderung, auf den vorgegebenen Wert u(0) einzustellen.

Mit den Gln. (2.5.69) und (2.5.71) erhält man die Führungsübertragungsfunktion

$$K_W(z) = \frac{B(z)B_K(z)}{B(1)B_K(1)} \quad . \tag{2.5.73}$$

Setzt man nun die Gln. (2.5.58) und (2.5.73) in Gl. (2.5.67) ein, so folgt für den Fall, daß die Nullstellen der Regelstrecke innerhalb des Einheitskreises liegen, als Übertragungsfunktion des Vorfilters

$$D_V(z) = \frac{[B(z)B_K(z)]/[B(1)B_K(1)]}{1-(1-z^{-1})B_Z(z)A(z)} \quad . \tag{2.5.74}$$

Liegen Nullstellen außerhalb des Einheitskreises, so erhält man mit Gl. (2.5.62) ein Vorfilter mit der Übertragungsfunktion

$$D_V(z) = \frac{B^+(z)B_K(z)}{B(1)B_K(1)H(z)} \quad . \tag{2.5.75}$$

Falls das Polynom H(z) Wurzeln $|z_i| \geqq 1$ enthält, muß entweder der Ansatz gemäß Gl. (2.5.69) um den Term $H^-(z)$ erweitert und dies entsprechend auch in den Gln. (2.5.71), (2.5.73) bis (2.5.75) berücksichtigt werden, oder durch zweckmäßige Wahl des Polynoms $B_Z(z)$ in Gl. (2.5.62) ein Polynom H(z) mit Wurzeln $|z_i| < 1$ festgelegt werden.

Beispiel 2.5.2:

Ausgehend von Bild 2.5.4 soll für die gegebene Übertragungsfunktion einer Regelstrecke

$$G(s) = \frac{1}{s(1+s)} \tag{2.5.76}$$

eine Regelung entworfen werden. Die z-Übertragungsfunktion der kontinuierlichen Regelstrecke läßt sich, unter Berücksichtigung eines Haltegliedes nullter Ordnung, nach Gl.(2.4.18) zu

$$G(z) = \frac{b_1 z^{-1} + b_2 z^{-2}}{1 + a_1 z^{-1} + a_2 z^{-2}} = \frac{B(z)}{A(z)} \tag{2.5.77}$$

mit

$$b_1 = T - 1 + c \quad \text{und} \quad c = e^{-T} \quad , \qquad b_2 = 1 - c - cT \quad ,$$

$$a_1 = -(1 + c) \quad , \qquad a_2 = c$$

berechnen. Läßt man in Gl.(2.5.60) das Polynom $B_Z(z)$ unberücksichtigt, setzt also $B_Z(z) = 1$, so ist die Übertragungsfunktion des Reglers gegeben durch

$$D(z) = \frac{1 - (1-z^{-1})A(z)}{(1-z^{-1})B(z)} \quad . \tag{2.5.78}$$

Werden nun die Polynome A(z) und B(z) der Übertragungsfunktion der Regelstrecke eingesetzt, so erhält man

$$D(z) = \frac{1 - a_1 + z^{-1}(a_1 - a_2) + z^{-2}a_2}{(1-z^{-1})(b_1 + b_2 z^{-1})} \quad . \tag{2.5.79}$$

Der Einfluß der Störgröße Z(z) auf die Regelgröße Y(z) läßt sich nach Einsetzen der Gln.(2.5.77) und (2.5.78) in Gl.(2.5.49) durch die Übertragungsfunktion $G_Z(z)$ in der Form

$$\begin{aligned} G_Z(z) = \frac{Y(z)}{Z(z)} &= (1 - z^{-1})B(z) \\ &= b_1 z^{-1} + (b_2 - b_1)z^{-2} - b_2 z^{-3} \end{aligned} \tag{2.5.80}$$

beschreiben.

Legt man sprungförmige Störungen z(k) = s(k) zugrunde und wendet den Verschiebungssatz nach Gl.(2.3.10) an, so ergibt sich aus Gl.(2.5.80) für die Regelgröße y(k) die Zahlenfolge

$$y(k) = b_1 z(k-1) + (b_2-b_1) z(k-2) - b_2 z(k-3) \quad ,$$

den Werten

$$y(0) = 0$$
$$y(1) = b_1$$
$$y(2) = b_2$$
$$y(\nu) = 0 \quad \text{für} \quad \nu \geqq 3 \quad .$$

Einfluß der Stellgröße $U(z)$ auf die Regelgröße $Y(z)$ wird unter Be-
:ksichtigung von $B_Z(z) = 1$ und den Gln.(2.5.57) und (2.5.58) be-
ırieben durch die Übertragungsfunktion

$$G_{UZ}(z) = \frac{U(z)}{Z(z)} = (1-z^{-1})A(z) - 1$$
$$= (a_1-1)z^{-1} + (a_2-a_1)z^{-2} - a_2 z^{-3} \quad .$$

s Antwort auf eine sprungförmige Störung $z(k) = s(k)$ erhält man hier-
:s die Zahlenfolge

$$u(k) = (a_1-1)z(k-1) + (a_2-a_1)z(k-2) - a_2 z(k-3) \quad ,$$

.t den Werten

$$u(0) = 0$$
$$u(1) = a_1 - 1$$
$$u(2) = a_2 - 1$$
$$u(\nu) = -1 \quad \text{für} \quad \nu \geqq 3 \quad .$$

ıs geforderte Führungsübertragungsverhalten $K_W(z)$ wird, wie bereits
:schrieben, durch das Vorfilter $D_V(z)$ festgelegt. Verzichtet man auf
.ne Begrenzung der Stellgröße durch das Polynom $B_K(z)$, setzt also wie-
:rum $B_K(z) = 1$, so folgt für die Übertragungsfunktion des Vorfilters
ıch Gl.(2.5.74)

$$D_V(z) = \frac{B(z)/B(1)}{1 - (1-z^{-1})A(z)}$$

$$= \frac{(b_1+b_2 z^{-1})/(b_1+b_2)}{1 - a_1 + (a_1-a_2)z^{-1} + a_2 z^{-2}} \quad .$$

.e Antwort auf eine sprungförmige Führungsgröße $w(k) = s(k)$ läßt sich
ir die Regelgröße nach Gl.(2.5.66) unter Verwendung der Beziehung
$;(z) \overset{!}{=} G_Z(z)$ gemäß Gl.(2.5.80) aus der Übertragungsfunktion

$$G_W(z) = \frac{Y(z)}{W(z)} = \frac{B(z)}{B(1)} = \frac{b_1}{b_1+b_2} z^{-1} + \frac{b_2}{b_1+b_2} z^{-2}$$

zu

$$y(k) = \frac{b_1}{b_1+b_2} w(k-1) + \frac{b_2}{b_1+b_2} w(k-2)$$

mit den Werten

$$y(0) = 0 \quad ,$$

$$y(1) = \frac{b_1}{b_1+b_2} \quad ,$$

$$y(\nu) = 1 \quad \text{für} \quad \nu \geqq 2$$

bestimmen.

Die Übertragungsfunktion $G_{UW}(z)$ berechnet sich aus Gl.(2.5.68) unter Berücksichtigung der Beziehung $K_W(z) \overset{!}{=} G_W(z)$ zu

$$G_{UW}(z) = \frac{U(z)}{W(z)} = \frac{A(z)}{B(1)} = \frac{1}{b_1+b_2} + \frac{a_1}{b_1+b_2} z^{-1} + \frac{a_2}{b_1+b_2} z^{-2} \quad .$$

Die Stellgröße ist dann für eine sprungförmige Führungsgröße $w(k) = s(k)$ durch die Zahlenfolge

$$u(k) = \frac{1}{b_1+b_2} w(k) + \frac{a_1}{b_1+b_2} w(k-1) + \frac{a_2}{b_1+b_2} w(k-2) \quad ,$$

mit den Werten

$$u(0) = \frac{1}{b_1+b_2} \quad ,$$

$$u(1) = \frac{1+a_1}{b_1+b_2} \quad ,$$

$$u(\nu) = \frac{1+a_1+a_2}{b_1+b_2} \quad \text{für} \quad \nu \geqq 2$$

gegeben.

Die interessierenden Übergangsfunktionen des in Bild 2.5.4 dargestellten Regelkreises sind in Bild 2.5.5 zusammengefaßt.

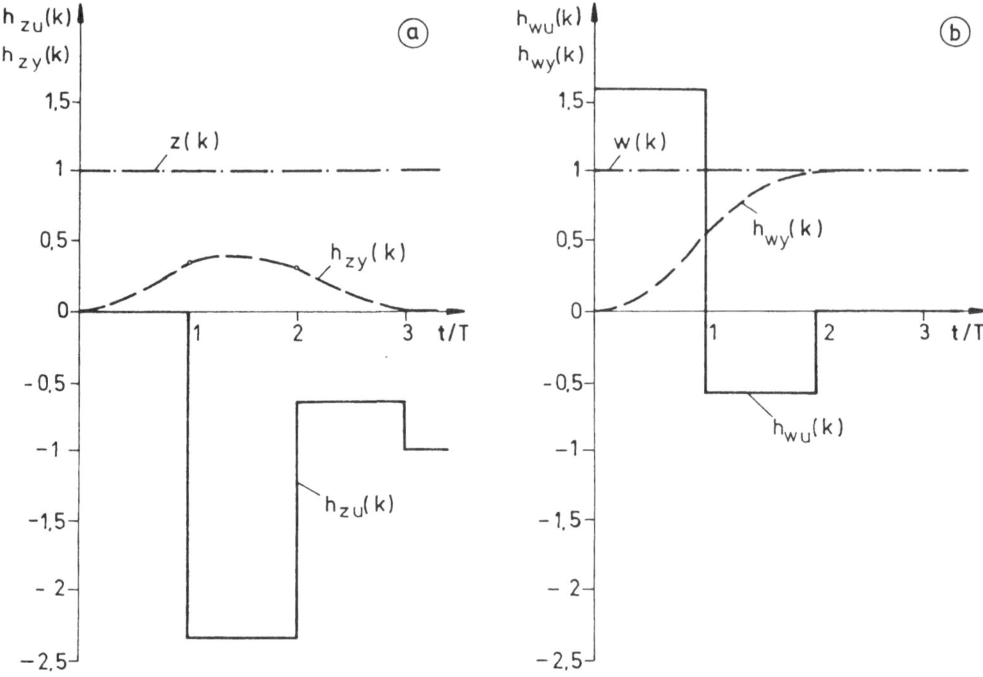

Bild 2.5.5. Übergangsfunktionen des Regelkreises nach Bild 2.5.4:
(a) Regelgröße $h_{zy}(k)$ und Stellgröße $h_{zu}(k)$ für $z(k) = s(k)$
(b) Regelgröße $h_{wy}(k)$ und Stellgröße $h_{wu}(k)$ für $w(k) = s(k)$

Vor- und Nachteile des Kompensationsverfahrens:

Das hier beschriebene Verfahren ist besonders wegen seiner Einfachheit interessant. Zunächst muß die z-Übertragungsfunktion G(z) aus der Übertragungsfunktion G(s) der Regelstrecke unter Berücksichtigung eines Haltegliedes nullter Ordnung bestimmt werden. Hierbei ist die Abtastzeit schon ein entscheidender Entwurfsparameter. Nun kann der Regelalgorithmus nach Wahl einer geeigneten z-Übertragungsfunktion für das Führungsverhalten $K_W(z)$ ohne weiteren Aufwand berechnet werden. Fordert man minimale Einstellzeit, so hängt diese, abgesehen von einer eventuell vorhandenen Totzeit T_t der Regelstrecke, nur von der gewählten Abtastzeit T ab. Der geschlossene Regelkreis ist stets stabil, insbesondere auch bei großen Abtastzeiten. Große Totzeiten, die im allgemeinen Schwierigkeiten bereiten, beeinträchtigen den Entwurf hier überhaupt nicht.

Allerdings sind die Anforderungen bezüglich der Genauigkeit von G(z), also des diskreten Modells der Regelstrecke, relativ hoch. Aus diesem Grund ist im praktischen Fall die minimale Einstellzeit kaum exakt zu erreichen. Trotzdem ist, wie Untersuchungen gezeigt haben [2.9], die Empfindlichkeit solcher Kompensationsalgorithmen gegenüber Ungenauigkeiten der Übertragungsfunktion der Regelstrecke oder Änderungen der Streckenparameter kaum größer als bei kontinuierlich entworfenen Kompensationsreglern.

Als Nachteil wird gelegentlich auch der Realisierungsaufwand erscheinen, da die Ordnung des Regelalgorithmus in Abhängigkeit von der Ordnung der Regelstrecke sowie der Totzeit relativ hoch werden kann, jedoch fällt dies bei den heute zur Verfügung stehenden Möglichkeiten preiswerter Mikrorechner meist nicht mehr ins Gewicht.

2.6. Darstellung im Zustandsraum

Die Zustandsraumdarstellung ist bei diskreten Systemen in der gleichen Art anwendbar wie bei kontinuierlichen. Ebenso wie man eine lineare Differentialgleichung n-ter Ordnung in ein System von n linearen Differentialgleichungen erster Ordnung umwandeln kann, ist auch eine lineare Differenzengleichung n-ter Ordnung als System von n linearen Differenzengleichungen erster Ordnung darstellbar. In Matrixschreibweise ergibt sich damit für ein lineares zeitinvariantes diskretes *Mehrgrößensystem* die Zustandsraumdarstellung

$$\underline{x}(k+1) = \underline{A}_d \underline{x}(k) + \underline{B}_d \underline{u}(k) \quad , \quad \underline{x}(0) = \underline{x}_0 \tag{2.6.1}$$

$$\underline{y}(k) = \underline{C}_d \underline{x}(k) + \underline{D}_d \underline{u}(k) \quad . \tag{2.6.2}$$

Der *Zustandsvektor* $\underline{x}(k)$ hat die Dimension $(n \times 1)$, $\underline{u}(k)$ ist der *Eingangs-* oder *Steuervektor* der Dimension $(r \times 1)$ und $\underline{y}(k)$ der *Ausgangsvektor* mit der Dimension $(m \times 1)$. Die Bezeichnungen der Matrizen entsprechen ebenfalls den früher schon benutzten: *Systemmatrix* $\underline{A}_d\,(n \times n)$, *Steuermatrix* $\underline{B}_d\,(n \times r)$, *Beobachtungsmatrix* $\underline{C}_d\,(m \times n)$ und *Durchgangsmatrix* $\underline{D}_d\,(m \times r)$. Bild 2.6.1 zeigt das Blockschaltbild, das diesen Gleichungen entspricht. Das Laufzeitglied stellt dabei eine "vektorielle" Totzeit, die gleich der Abtastzeit T ist, dar.

Für den speziellen Fall eines *Eingrößensystems* mit der Differenzengleichung gemäß Gl.(2.4.1), also

$$y(k) + \sum_{\nu=1}^{n} \alpha_\nu \, y(k-\nu) = \sum_{\nu=0}^{n} \beta_\nu \, u(k-\nu) \quad ,$$

lassen sich ähnlich wie in Abschnitt 1.5 verschiedene Normalformen je

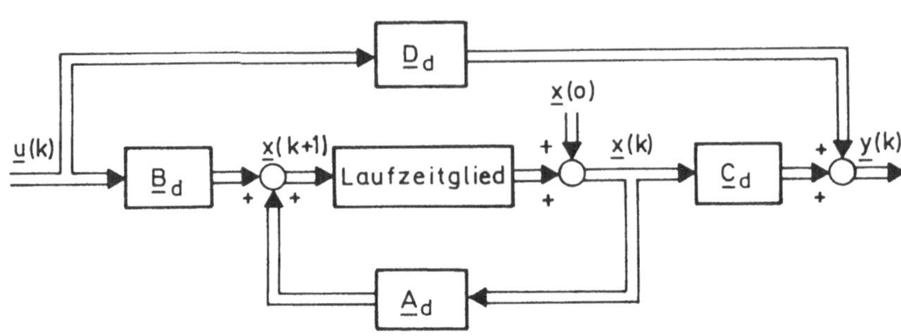

Bild 2.6.1. Blockschaltbild der Zustandsraumdarstellung eines diskreten Systems nach den Gln.(2.6.1) und (2.6.2)

nach der Definition der Zustandsgrößen angeben. Führt man beispielsweise die Hilfsgröße

$$v(k) = u(k) - \sum_{\nu=1}^{n} \alpha_\nu \, v(k-\nu) \tag{2.6.3}$$

ein, womit für die Ausgangsgröße die Gleichung

$$y(k) = \sum_{\nu=o}^{n} \beta_\nu \, v(k-\nu) \tag{2.6.4}$$

folgt, so erhält man die in Bild 2.6.2 dargestellte Struktur. Mit der hier gewählten Definition der Zustandsgrößen,

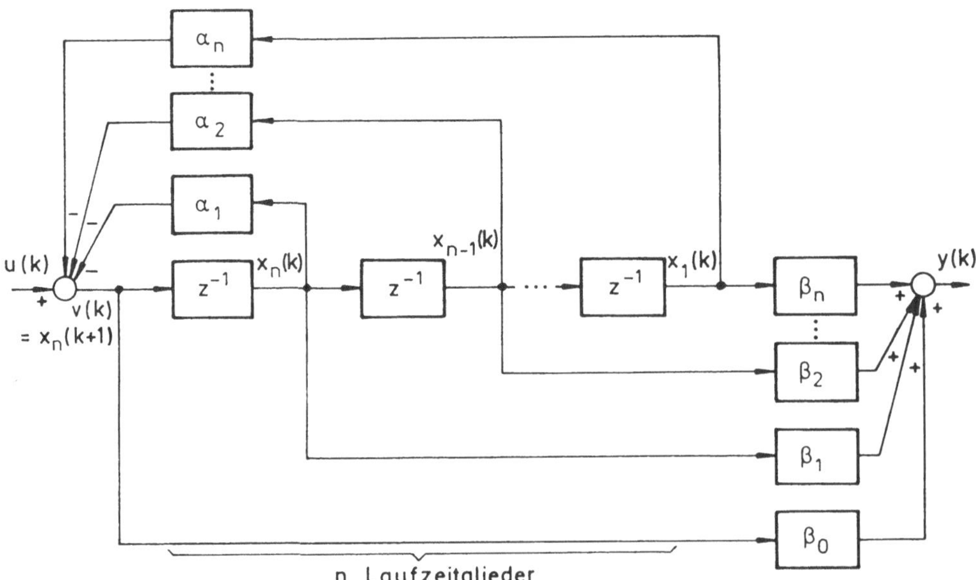

Bild 2.6.2. Blockschaltbild eines diskreten Systems in Regelungsnormalform

$$
\begin{aligned}
x_n(k) &= v(k-1)\\
x_{n-1}(k) &= v(k-2)\\
&\vdots\\
x_1(k) &= v(k-n)
\end{aligned}
$$

folgt unmittelbar aus Bild 2.6.2 das System der Zustandsgleichungen

$$
\begin{aligned}
x_1(k+1) &= x_2(k)\\
x_2(k+1) &= x_3(k)\\
&\vdots\\
x_n(k+1) &= -\alpha_n x_1(k) - \ldots - \alpha_2 x_{n-1}(k) - \alpha_1 x_n(k) + u(k)
\end{aligned}
$$

und die Ausgangsgleichung

$$y(k) = \beta_n x_1(k) + \ldots + \beta_1 x_n(k) + \beta_o[-\alpha_n x_1(k) - \ldots - \alpha_1 x_n(k) + u(k)] \ .$$

In Vektor- bzw. Matrizenschreibweise ergibt sich somit

$$\underline{x}(k+1) = \begin{bmatrix} 0 & 1 & 0 & 0 \ldots & 0\\ 0 & 0 & 1 & 0 \ldots & 0\\ \vdots & & & \ddots & \vdots\\ 0 & \ldots & & 0 \quad 1 & 0\\ 0 & \ldots & & 0 \quad 0 & 1\\ -\alpha_n & \ldots & & -\alpha_3 \; -\alpha_2 & -\alpha_1 \end{bmatrix} \underline{x}(k) + \begin{bmatrix} 0\\ 0\\ \vdots\\ 0\\ 0\\ 1 \end{bmatrix} u(k) \qquad (2.6.5)$$

und

$$y(k) = [(\beta_n - \beta_o\alpha_n) \ldots (\beta_1 - \beta_o\alpha_1)] \ \underline{x}(k) + \beta_o u(k) \quad . \qquad (2.6.6)$$

Diese Darstellung entspricht der im Abschnitt 1.5 eingeführten Regelungsnormalform mit der Systemmatrix in Frobeniusform, wobei die Koeffizienten direkt aus der z-Übertragungsfunktion nach Gl. (2.4.3) entnommen werden. Ebenso können auch die beiden anderen im Abschnitt 1.5 besprochenen Normalformen für diskrete Systeme hergeleitet werden.

2.6.1. Lösung der Zustandsgleichungen

Die Lösung der Gl. (2.6.1) ist sehr einfach in rekursiver Form möglich. Dazu wird die Zustandsgleichung für k = 1,2,... angeschrieben:

$$
\begin{aligned}
\underline{x}(1) &= \underline{A}_d \underline{x}(0) + B_d \underline{u}(0)\\
\underline{x}(2) &= \underline{A}_d \underline{x}(1) + \underline{B}_d \underline{u}(1) = \underline{A}_d^2 \ \underline{x}(0) + \underline{A}_d \ \underline{B}_d \underline{u}(0) + \underline{B}_d \underline{u}(1)\\
\underline{x}(3) &= \underline{A}_d \underline{x}(2) + \underline{B}_d \underline{u}(2) = \underline{A}_d^3 \ \underline{x}(0) + \underline{A}_d^2 \ \underline{B}_d \underline{u}(0) + \underline{A}_d \underline{B}_d \underline{u}(1) + \underline{B}_d \underline{u}(2)\\
&\vdots
\end{aligned}
\qquad (2.6.7)
$$

Hieraus erhält man die allgemeine Form der Lösung für k = 1,2,...

$$\underline{x}(k) = \underline{A}_d^k \, \underline{x}(0) + \sum_{j=0}^{k-1} \underline{A}_d^{k-j-1} \, \underline{B}_d \underline{u}(j) \quad , \tag{2.6.8}$$

die sich wie im kontinuierlichen Fall aus den beiden Termen der homogenen Lösung für den Anfangszustand $\underline{x}(0)$ (freie Reaktion) und der partikulären Lösung (erzwungene Reaktion) zusammensetzt. In Analogie zu Gl.(1.2.7) bezeichnet man die Matrix

$$\underline{\Phi}(k) = \underline{A}_d^k \tag{2.6.9}$$

als *Übergangsmatrix* oder *Fundamentalmatrix* des diskreten Systems. Sie ist auch in rekursiver Form

$$\underline{\Phi}(k+1) = \underline{A}_d \, \underline{\Phi}(k) \quad \text{mit} \quad \underline{\Phi}(0) = \underline{I} \tag{2.6.10}$$

darstellbar. Damit kann anstelle von Gl.(2.6.8) nun

$$\underline{x}(k) = \underline{\Phi}(k) \, \underline{x}(0) + \sum_{j=0}^{k-1} \underline{\Phi}(k-j-1) \, \underline{B}_d \underline{u}(j) \tag{2.6.11}$$

geschrieben werden. Durch Einsetzen in Gl.(2.6.2) erhält man schließlich für die Ausgangsgleichung

$$y(k) = \underline{C}_d \underline{\Phi}(k) \underline{x}(0) + \underline{C}_d \sum_{j=0}^{k-1} \underline{\Phi}(k-j-1) \underline{B}_d \underline{u}(j) + \underline{D}_d \underline{u}(k) \quad . \tag{2.6.12}$$

Die Berechnung der Übergangsmatrix $\underline{\Phi}(k)$ kann auch durch Anwendung der z-Transformation im Frequenzbereich erfolgen. Mit Hilfe des Verschiebungssatzes der z-Transformation, Gl.(2.3.11), ergibt sich aus Gl. (2.6.1)

$$z \, \underline{X}(z) - z \, \underline{x}(0) = \underline{A}_d \, \underline{X}(z) + \underline{B}_d \, \underline{U}(z)$$

oder

$$\underline{X}(z) = (z \, \underline{I} - \underline{A}_d)^{-1} z \, \underline{x}(0) + (z \, \underline{I} - \underline{A}_d)^{-1} \, \underline{B}_d \, \underline{U}(z) \quad . \tag{2.6.13}$$

Die Rücktransformation dieser Gleichung in den Zeitbereich liefert die Lösung $\underline{x}(k)$ in der Form

$$\underline{x}(k) = \mathcal{Z}^{-1}\{(z \, \underline{I} - \underline{A}_d)^{-1} z\} \, \underline{x}(0) + \mathcal{Z}^{-1}\{(z \, \underline{I} - \underline{A}_d)^{-1} \, \underline{B}_d \, \underline{U}(z)\} \quad ,$$

woraus durch Vergleich mit Gl.(2.6.11) für die Fundamentalmatrix schließlich folgt:

$$\underline{\Phi}(k) = \underline{A}_d^k = \mathcal{Z}^{-1}\{(z \, \underline{I} - \underline{A}_d)^{-1} z\} \quad . \tag{2.6.14}$$

Die *Übertragungsmatrix* $\underline{\underline{G}}(z)$ eines diskreten Systems erhält man aus der z-transformierten Ausgangsgleichung, Gl.(2.6.2),

$$\underline{Y}(z) = \underline{C}_d \, \underline{X}(z) + \underline{D}_d \, \underline{U}(z)$$

durch Einsetzen von Gl.(2.6.13) mit $\underline{x}(0) = \underline{0}$

$$\underline{Y}(z) = [\underline{C}_d(z\,\underline{I} - \underline{A}_d)^{-1}\,\underline{B}_d + \underline{D}_d]\,\underline{U}(z) = \underline{\underline{G}}(z)\,\underline{U}(z) \quad ,$$

als

$$\underline{\underline{G}}(z) = \underline{C}_d(z\,\underline{I} - \underline{A}_d)^{-1}\,\underline{B}_d + \underline{D}_d \quad . \tag{2.6.15}$$

2.6.2. Zusammenhang zwischen der kontinuierlichen und der diskreten Zustandsraumdarstellung

Nachfolgend soll die Frage behandelt werden, wie ein gegebenes kontinuierliches System in eine äquivalente diskrete Darstellung im Zustandsraum umgewandelt werden kann, so daß die diskreten Eingangs-, Ausgangs- und Zustandsgrößen in den Abtastzeitpunkten mit den entsprechenden abgetasteten Signalen des kontinuierlichen Systems identisch sind. Diese Fragestellung ist sowohl bei der Behandlung von Abtastregelkreisen mit kontinuierlichen Regelstrecken, als auch bei der digitalen Simulation kontinuierlicher Systeme bedeutsam. Es soll dabei gezeigt werden, daß der Zusammenhang zwischen der kontinuierlichen und der diskreten Zustandsraumdarstellung nur dann hergeleitet werden kann, wenn der Zeitverlauf des kontinuierlichen Eingangsvektors $\underline{u}(t)$ vorgegeben ist. Dazu geht man von der Zustandsdifferentialgleichung (1.1.7a) aus, deren Lösung

$$\underline{x}(t) = e^{\underline{A}(t-t_0)}\underline{x}(t_0) + \int_{t_0}^{t} e^{\underline{A}(t-\tau)}\,\underline{B}\,\underline{u}(\tau)d\tau, \; t > t_0$$

in den Gln.(1.2.7a) und (1.2.8) angegeben wurde. Nun wird der Zustandsvektor im Zeitpunkt $t = (k+1)T$ bestimmt, wobei $t_0 = kT$ angenommen sei:

$$\underline{x}[(k+1)T] = e^{\underline{A}T}\,\underline{x}(kT) + \int_{kT}^{(k+1)T} e^{\underline{A}[(k+1)T-\tau]}\underline{B}\,\underline{u}(\tau)d\tau \quad . \tag{2.6.16}$$

Mit der Substitution $\theta = \tau - kT$ vereinfacht sich der Integralausdruck, und es ergibt sich

$$\underline{x}[(k+1)T] = e^{\underline{A}T}\,\underline{x}(kT) + e^{\underline{A}T}\int_{0}^{T} e^{-\underline{A}\theta}\underline{B}\,\underline{u}(kT+\theta)d\theta \quad .$$

Um diesen Ausdruck auswerten zu können, muß der Zeitverlauf von $\underline{u}(t)$ bekannt sein. Es ist naheliegend, $\underline{u}(t)$ als stückweise konstant anzunehmen, was aufgrund der speziellen Arbeitsweise bei Abtastsystemen häufig der Fall ist. Diese Annahme entspricht einem Halteglied nullter Ordnung. Es gilt dann

$$\underline{u}(kT+\Theta) = \underline{u}(kT) \quad , \quad 0 \leq \Theta < T \quad . \tag{2.6.17}$$

Damit kann das Integral berechnet werden, und es folgt, sofern $\underline{A}$ nichtsingulär ist,

$$\underline{x}[(k+1)T] = e^{\underline{A}T}\,\underline{x}(kT) + e^{\underline{A}T}(\underline{I} - e^{-\underline{A}T})\underline{A}^{-1}\,\underline{B}\,\underline{u}(kT)$$

oder in der verkürzten Schreibweise

$$\underline{x}(k+1) = e^{\underline{A}T}\,\underline{x}(k) + (e^{\underline{A}T} - \underline{I})\underline{A}^{-1}\,\underline{B}\,\underline{u}(k) \quad . \tag{2.6.18}$$

Der Vergleich der Gl.(2.6.18) mit Gl.(2.6.1) liefert nun unter den Voraussetzungen von Gl.(2.6.17) folgenden Zusammenhang zwischen den Matrizen der kontinuierlichen und der diskreten Zustandsdarstellung:

$$\underline{A}_d = \underline{A}_d(T) = e^{\underline{A}T} \tag{2.6.19}$$

$$\underline{B}_d = \underline{B}_d(T) = (e^{\underline{A}T} - \underline{I})\underline{A}^{-1}\,\underline{B} \quad . \tag{2.6.20}$$

Wie sich leicht nachweisen läßt, sind die Matrizen $\underline{C}$ und $\underline{C}_d$ sowie $\underline{D}$ und $\underline{D}_d$ jeweils für beide Darstellungsformen dieselben.

Zur numerischen Auswertung der Gln.(2.6.19) und (2.6.20) benutzt man die Reihenentwicklung gemäß Gl.(1.2.6) in der Form

$$\underline{A}_d = \underline{I} + \underline{A}T + \underline{A}^2\frac{T^2}{2!} + \underline{A}^3\frac{T^3}{3!} + \ldots = \sum_{\nu=0}^{\infty} \underline{A}^{\nu}\frac{T^{\nu}}{\nu!} = \underline{\Phi}(T)$$

$$= \underline{I} + \underbrace{T(\underline{I} + \underline{A}\frac{T}{2!} + \underline{A}^2\frac{T^2}{3!} + \ldots)}_{\underline{S}}\underline{A} \quad .$$

In der auf die Abtastzeit T bezogenen Form folgt dann mit Gl.(2.6.9) die Beziehung $\underline{\Phi}(T) \equiv \underline{\Phi}(1)$. Zweckmäßigerweise berechnet man zuerst die Matrix

$$\underline{S} = T\sum_{\nu=0}^{\infty} \underline{A}^{\nu}\frac{T^{\nu}}{(\nu+1)!} \tag{2.6.21}$$

und daraus $\underline{A}_d$ und $\underline{B}_d$ nach den Beziehungen

$$\underline{A}_d = \underline{I} + \underline{S}\,\underline{A} \tag{2.6.22}$$

$$\underline{B}_d = \underline{S}\,\underline{B} \quad , \tag{2.6.23}$$

wodurch eine Inversion der Matrix $\underline{A}$ umgangen wird. Die unendliche Reihe für $\underline{S}$ muß dabei natürlich nach einer endlichen Zahl von Gliedern abgebrochen werden. Diese Zahl N hängt von dem zugelassenen Abbruchfehler ab, der beispielsweise durch die Norm des Zuwachsterms

$$||\underline{A}^N \frac{T^N}{(N+1)!}||$$

abgeschätzt werden kann.

2.6.3. Stabilität, Steuerbarkeit und Beobachtbarkeit

In bezug auf die strukturellen Eigenschaften wie Stabilität, Steuerbarkeit und Beobachtbarkeit ergeben sich bei diskreten Systemen keine neuen Aspekte. Es können daher die bei kontinuierlichen Systemen angestellten Überlegungen unmittelbar auf den diskreten Fall übertragen werden.

Im Abschnitt 2.4.4 wurde als notwendige und hinreichende Bedingung für die Stabilität diskreter Systeme hergeleitet, daß die Pole z_i der das System beschreibenden z-Übertragungsfunktion innerhalb des Einheitskreises in der z-Ebene liegen müssen. Dies gilt selbstverständlich auch für die diskrete Zustandsraumdarstellung. Hierbei erhält man die Pole aus den Eigenwerten der Systemmatrix $\underline{A}_d$, also aus den Wurzeln der *charakteristischen Gleichung*

$$|(z\,\underline{I} - \underline{A}_d)| = 0 \quad . \qquad (2.6.24)$$

Für die *Steuerbarkeit* und *Beobachtbarkeit* gelten die Definitionen aus Abschnitt 1.7.1 mit der diskreten Zeitvariablen k anstelle von t. Die notwendigen und hinreichenden Bedingungen sollen hier noch einmal in der von Kalman angegebenen Form formuliert werden:

Das durch Gl. (2.6.1) beschriebene diskrete System n-ter Ordnung ist genau dann vollständig steuerbar, wenn gilt

$$\text{Rang}\,[\underline{B}_d \,\vdots\, \underline{A}_d\,\underline{B}_d \,\vdots\, \underline{A}_d^2\,\underline{B}_d \,\vdots\, \cdots \,\vdots\, \underline{A}_d^{n-1}\,\underline{B}_d] = n \quad . \qquad (2.6.25)$$

Ebenso gilt für die Beobachtbarkeit:

Das durch die Gln. (2.6.1) und (2.6.2) beschriebene diskrete System n-ter Ordnung ist genau dann vollständig beobachtbar, wenn die Bedingung

$$\text{Rang}\,[\underline{C}_d^T \,\vdots\, \underline{A}_d^T\,\underline{C}_d^T \,\vdots\, (\underline{A}_d^T)^2\underline{C}_d^T \,\vdots\, \cdots \,\vdots\, (\underline{A}_d^T)^{n-1}\underline{C}_d^T] = n \qquad (2.6.26)$$

erfüllt ist.

3. Nichtlineare Regelsysteme

3.1. Allgemeine Eigenschaften nichtlinearer Regelsysteme

Bei den früheren Betrachtungen im Band I wurde ein System als linear und zeitinvariant bezeichnet, falls es durch eine lineare Differentialgleichung oder einen Satz linearer Differentialgleichungen mit konstanten Koeffizienten beschrieben werden konnte, wobei für die Ein- und Ausgangsgrößen des Systems stets das Überlagerungsprinzip galt. Sind darüber hinaus einer oder mehrere der Koeffizienten einer linearen Differentialgleichung zeitabhängig, so handelt es sich um ein lineares zeitvariantes System. Jedes kontinuierliche, dynamische System, das sich nicht mit Hilfe einer dieser beiden Arten von linearen Differentialgleichungen beschreiben läßt, wird als *nichtlinear* bezeichnet. Bei nichtlinearen Systemen gilt das Überlagerungsprinzip nicht. So ist es beispielsweise typisch für ein nichtlineares System, daß die Übergangsfunktionen für kleine und große Sprünge der Eingangsgröße in der Form nicht mehr übereinstimmen.

Aus der obigen Definition geht hervor, daß die Bezeichnung "nichtlineares System" mehr als Sammelbegriff für verschiedenartige Übertragungssysteme zu verstehen ist, die durch sehr unterschiedliche *nichtlineare Phänomene* gekennzeichnet sind. Dementsprechend gibt es im Gegensatz zu den linearen Systemen für die Analyse und Synthese nichtlinearer Übertragungssysteme keine allgemein anwendbaren Verfahren. Zwar stehen zur Behandlung spezieller Klassen nichtlinearer Probleme bestimmte bewährte Verfahren zur Verfügung, eine allgemeine Theorie nichtlinearer Übertragungssysteme existiert jedoch nicht.

Für die *Einteilung* nichtlinearer Übertragungssysteme bestehen verschiedene Möglichkeiten. Oft erfolgt die Einteilung nach mathematischen Gesichtspunkten, wobei nur die Form der betreffenden Differentialgleichung berücksichtigt wird. Eine andere Möglichkeit besteht darin, die wichtigsten nichtlinearen Eigenschaften, die insbesondere bei technischen Systemen auftreten, für eine Einteilung zu verwenden. Hierzu zählen die stetigen und nichtstetigen nichtlinearen *Systemkennlinien*, die in Tabelle 3.1.1 zusammengestellt sind. Dabei unterscheidet man zwischen eindeutigen Kennlinien (z. B. die Fälle 1 bis 4) und mehrdeutigen Kennlinien (z. B. die Fälle 5 bis 7). Die Kennlinien sind dabei häufig symmetrisch zum Ursprung des Koordinatensystems. Oftmals empfiehlt

Lfd. Nr.	Symbol und Bezeichnung	Mathematische Beschreibung und Bemerkungen
1	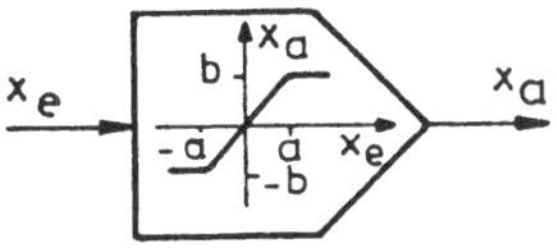 Begrenzung	$x_a = \begin{cases} -b & \text{für } x_e \leqq -a \\ \frac{b}{a} x_e & \text{für } -a \leqq x_e \leqq a \\ b & \text{für } x_e \geqq a \end{cases}$
2	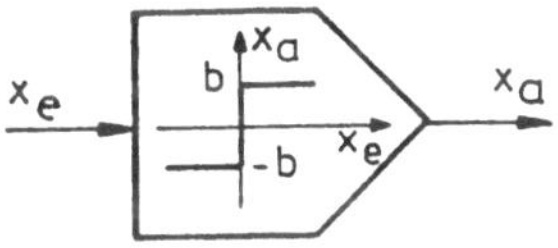 Zweipunktverhalten	$x_a = b \operatorname{sgn} x_e = \begin{cases} -b & \text{für } x_e < 0 \\ b & \text{für } x_e > 0 \end{cases}$
3	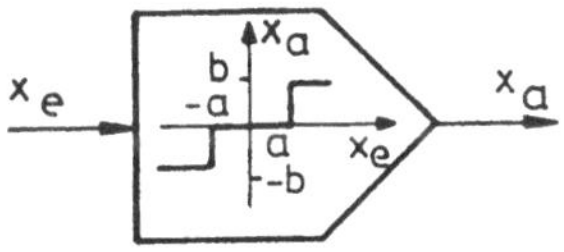 Dreipunktverhalten	$x_a = \begin{cases} -b & \text{für } x_e < -a \\ 0 & \text{für } -a < x_e < a \\ b & \text{für } x_e > a \end{cases}$
4	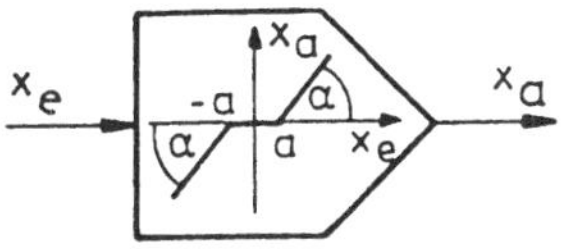 Tote Zone	$x_a = \begin{cases} (x_e + a)\tan\alpha & \text{für } x_e < -a \\ 0 & \text{für } -a \leqq x_e \leqq a \\ (x_e - a)\tan\alpha & \text{für } x_e > a \end{cases}$
5	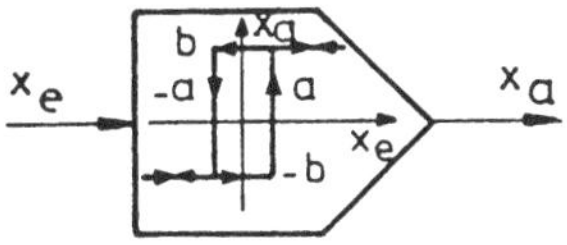 Hystereseverhalten	$x_a = \begin{cases} -b & \text{für } x_e < -a \\ b \operatorname{sgn}(x_e - a \operatorname{sgn} \dot{x}_e) & \text{für } -a < x_e < a \\ b & \text{für } x_e > a \end{cases}$
6	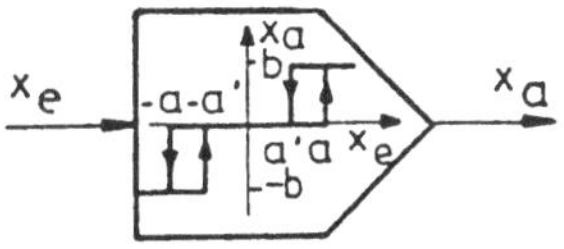 Dreipunktverhalten mit Hysterese	Aufwendige und unanschauliche mathematische Formulierung

Tabelle 3.1.1. Zusammenstellung der wichtigsten nichtlinearen Glieder

7	x_e → x_a Getriebelose	Aufwendige und unanschauliche mathematische Formulierung
8	x_e → x_a Beliebige nichtlineare Kennlinie	$x_a = f(x_e)$
9	x_e → x_a Quantisierung	x_a kann nur stufenweise, diskrete Werte (quantisierte Werte) annehmen
10	x_e → x_a Betragsbildung	$x_a = \|x_e\|$
11	x_e → x_a Quadrierung	$x_a = x_e^2$
12	x_{e_1}, x_{e_2} → × → x_a Multiplikation	$x_a = x_{e1}\ x_{e2}$
13	x_{e_1}, x_{e_2} → ÷ → x_a Division	$x_a = \frac{x_{e1}}{x_{e2}}$

Fortsetzung von Tabelle 3.1.1.

sich auch eine Unterteilung in *ungewollte* und *gewollte Nichtlinearitäten*. Kein physikalisches System ist exakt linear im mathematischen Sinn. Die Nichtlinearität kann jedoch schwach und damit vernachlässigbar sein, sie kann jedoch auch stark sein und sich negativ (gelegentlich auch positiv) auf das dynamische Verhalten eines Übertragungssystems auswirken. Andererseits setzt man beim Reglerentwurf manchmal bewußt nichtlineare Elemente ein, nicht nur weil sie einfach und billig zu realisieren sind (z. B. schaltender Regler), sondern auch um spezielle Eigenschaften des Systems zu erzielen, die mit linearen Elementen nicht erreichbar sind (siehe z. B. zeitoptimale Regelung, Abschnitt 3.6).

Wie schon erwähnt, existiert keine allgemeine Theorie nichtlinearer Systeme. Es gibt jedoch bestimmte Methoden hauptsächlich zur Analyse der Stabilität nichtlinearer Systeme, die nachfolgend in ihren Grundzügen behandelt werden sollen; dies sind die

a) Methode der harmonischen Linearisierung (Abschnitt 3.3.1),
b) Methode der Phasenebene (Abschnitt 3.4),
c) Zweite Methode von Ljapunow (Abschnitt 3.7) sowie das
d) Stabilitätskriterium von Popov (Abschnitt 3.8).

Im übrigen wird man oft bei der Analyse und Synthese nichtlinearer Systeme direkt von der Darstellung im Zeitbereich ausgehen, d. h. man muß die Differentialgleichungen zu lösen versuchen. Hierbei sind *Simulationsmethoden* ein wichtiges Hilfsmittel. Besonders Digital- und Hybridrechenanlagen eignen sich zur Simulation nichtlinearer Systeme; bei kleineren Problemen kann auch der Analogrechner eingesetzt werden.

Wie vielfältig Nichtlinearitäten bei technischen Systemen auftreten können, wird nachfolgend an einem Beispiel erläutert. Dazu wird als Regelstrecke der im Bild 3.1.1 dargestellte Behälter mit einer inkompressiblen Flüssigkeit betrachtet, dessen Flüssigkeitsstand geregelt werden soll. Die Ausgangsgröße y ist gleich dem Flüssigkeitsstand h. Die Eingangsgröße u dieses Systems stellt die Steuerspannung U_M des Motors dar, die über den Motor und das Getriebe die Stellung s_1 des Zulaufventils V_1 beeinflußt, von der wiederum der Zustrom $\dot{m}_e$ in den Behälter abhängt. Der Abstrom $\dot{m}_a$ aus dem Behälter sowie die Stellung des Entlüftungsventils V_3 sind Störgrößen, die bei der Modellbildung nicht berücksichtigt werden sollen. Die zeitliche Änderung des Flüssigkeitsstandes h ist proportional zum Massenzustrom $\dot{m}_e$ und umgekehrt proportional zur Querschnittsfläche F(h) des Behälters, die nichtlinear von h abhängt. Mit ρ als Dichte der Flüssigkeit folgt daraus die Differentialgleichung

$$\frac{dh}{dt} = \frac{1}{\rho F(h)} \dot{m}_e \quad . \tag{3.1.1}$$

Das Ventil V_1 soll linear sein, d. h. der Zustrom $\dot{m}_e$ ist proportional zu der Ventilstellung (Hub) s_1. Allerdings beeinflußt auch die Druck-

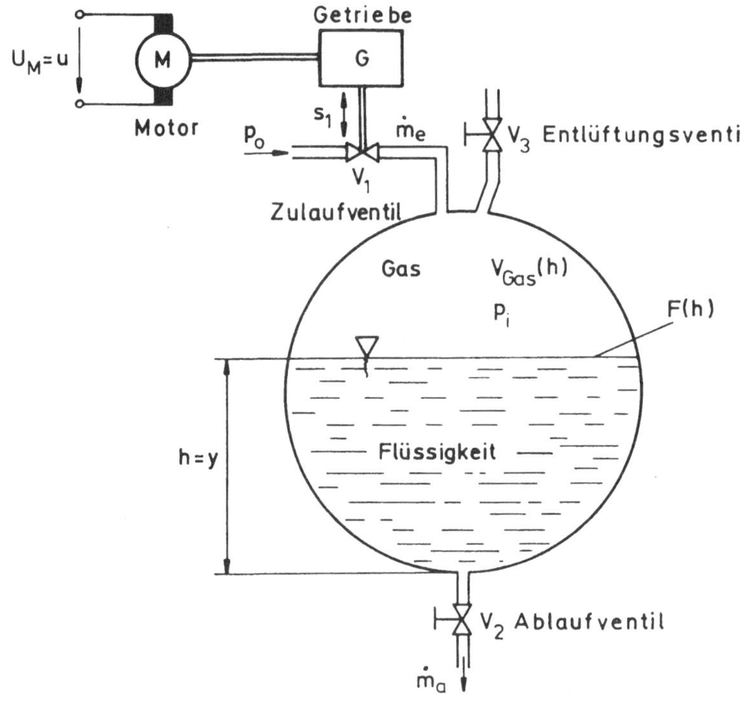

Bild 3.1.1. Behälterstand als Regelstrecke

differenz p_o-p_i den Durchfluß, und es gilt

$$\dot{m}_e = \sqrt{p_o - p_i}\; c_v s_1 \quad , \tag{3.1.2}$$

wobei c_v einen Proportionalitätsfaktor darstellt. Der Behältergasdruck p_i ist abhängig von der Entlüftung, die hier nicht betrachtet wird, und vom Gasvolumen $V_{Gas}(h)$:

$$p_i = \frac{c_G}{V_{Gas}(h)} \quad . \tag{3.1.3}$$

Die Konstante c_G enthält Masse, Temperatur und Gaskonstante des eingeschlossenen Gases.

Der Zusammenhang zwischen dem Ventilhub s_1 und der Eingangsgröße $U_M = u$ wird im wesentlichen durch ein IT_1-Glied beschrieben. Dazu kommt infolge der Reibung eine tote Zone.

Zusammengefaßt erhält man das in Bild 3.1.2 dargestellte Blockschaltbild dieses Behälters als Regelstrecke einschließlich der Stelleinrichtung. Es gilt für $\dot{m}_a = 0$ und geschlossenes Entlüftungsventil. Insgesamt sind darin sechs nichtlineare Glieder enthalten, darunter Multiplikation, Division und Wurzelbildung von Signalen. Bei diesem System ist der Verstärkungsfaktor sehr stark von der Ausgangsgröße h sowie von der Druckdifferenz $p_o - p_i$ abhängig. Soll das Modell für den gesamten Arbeitsbereich gültig sein, so ist eine Linearisierung nicht möglich.

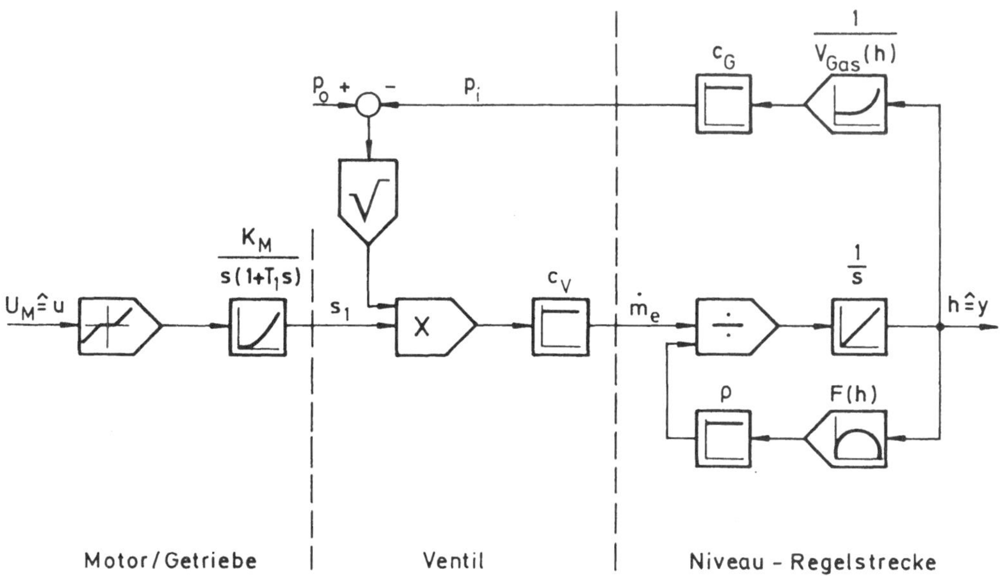

Bild 3.1.2. Blockschaltbild des Flüssigkeitsbehälters mit elektrischem Antrieb des Zulaufventils

3.2. Regelkreise mit Zwei-und Dreipunktreglern

Während bei einem stetig arbeitenden Regler die Reglerausgangsgröße im zulässigen Bereich jeden beliebigen Wert annehmen kann, stellt sich bei Zwei- oder Dreipunktreglern die Reglerausgangsgröße jeweils nur auf zwei oder drei bestimmte Werte (Schaltzustände) ein. Bei einem Zweipunktregler können dies z. B. die beiden Stellungen "Ein und Aus" eines

Schalters sein, bei einem Dreipunktregler z. B. die drei Schaltzustände "Vorwärts", "Rückwärts" und "Ruhestellung" zur Ansteuerung eines Stellgliedes in Form eines Motors. Somit werden diese Regler durch einfache Schaltglieder realisiert, deren Kennlinien unter anderem im Abschnitt 3.1 bereits besprochen wurden. Während Zweipunktregler häufig bei einfachen Temperatur- oder Druckregelungen (z. B. Bügeleisen, Preßluftkompressoren u. a.) verwendet werden, eignen sich Dreipunktregler zur Ansteuerung von Motoren, die als Stellantriebe in zahlreichen Regelkreisen eingesetzt werden.

3.2.1. Der einfache Zweipunktregler

Den nachfolgenden Betrachtungen wird das Blockschaltbild gemäß Bild 3.2.1 zugrunde gelegt. Hierbei ist ein einfacher Zweipunktregler mit unsymmetrischer Kennlinie mit einer PT_1T_t-Regelstrecke zusammengeschal-

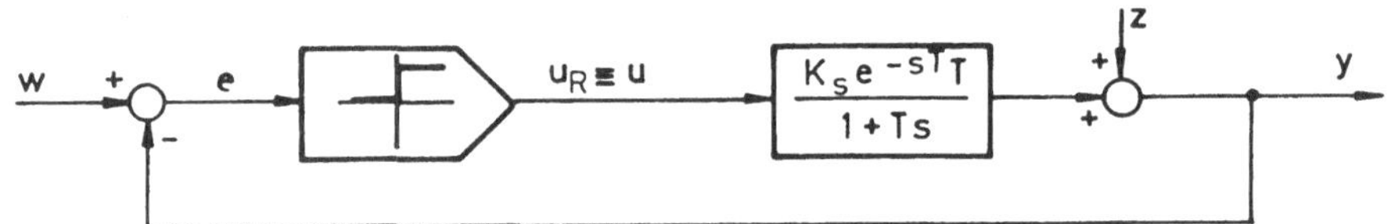

Bild 3.2.1. Regelkreis mit Zweipunktregler

tet. Das Verhalten dieses Regelkreises soll untersucht werden, wobei ein Sollwertsprung

$$w(t) = w_0\, s(t) \quad \text{und} \quad y(t) = 0 \qquad \text{für } t < 0$$

angenommen wird. Damit gilt für die Regelabweichung für $t > 0$

$$e(t) = w_0 - y(t) \quad .$$

Die Schaltbedingung für den Zweipunktregler lautet:

$$u_R(t) = \begin{cases} 1 & \text{für } e(t) > 0 \\ 0 & \text{für } e(t) < 0 \quad . \end{cases} \tag{3.2.1}$$

Der qualitative Verlauf der Regelkreissignale w(t), y(t), e(t) und $u(t) \equiv u_R(t)$ ist im Bild 3.2.2 dargestellt. Diese Signale sollen nachfolgend in den einzelnen Zeitabschnitten überprüft werden.

1. $0 < t < t_1$: Hier gilt $e(t) > 0$ und somit wird $u_R(t) = 1$.

2. $t_1 < t < t_1 + T_t$: Für $t > t_1$ wird $e < 0$ und somit $u_R(t) = 0$. Die Änderung des Stellsignals $u_R(t)$ wirkt sich allerdings auf $y(t)$ bzw. $e(t)$ erst für $t > t_1 + T_t$ aus. Die Regelabweichung $e(t)$ nimmt bis zum Zeitpunkt $t_1 + T_t$ betragsmäßig zu.

3. $t_1 + T_t < t < t_2$: Ab dem Zeitpunkt $t_1 + T_t$ wirkt sich die Umschaltung bei t_1 aus, die Regelabweichung wird betragsmäßig kleiner und zum Zeitpunkt t_2 wird $e(t) = 0$, so daß der Regler hier umschaltet.

4. $t_2 < t < t_2 + T_t$: Das Reglerausgangssignal besitzt den Wert $u_R(t) = 1$. Allerdings wirkt sich die Umschaltung von $u_R(t)$ auf die Regelgröße $y(t)$ erst für Zeiten $t > t_2 + T_t$ aus.

5. $t_2 + T_t < t < t_3$: Da die Regelabweichung $e(t) > 0$ ist, bleibt $u_R(t) = 1$ am Reglerausgang.

6. $t_3 < t < t_3 + T_t$: Ab dem Zeitpunkt t_3 wird $e(t) < 0$ und damit schaltet der Regler um, so daß nun $u_R(t) = 0$ wird. Der Vorgang ist von nun an periodisch. Dabei entsprechen den Zeitpunkten t_3 und t_4 die Zeitpunkte t_1 und t_2.

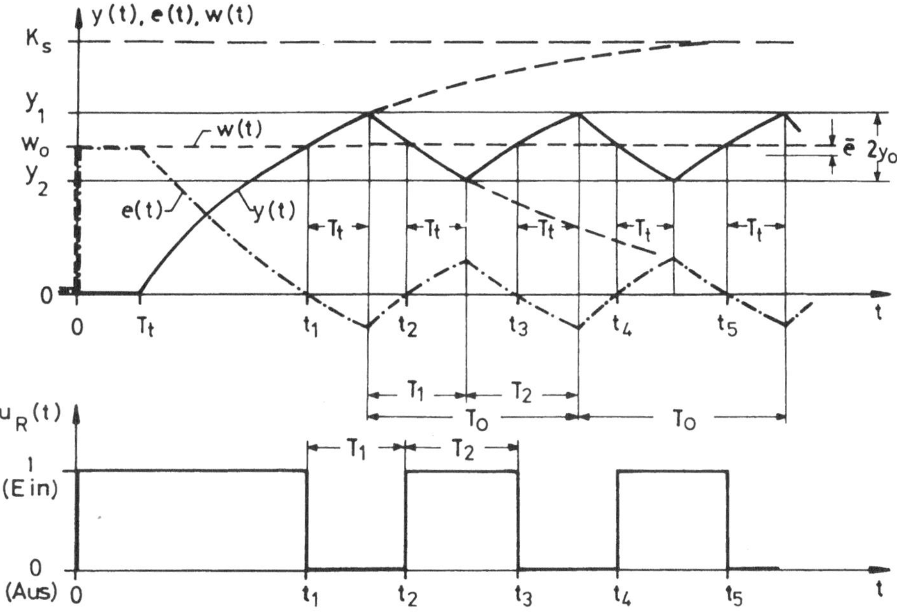

Bild 3.2.2. Signalverlauf des Regelkreises gemäß Bild 3.2.1 nach einer sprungförmigen Änderung des Sollwertes $w(t)$

Die periodische Schwingung, die der Regelkreis vom Zeitpunkt $t = t_1$ ab ausführt, wird auch als *Arbeitsbewegung* bezeichnet. Zu beachten ist, daß diese periodischen Schwingungen von y(t) und u(t) nicht wie bei linearen Systemen ein grenzstabiles Systemverhalten charakterisieren. Vielmehr sind diese Schwingungsformen - wie später noch ausführlich gezeigt wird - typisch für die Arbeitsweise nichtlinearer Regelkreise. Nachfolgend sollen nun die Kenndaten dieser Arbeitsbewegung bestimmt werden.

Entsprechend Bild 3.2.3 läßt sich die periodische Arbeitsbewegung bei dem vorliegenden Beispiel durch die ansteigenden Zeitfunktionen I,

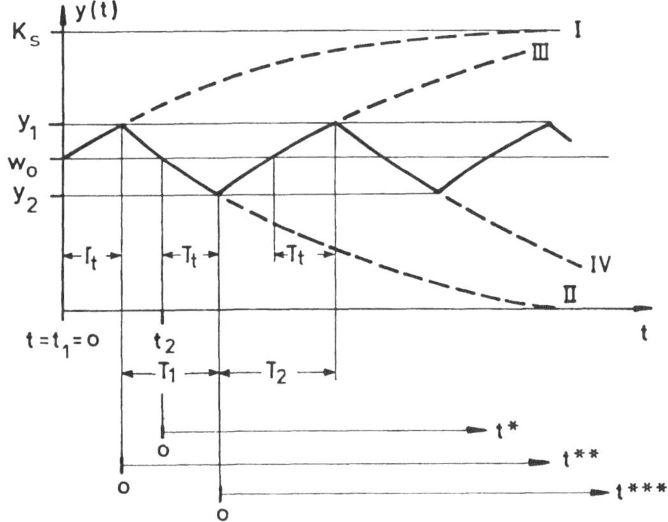

Bild 3.2.3. Arbeitsbewegung des Regelkreises mit Zweipunktregler

III,... und die abfallenden Zeitfunktionen II, IV, ... stückweise beschreiben. Für die aufsteigende Zeitfunktion I mit $t = t_1 = 0$ gilt

$$\begin{aligned} y_I(t) &= w_o + (K_S - w_o)(1 - e^{-t/T}) \\ &= K_S + (w_o - K_S)e^{-t/T} \quad . \end{aligned}$$

Nach der Zeit T_t wird der Wert

$$y_1 = y_I(t = T_t) = K_S + (w_o - K_S)e^{-T_t/T} \qquad (3.2.2)$$

erreicht. In einem um t_2 verschobenen Koordinatensystem erhält man für die Zeitfunktion II

$$y_{II}(t^*) = w_o\, e^{-t^*/T} \quad .$$

Zum Zeitpunkt $t^* = T_t$ wird gerade der untere Umkehrpunkt y_2 erreicht:

$$y_2 = y_{II}(t^* = T_t) = w_o\, e^{-T_t/T} \quad . \tag{3.2.3}$$

Verschiebt man das ursprüngliche Koordinatensystem gemäß Bild 3.2.3 um T_t, so läßt sich die abfallende Zeitfunktion II auch beschreiben durch

$$y_{II}(t^{**}) = y_1\, e^{-t^{**}/T} \quad . \tag{3.2.4}$$

Für $t^{**} = T_1$ wird gerade der Wert

$$y_{II}(t^{**} = T_1) = y_2$$

erreicht. Somit erhält man durch Einsetzen der Gln.(3.2.2) und (3.2.3) in Gl.(3.2.4) schließlich

$$w_o e^{-T_t/T} = [K_S + (w_o - K_S) e^{-T_t/T}]\, e^{-T_1/T} \quad ,$$

und daraus folgt

$$T_1 = T \ln \frac{K_S + (w_o - K_S) e^{-T_t/T}}{w_o\, e^{-T_t/T}} \quad . \tag{3.2.5}$$

Beschreibt man die aufsteigende Zeitfunktion III in einem gegenüber dem ursprünglichen um $t_2 + T_t$ verschobenen Koordinatensystem, so ergibt sich

$$y_{III}(t^{***}) = K_S + (y_2 - K_S) e^{-t^{***}/T} \quad .$$

Für $t^{***} = T_2$ erhält man

$$y_1 = y_{III}(t^{***} = T_2) = K_S + (y_2 - K_S) e^{-T_2/T}$$

und hieraus folgt mit den Gln.(3.2.2) und (3.2.3)

$$T_2 = T \ln \frac{w_o\, e^{-T_t/T} - K_S}{(w_o - K_S) e^{-T_t/T}} \quad . \tag{3.2.6}$$

Nun läßt sich mittels der Gln.(3.2.5) und (3.2.6) die *Schwingungsdauer* T_o der Arbeitsbewegung berechnen:

$$T_o = T_1 + T_2 = T \ln \left[\frac{K_S + (w_o - K_S) e^{-T_t/T}}{w_o e^{-T_t/T}} \cdot \frac{w_o e^{-T_t/T} - K_S}{(w_o - K_S) e^{-T_t/T}} \right]$$

oder

$$T_o = T \ln \frac{K_S^2 e^{T_t/T} (1 - e^{T_t/T}) + w_o (w_o - K_S)}{w_o (w_o - K_S)} \quad . \qquad (3.2.7)$$

Als *doppelte Schwingungsamplitude* der Arbeitsbewegung ergibt sich anhand der Gln. (3.2.2) und (3.2.3)

$$2\, y_o = y_1 - y_2 = K_S + (w_o - K_S) e^{-T_t/T} - w_o e^{-T_t/T}$$

$$= K_S (1 - e^{-T_t/T}) \quad . \qquad (3.2.8)$$

Die *mittlere Regelabweichung* beträgt

$$\bar{e} = \frac{y_1 + y_2}{2} - w_o$$

$$= \frac{1}{2} [K_S + (w_o - K_S) e^{-T_t/T} + w_o e^{-T_t/T}] - w_o$$

$$= (\tfrac{1}{2} K_S - w_o)(1 - e^{-T_t/T}) \quad . \qquad (3.2.9)$$

Der Wert von $\bar{e}$ kann je nach der Größe von K_S positiv oder negativ sein. Für $K_S = 2w_o$ beträgt er Null. Wie aus Bild 3.2.2 hervorgeht, ist die notwendige Bedingung für das Zustandekommen einer Arbeitsbewegung, daß

$$K_S > w_o$$

wird.

Betrachtet man den Schwingungsverlauf bei unterschiedlichen Sollwerten, so lassen sich gemäß Bild 3.2.4b folgende Fälle unterscheiden:

1. Für $w_o = w_{oIII} < 0{,}5\ K_S$ wird $T_2 < T_1$.
2. Für $w_o = w_{oI} > 0{,}5\ K_S$ wird $T_2 > T_1$.
3. Für $w_o = w_{oII} = 0{,}5\ K_S$ folgt außer $\bar{e} = 0$ aus den Gln. (3.2.5) und (3.2.6)

$$T_1 = T_2 = T \ln (2e^{T_t/T} - 1) \qquad (3.2.10)$$

und damit

$$T_o = 2\,T\,\ln(2e^{T_t/T} - 1) \quad . \tag{3.2.11}$$

<u>Spezialfall $T_t << T$:</u>

In diesem Fall dürfen die e-Funktionen der Arbeitsbewegung näherungsweise durch ihre Tangenten ersetzt werden. Mit der umgeformten Gl. (3.2.6)

$$T_2 = T\,\ln\frac{w_o - K_S e^{T_t/T}}{w_o - K_S}$$

und der Näherung

$$e^{T_t/T} \approx 1 + \frac{T_t}{T} \tag{3.2.12}$$

erhält man

$$T_2 \approx T\,\ln\frac{w_o - K_S(1 + \frac{T_t}{T})}{(w_o - K_S)}$$

$$\approx T\,\ln\left(1 - \frac{K_S\,\frac{T_t}{T}}{w_o - K_S}\right) \quad ,$$

und mit der Reihenentwicklung $\ln(1+x) = x - \frac{x^2}{2} + \ldots$ folgt schließlich

$$T_2 \approx T\left(\frac{K_S\,T_t}{(K_S - w_o)\,T}\right) = \frac{K_S\,T_t}{K_S - w_o} \quad . \tag{3.2.13}$$

Für T_1 ergibt sich bei entsprechender Umformung der Gl.(3.2.5)

$$T_1 = T\,\ln\frac{K_S\,e^{T_t/T} + w_o - K_S}{w_o}$$

mit der Näherung nach Gl.(3.2.12)

$$T_1 \approx T\,\ln\frac{K_S(1 + \frac{T_t}{T}) + w_o - K_S}{w_o} = T\,\ln\left(1 + \frac{K_S T_t}{w_o T}\right)$$

und mit der Reihenentwicklung für die ln-Funktion folgt dann

$$T_1 \approx \frac{K_S T_t}{w_o} \quad . \tag{3.2.14}$$

Die Schwingungsdauer wird somit

$$T_o = T_1 + T_2 \approx T_t \frac{K_S^2}{(K_S - w_o) w_o} \quad . \tag{3.2.15}$$

Für $w_o = K_S/2$ folgt beispielsweise als minimale Schwingungsdauer $T_o \approx 4\, T_t$.

Aus der umgeformten Gl. (3.2.15)

$$\frac{T_o}{T_t} \approx \frac{1}{w_o/K_S - (w_o/K_S)^2} \tag{3.2.16}$$

sowie aus dem Verhältnis

$$\frac{T_2}{T_1} \approx \frac{w_o}{K_S - w_o} = \frac{w_o/K_S}{1 - w_o/K_S} \tag{3.2.17}$$

ist ersichtlich, daß T_o/T_t und T_2/T_1 nur von der Größe w_o/K_S abhängig sind, wobei dieser Wert im Bereich $0 < w_o/K_S < 1$ liegen könnte. Praktisch wählt man allerdings den Bereich

$$0{,}2 \leqq w_o/K_S \leqq 0{,}8 \quad ,$$

da für $w_o = 0$ und $w_o = K_S$ die Schwingungszeit $T_o \to \infty$ geht. Zu große Schwingungszeiten sind jedoch unerwünscht, da in solchen Fällen die Störungen z(t) im Regelkreis nicht genügend schnell ausgeregelt werden können.

Bild 3.2.4 zeigt die Näherungswerte T_2/T_1 und T_o/T_t sowie die aus den Gln. (3,2.8) und (3.2.9) folgenden exakten Werte von

$$\frac{\bar{e}}{y_o} = 1 - 2\frac{w_o}{K_S} \tag{3.2.18}$$

in Abhängigkeit von w_o/K_S. Zusätzlich dazu ist für eine PT_1T_t-Regelstrecke mit $T_t \ll T$ die jeweilige Arbeitsbewegung y(t) für verschiedene Sollwerte dargestellt.

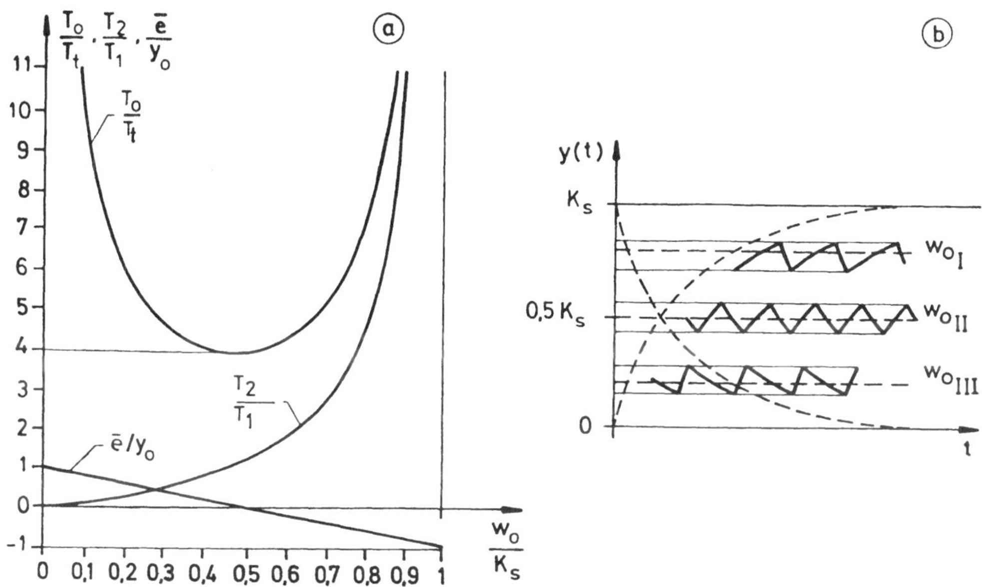

Bild 3.2.4. Kenngrößen (a) und Zeitverhalten (b) eines Zweipunktreglers für eine PT_1T_t-Regelstrecke mit $T_t << T$ ($w_{oI}, \ldots, w_{oIII}$ sind Sollwerte, für die die entsprechenden Arbeitsbewegungen dargestellt sind)

3.2.2. Der einfache Dreipunktregler

Der einfache Dreipunktregler wird durch einen Schalter mit drei Schaltstellungen realisiert (siehe Kennlinie Nr. 3 in Tabelle 3.1.1). Im Gegensatz zum Zweipunktregler ist es mit diesem Regler möglich, einen konstanten Beharrungszustand zu erzielen, sofern dem Dreipunktregler ein Glied mit I-Verhalten nachgeschaltet ist (Bild 3.2.5a). Bei dem im Bild 3.2.5b dargestellten Anwendungsbeispiel handelt es sich um eine Nachlaufregelung. Das Potentiometer mit der Winkelstellung φ_1 dient als Sollwertgeber (Führungsgröße). Der Winkel φ_2 des zweiten Potentiometers soll jeder Änderung von φ_1 nachgeführt werden. Beide Potentiometer sind in einer Brückenschaltung miteinander verbunden. Die Regelabweichung in der Brückendiagonale wirkt auf ein gepoltes Relais, das eine tote Zone besitzt, in der seine Zunge keinen Kontakt berührt (Ruhestellung). Von den Kontakten dieses Relais wird ein Gleichstrommotor in Rechts- oder Linkslauf geschaltet. Der Motor besitzt I-Verhalten und stellt die eigentliche Regelstrecke dar. Durch den Motor wird über ein Getriebe das zweite Potentiometer nachgeführt, und so die Brückenschaltung selbsttätig abgeglichen, wodurch der Motor wieder in die Ruhestellung geschaltet wird. Durch die tote Zone des Dreipunktreglers entsteht allerdings eine bleibende Regelabweichung. Derartige *Nachlaufwerke* werden häufig als innere Regelkreise in größeren Regelkreisen benutzt.

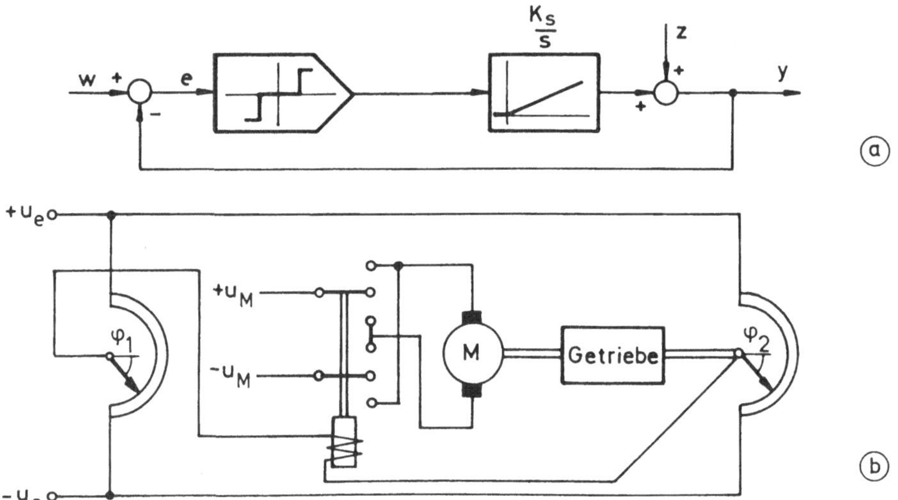

Bild 3.2.5. (a) Blockschaltbild eines Regelkreises mit Dreipunktregler und I-Regelstrecke sowie (b) Anwendungsbeispiel mit gepoltem Relais und toter Zone

Regelkreise mit einem Zwei- oder Dreipunktregler werden auch als *Relaissysteme* bezeichnet. Gewöhnlich werden die Kennlinien dieser Regler noch mit einer einstellbaren Hysteresebreite versehen, um insbesondere bei Regelstrecken ohne Totzeit ein ständiges Umschalten der Reglerausgangsgröße u_R zu vermeiden.

3.2.3. Zwei- und Dreipunktregler mit Rückführung [3.1]

Gemäß Bild 3.2.6 können Zwei- und Dreipunktregler zusätzlich durch eine innere Rückführung - ähnlich wie die stetigen Regler - mit einem einstellbaren Zeitverhalten versehen werden. Das Rückführnetzwerk ist dabei linear und wird durch die Übertragungsfunktion $G_r(s)$ beschrieben. Die so entstehenden Regler weisen annähernd das Verhalten linearer Regler mit PI-, PD- und PID-Verhalten auf. Daher werden sie oft als *quasistetige Regler* bezeichnet. Diese Reglertypen sollen nachfolgend hinsichtlich ihres dynamischen Verhaltens kurz behandelt werden.

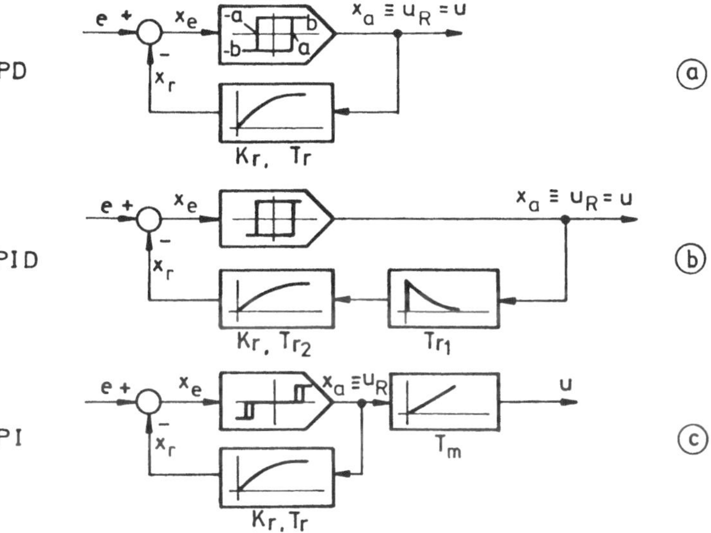

Bild 3.2.6. Die wichtigsten Zwei- und Dreipunktregler mit innerer Rückführung

(a) Zweipunktregler mit verzögerter Rückführung (PD-Verhalten)

(b) Zweipunktregler mit verzögert-nachgebender Rückführung (PID-Verhalten)

(c) Dreipunktregler mit verzögerter Rückführung und integralem Stellglied (PI-Verhalten)

a) Der Zweipunktregler mit verzögerter Rückführung

Die Rückführung des im Bild 3.2.6a dargestellten Reglers wird durch ein PT_1-Glied beschrieben. Es sollen nun die zeitlichen Verläufe des Rückführsignals $x_r(t)$ und des Reglerausgangssignals $x_a(t) = u(t)$ gemäß Bild 3.2.7 betrachtet werden.

Zur Zeit $t = t_1$ besitze das Rückführsignal den Wert $x_r = e - a$. Das Zweipunktglied schaltet somit auf +b. Das Rückführsignal $x_r(t)$ strebt also den Endwert bK_r an. Zum Zeitpunkt $t = t_2$ schaltet das Zweipunktglied unter dem Einfluß $x_e = e - x_r \leqq -a$ in die Stellung -b. Damit läuft jetzt $x_r(t)$ in die umgekehrte Richtung. Auf diese Art und Weise kommt im internen Kreis des Reglers eine Arbeitsbewegung zustande. Ist die Kreisfrequenz $2\pi/T_0$ dieser Arbeitsbewegung gegenüber der Betriebsfrequenz des gesamten Regelkreises groß, so kann als "Reglerausgangsgröße" auch der *zeitliche Mittelwert* des Reglerausgangssignals

$$\bar{u}(t) = \frac{1}{t}\int_0^t u(\tau)d\tau \tag{3.2.19}$$

betrachtet werden. Wie aus Bild 3.2.7 anschaulich hervorgeht, wird die Kreisfrequenz $2\pi/T_0$ sehr groß bei hinreichend kleiner Hysteresebreite 2a. Dann darf auch der Mittelwert des Rückführsignals $x_r(t)$, also $\bar{x}_r(t)$

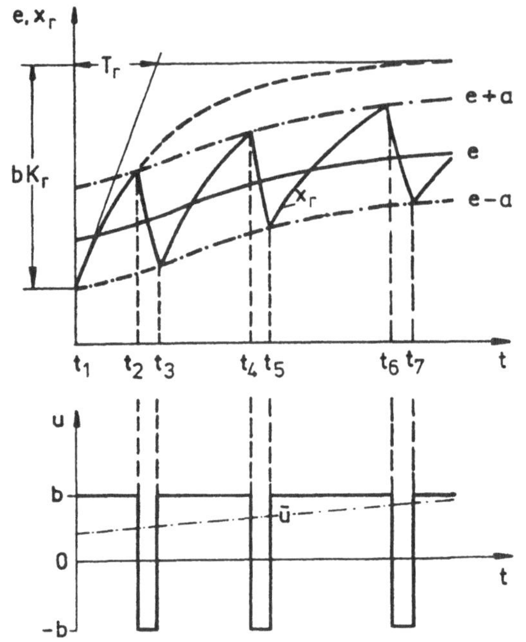

Bild 3.2.7. Zeitlicher Verlauf des Rückführsignals $x_r(t)$ und der Stellgröße u(t)

durch e(t) ersetzt werden. Somit erhält man für die Übertragungsfunktion des Reglers *näherungsweise*

$$G_R(s) = \frac{\bar{U}(s)}{E(s)} \approx \frac{\bar{U}(s)}{\bar{X}_r(s)} \approx \frac{1}{G_r(s)} \quad , \tag{3.2.20}$$

wobei $G_r(s)$ die Übertragungsfunktion der inneren Rückführung ist. Mit

$$G_r(s) = \frac{K_r}{1+T_r s} \tag{3.2.21}$$

liefert Gl.(3.2.20)

$$G_R(s) \approx \frac{1}{K_r}(1+T_r s) \quad . \tag{3.2.22}$$

Offensichtlich besitzt diese Übertragungsfunktion PD-Verhalten, wobei allerdings bei einer sprungförmigen Erregung von e(t) der Mittelwert der Ausgangsgröße $\bar{u}(t)$ zum Zeitpunkt der Erregung auf einem endlichen Wert begrenzt bleibt.

b) Der Zweipunktregler mit verzögert nachgebender Rückführung

Das Blockschaltbild dieses Reglers ist im Bild 3.2.6b dargestellt. Für die Rückführung gilt

$$G_r(s) = \frac{K_r}{1 + T_{r_2} s} \; \frac{s\, T_{r_1}}{1 + T_{r_1} s} \;, \qquad (3.2.23)$$

woraus näherungsweise nach Gl.(3.2.20) als Ersatzübertragungsfunktion des Reglers

$$G_R(s) \approx \frac{T_{r_1} + T_{r_2}}{K_r T_{r_1}} \left[1 + \frac{1}{(T_{r_1} + T_{r_2}) s} + \frac{T_{r_1} T_{r_2}}{T_{r_1} + T_{r_2}} s \right] \qquad (3.2.24)$$

folgt. Dieser Regler hat also bezüglich der zeitlichen Mittelwerte der Ein- und Ausgangssignale PID-Verhalten. Die Parameter K_R, T_I und T_D können direkt aus Gl.(3.2.24) abgelesen werden.

c) Der Dreipunktregler mit verzögerter Rückführung

Aus Bild 3.2.6c ist ersichtlich, daß bei diesem Regler dem Relaisglied ein Stellmotor mit der Übertragungsfunktion

$$G_m(s) = \frac{1}{T_m s}$$

nachgeschaltet wird. Zweipunktregler werden in Verbindung mit Stellmotoren im allgemeinen nicht angewendet, da wegen der fehlenden Ruhestellung der Motor stets eingeschaltet wäre. Für das Dreipunkt-Relaisglied mit Rückführung ergibt sich jedoch dieselbe Näherungsübertragungsfunktion wie für das Zweipunktglied im Bild 3.2.6a, so daß die Übertragungsfunktion des Reglers insgesamt lautet:

$$G_R(s) \approx \frac{1}{G_r(s)} \, G_m(s) = \frac{T_r}{K_r T_m} \left(1 + \frac{1}{T_r s}\right) \; . \qquad (3.2.25)$$

Demnach hat dieser Regler näherungsweise PI-Verhalten. Wird die Regelabweichung zur Zeit $t = 0$ sprungförmig verändert, so entsteht am Reglerausgang der im Bild 3.2.8 dargestellte typische Signalverlauf. Dieser Reglertyp wird in der industriellen Praxis sehr häufig eingesetzt.

Bei den drei hier besprochenen Reglertypen wurde zum Zwecke der Aufstellung der linearen Ersatzübertragungsfunktion davon ausgegangen, daß die Hysteresebreite des Relaisgliedes sehr klein sei. Dies ist aber in der Praxis meist nicht der Fall. Weiterhin ist bei diesen nichtlinearen Reglern auch zu erwarten, daß das Verhalten des geschlossenen Regelkreises stark von der Größe der Störung bzw. des Sollwertes abhängt.

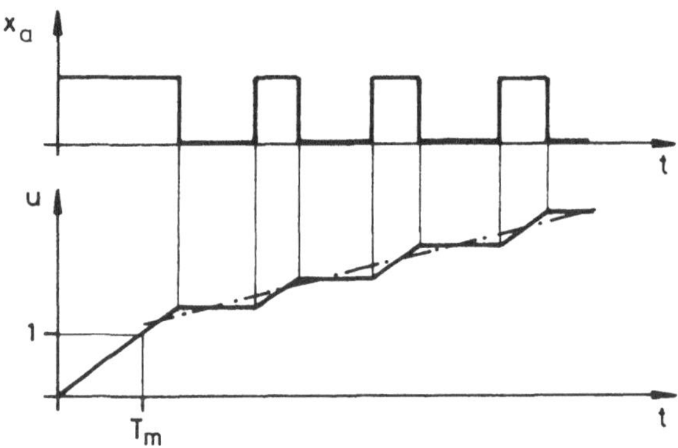

Bild 3.2.8. Übergangsfunktion u(t) des Dreipunktreglers nach Bild 3.2.6c sowie Schaltstellung x_a des Dreipunktgliedes

Für eine genauere Beschreibung des dynamischen Verhaltens nichtlinearer Regelkreise können daher keine Übertragungsfunktionen mehr verwendet werden. Zur Untersuchung solcher Systeme eignet sich dann z. B. die Methode der harmonischen Balance, die im nächsten Abschnitt besprochen wird.

3.3. Analyse nichtlinearer Regelsysteme mit Hilfe der Beschreibungsfunktion [3.2 bis 3.7]

Nichtlineare Systeme sind unter anderem wesentlich dadurch gekennzeichnet, daß ihr Stabilitätsverhalten - im Gegensatz zu linearen Systemen - von den Anfangsbedingungen bzw. von der Erregung abhängig ist. Es gibt gewöhnlich stabile und instabile Zustände eines nichtlinearen Systemes. Daneben existieren bestimmte stationäre Dauerschwingungen oder Eigenschwingungen, die man als *Grenzschwingungen* bezeichnet, weil unmittelbar benachbarte Einschwingvorgänge für $t \to \infty$ von denselben entweder weglaufen oder auf sie zustreben. Diese Grenzschwingungen können - wie später noch ausführlich diskutiert wird - stabil, instabil oder semistabil sein. Z. B. stellt die im vorherigen Kapitel vorgestellte "Arbeitsbewegung" von Zwei- und Dreipunktreglern eine stabile Grenzschwingung dar. Das Verfahren der harmonischen Linearisierung, oft auch als Verfahren der harmonischen Balance bezeichnet, dient nun dazu, bei nichtlinearen Regelkreisen zu klären, ob solche Grenzschwingungen auftreten können, welche Frequenz und Amplitude sie haben und ob sie stabil oder instabil sind. Es handelt sich - dies sei ausdrücklich betont - um ein Näherungsverfahren zur Untersuchung des Eigenverhaltens nichtlinearer Regelkreise.

3.3.1. Die Methode der harmonischen Linearisierung

Wird ein nichtlineares Glied mit der *ursprungssymmetrischen Kennlinie*

$$x_a = \phi(x_e) \tag{3.3.1}$$

durch ein sinusförmiges Eingangssignal

$$x_e(t) = \hat{x}_e \sin\omega_o t \tag{3.3.2}$$

erregt, so ist das Ausgangssignal $x_a(t)$ eine periodische Funktion mit derselben Frequenz ω_o, die nicht wie bei linearen Systemen wiederum als Sinus-Signal darstellbar ist, sondern nur durch eine *Fourier-Reihe* der Form

$$x_a(t) = \hat{x}_e\left[\frac{1}{2}a_o + \sum_{k=1}^{\infty} a_k \cos(k\omega_o t) + \sum_{k=1}^{\infty} b_k \sin(k\omega_o t)\right] \; . \tag{3.3.3}$$

Benutzt man nun gemäß Bild 3.3.1 dieses Signal als Eingangssignal eines linearen dynamischen Systems mit der Übertragungsfunktion $G(s)$, das Tiefpaßcharakter besitzt und Frequenzen $\omega > \omega_o$ stark abgeschwächt überträgt, so wird das Ausgangssignal $y(t)$ in guter Näherung sinusförmig sein, da nur die Grundschwingung von $x_a(t)$ mit der Frequenz ω_o übertragen wird. Das bedeutet, daß $x_a(t)$ durch die ersten Glieder der Fourier-

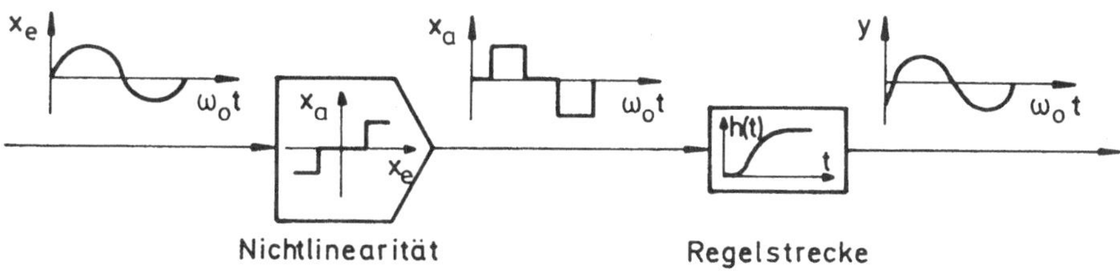

Bild 3.3.1. Zur harmonischen Linearisierung

Reihe ersetzt werden kann. Bei ursprungssymmetrischen Nichtlinearitäten wird der Mittelwert von $x_a(t)$ Null, also $a_o = 0$, und damit gilt folgende Näherung:

$$x_a(t) \approx x_a^{(g)}(t) = \hat{x}_e(a_1 \cos\omega_o t + b_1 \sin\omega_o t) \quad . \tag{3.3.4a}$$

Nun soll der Regelkreis in Bild 3.3.2 betrachtet werden, dessen linearer Teil durch ein dynamisches System mit Tiefpaßcharakter einschließlich Totzeit gegeben sei. Dieser Regelkreis führt Dauerschwingungen konstanter Amplitude mit der Frequenz ω_o aus. Aufgrund der Tiefpaßeigenschaft von G(s) wird y(t) und damit auch e(t) ein sinusförmiges Si-

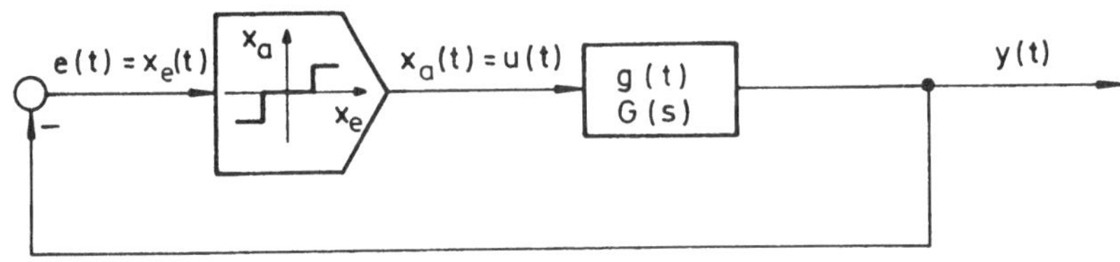

Bild 3.3.2. Standardform eines nichtlinearen Regelkreises zur Anwendung der Methode der harmonischen Linearisierung

nal, und für u(t) kann Gl.(3.3.4a) entsprechend angewendet werden. Damit wird das nichtlineare Glied durch ein lineares Glied mit einem bestimmten Amplituden- und Phasengang ersetzt, wie man durch Umwandlung von Gl.(3.3.4a) in die Form

$$x_a^{(g)}(t) = \hat{x}_e \sqrt{a_1^2 + b_1^2} \sin(\omega_o t + \arctan \frac{a_1}{b_1}) \tag{3.3.4b}$$

leicht erkennt. Daher stammt auch die Bezeichnung *harmonische Linearisierung*.

Die Existenz von Dauerschwingungen in diesem nichtlinearen Regelkreis entspricht gerade der Bedingung für Grenzstabilität des linearen Regelkreises: Hat der Amplitudengang des offenen Regelkreises für eine Frequenz $\omega_o = \omega_G$ den Wert 1 und der Phasengang den Wert -180°, so stellt sich im geschlossenen Regelkreis eine Dauerschwingung mit dieser Frequenz ω_G ein. Im vorliegenden Fall befindet sich also der nichtlineare Regelkreis im Zustand der *harmonischen Balance*.

Ein wesentlicher Unterschied zum linearen Fall muß jedoch hervorgehoben werden. Der Amplituden- und Phasengang des nichtlinearen Gliedes in der harmonischen Linearisierung ist nicht nur von der Frequenz, sondern auch von der Amplitude $\hat{x}_e$ des Eingangssignals abhängig. Bei rein statischen Nichtlinearitäten, wie sie hauptsächlich nachfolgend betrachtet werden, entfällt sogar die Abhängigkeit von der Frequenz. Daher ist - im Gegensatz zu linearen Systemen - einer Dauerschwingung nicht nur eine Frequenz ω_G, sondern auch eine eindeutige Amplitude $\hat{x}_e = x_G$ zugeordnet. Zur Untersuchung dieser Zusammenhänge bedient man sich der *Beschreibungsfunktion* des nichtlinearen Gliedes.

3.3.2. Die Beschreibungsfunktion

Die Beschreibungsfunktion ist eine Art "Ersatzfrequenzgang" eines nichtlinearen Systems. Sie hängt im allgemeinen Fall von $\hat{x}_e$ und ω ab und wird mit $N(\hat{x}_e,\omega)$ bezeichnet. Da sie das Amplituden- und Phasenverhalten zwischen den beiden periodischen Signalen $x_e(t)$ und $x_a^{(g)}(t)$ beschreibt, kann sie durch den Quotienten der entsprechenden Zeiger gebildet werden. Mit den Gln. (3.3.2) und (3.3.4) erhält man in Zeigerdarstellung für

$$\vec{x}_e = \hat{x}_e$$

gerade die Ausgangsgröße

$$\vec{x}_a^{(g)} = \hat{x}_e(b_1 + j a_1) \quad .$$

Da b_1 und a_1 Funktionen von $\hat{x}_e$ und ω sind, folgt damit als *Beschreibungsfunktion*

$$N(\hat{x}_e,\omega) = \frac{\vec{x}_a^{(g)}}{\vec{x}_e} = b_1(\hat{x}_e,\omega) + j\, a_1(\hat{x}_e,\omega) \tag{3.3.5a}$$

oder

$$N(\hat{x}_e,\omega) = \sqrt{a_1^2(\hat{x}_e,\omega) + b_1^2(\hat{x}_e,\omega)}\; e^{j \arctan \frac{a_1(\hat{x}_e,\omega)}{b_1(\hat{x}_e,\omega)}} \quad . \tag{3.3.5b}$$

Der "Amplitudengang" eines nichtlinearen Elements lautet demnach

$$|N(\hat{x}_e,\omega)| = \sqrt{a_1^2(\hat{x}_e,\omega) + b_1^2(\hat{x}_e,\omega)} \quad ,$$

und für den "Phasengang" erhält man

$$\arg N(\hat{x}_e,\omega) = \arctan \frac{a_1(\hat{x}_e,\omega)}{b_1(\hat{x}_e,\omega)} \quad .$$

In der komplexen Ebene ist die Beschreibungsfunktion als eine Schar von Ortskurven mit $\hat{x}_e$ und ω als Parameter darstellbar. Im folgenden werden jedoch nur statische Nichtlinearitäten betrachtet, deren Beschreibungsfunktion frequenzunabhängig und durch *eine* Ortskurve darstellbar ist. Hierfür müssen noch die Koeffizienten $a_1(\hat{x}_e)$ und $b_1(\hat{x}_e)$ berechnet werden.

Die allgemeinen Beziehungen für die Fourier-Koeffizienten einer periodischen Funktion $x_a(t)$ gemäß Gl. (3.3.3) lauten mit $T = \frac{2\pi}{\omega_o}$

$$a_k = \frac{2}{T\hat{x}_e} \int_o^T x_a(t) \cos(k\omega_o t)dt, \quad k = 0,1,2,\ldots \tag{3.3.6a}$$

$$b_k = \frac{2}{T\hat{x}_e} \int_o^T x_a(t) \sin(k\omega_o t)dt, \quad k = 1,2,\ldots \quad . \tag{3.3.6b}$$

Für $x_a(t)$ kann man mit den Gln. (3.3.1) und (3.3.2) auch schreiben

$$x_a(t) = \phi(\hat{x}_e \sin\omega_o t) \quad , \tag{3.3.7}$$

und mit der Substitution $\xi = \omega_o t = 2\pi t/T$ folgt aus den Gln. (3.3.6a, b) für $k = 1$

$$a_1(\hat{x}_e) = \frac{1}{\pi\hat{x}_e} \int_o^{2\pi} \phi(\hat{x}_e \sin\xi) \cos\xi \, d\xi \tag{3.3.8a}$$

$$b_1(\hat{x}_e) = \frac{1}{\pi\hat{x}_e} \int_o^{2\pi} \phi(\hat{x}_e \sin\xi) \sin\xi \, d\xi \quad . \tag{3.3.8b}$$

Man sieht anhand der Substitution, daß a_1 und b_1 tatsächlich nicht von ω_o abhängen. Sofern $\phi(\hat{x}_e \sin\xi)$ den Mittelwert Null hat, kann man weiterhin aus Gl. (3.3.6a) für $k = 0$ erkennen, daß

$$a_o = \frac{1}{\pi\hat{x}_e} \int_o^{2\pi} \phi(\hat{x}_e \sin\xi) \, d\xi = 0 \tag{3.3.9}$$

gilt. Dies ist - wie bereits erwähnt - bei ursprungssymmetrischen Kennlinien der Fall.

Ein wichtiger Sonderfall der Beschreibungsfunktion liegt vor, wenn die nichtlineare Kennlinie *eindeutig* ist. Das bedeutet, daß $\phi(-x_e) = -\phi(x_e)$ wird, so daß das Integral von 0 bis 2π in Gl. (3.3.8a) verschwindet. Damit folgt

$$a_1(\hat{x}_e) = 0 \quad . \tag{3.3.10}$$

Berücksichtigt man diese Beziehung in Gl. (3.3.5a), so erkennt man unmittelbar, daß $N(\hat{x}_e)$ für eindeutige Nichtlinearitäten eine reelle Funktion ist, denn es gilt

$$N(\hat{x}_e) = b_1(\hat{x}_e) \quad . \tag{3.3.11}$$

Mehrdeutige Kennlinien führen zu komplexen Beschreibungsfunktionen. Wegen

$$\frac{d(\hat{x}_e \sin\xi)}{d\xi} \frac{1}{\hat{x}_e} = \cos\xi \tag{3.3.12}$$

läßt sich Gl. (3.3.8a) auch in der Form

$$a_1(\hat{x}_e) = \frac{1}{\pi \hat{x}_e^2} \int_0^{2\pi} \phi(\hat{x}_e \sin\xi)\, d(\hat{x}_e \sin\xi) \quad ,$$

schreiben. Mit $x_e = \hat{x}_e \sin\xi$ folgt daraus unter Beachtung der Mehrdeutigkeit der Kennlinie $\phi(x_e)$ und der entsprechenden Laufrichtung

$$a_1(\hat{x}_e) = \frac{1}{\pi \hat{x}_e^2} \left[\int_0^{\hat{x}_e} \phi(x_e)dx_e + \int_{\hat{x}_e}^{0} \phi(x_e)dx_e + \int_0^{-\hat{x}_e} \phi(x_e)dx_e + \int_{-\hat{x}_e}^{0} \phi(x_e)dx_e \right] \quad . \tag{3.3.13}$$

Berücksichtigt man bei der Aufspaltung in die vier Teilintegrale die Mehrdeutigkeit der Funktion $\phi(x_e)$, so stellt der Ausdruck in eckigen Klammern gerade die von der Kennlinie umschlossene Fläche mit negativem Vorzeichen $-|S|$ dar, d. h. es gilt deshalb

$$a_1(\hat{x}_e) = -\frac{1}{\pi \hat{x}_e^2} |S| \quad . \tag{3.3.14}$$

Diese Größe ist aber nach Gl. (3.3.5a) der Imaginärteil der Beschreibungsfunktion $N(\hat{x}_e)$. Somit zeigt auch diese Überlegung, daß Beschreibungsfunktionen eindeutiger Nichtlinearitäten reell sind, da ja in diesem Fall $|S| = 0$ gilt.

3.3.3. Berechnung der Beschreibungsfunktion

Der Ablauf der Berechnung soll zunächst für den Fall einer *eindeutigen* ursprungssymmetrischen Kennlinie am Beispiel eines Zweipunkt-Gliedes behandelt werden. Bild 3.3.3 zeigt die Kennlinie und den Verlauf der

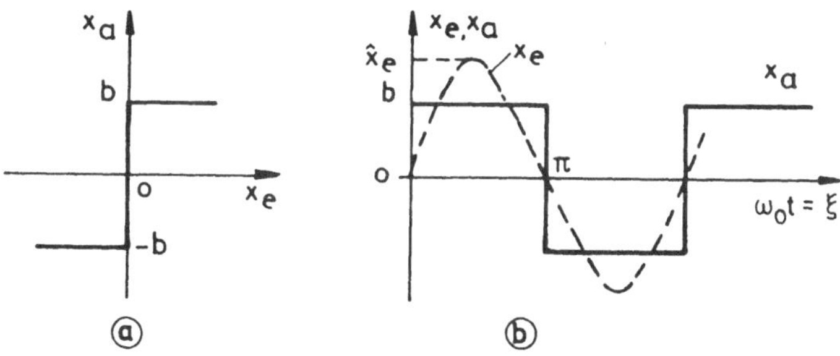

Bild 3.3.3. (a) Ursprungssymmetrische Kennlinie eines Zweipunktgliedes und (b) Ausgangsgröße $x_a(t)$ bei sinusförmiger Erregung $x_e(t)$

Ein- und Ausgangssignale. Das Ausgangssignal ist im vorliegenden Fall unabhängig von der Amplitude $\hat{x}_e$, was leicht anhand von Bild 3.3.3 verständlich ist. Für das Ausgangssignal $x_a(t)$ gilt die Fourier-Reihe

$$x_a(t) = \frac{4}{\pi} b \; [\sin\omega_o t + \frac{1}{3} \sin 3\omega_o t + \frac{1}{5} \sin 5\omega_o t + \ldots] \quad , \qquad (3.3.15)$$

deren Grundschwingung lautet:

$$x_a^{(g)}(t) = \frac{4}{\pi} b \sin\omega_o t \quad . \qquad (3.3.16)$$

Nun wird die Beschreibungsfunktion bestimmt als Quotient von $x_a^{(g)}(t)$ und $x_e(t)$ in ihrer Zeigerdarstellung

$$N = \frac{\vec{x}_a^{(g)}}{\vec{x}_e}$$

entsprechend Gl. (3.3.5a). Mit

$$\vec{x}_a^{(g)} = \frac{4}{\pi} b \quad \text{und} \quad \vec{x}_e = \hat{x}_e$$

erhält man dann das Ergebnis

$$N(\hat{x}_e) = \frac{4}{\pi} \frac{b}{\hat{x}_e} \quad . \qquad (3.3.17)$$

Die direkte Auswertung von Gl. (3.3.8b) ergibt

$$b_1(\hat{x}_e) = \frac{1}{\pi \hat{x}_e} b \; [\int_0^{\pi} \sin\xi d\xi - \int_{\pi}^{2\pi} \sin\xi d\xi]$$
$$= \frac{4b}{\pi \hat{x}_e} \qquad (3.3.18)$$

und liefert daher mit Gl. (3.3.11) dasselbe Ergebnis. Bild 3.3.4 zeigt die *Ortskurve* dieser Beschreibungsfunktion in der komplexen Ebene.

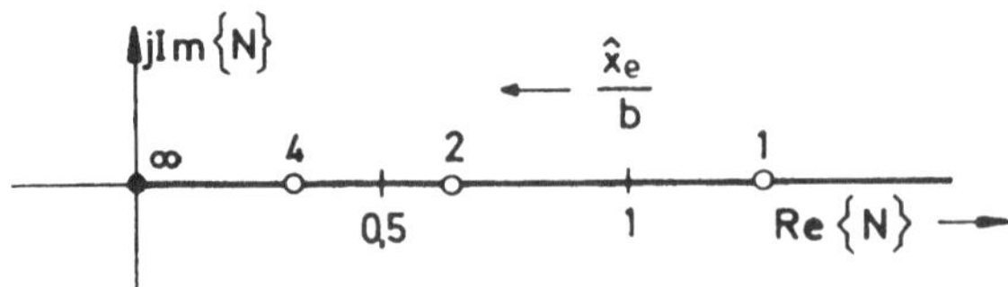

Bild 3.3.4. Ortskurve der Beschreibungsfunktion eines Zweipunktgliedes mit ursprungssymmetrischer Kennlinie

Als ein weiteres Beispiel zur Berechnung der Beschreibungsfunktion wird ein ursprungssymmetrisches *Zweipunktglied mit Hysterese* gewählt. Bild

3.3.5 zeigt die zugehörige Kennlinie und den Verlauf der Ein- und Ausgangssignale.

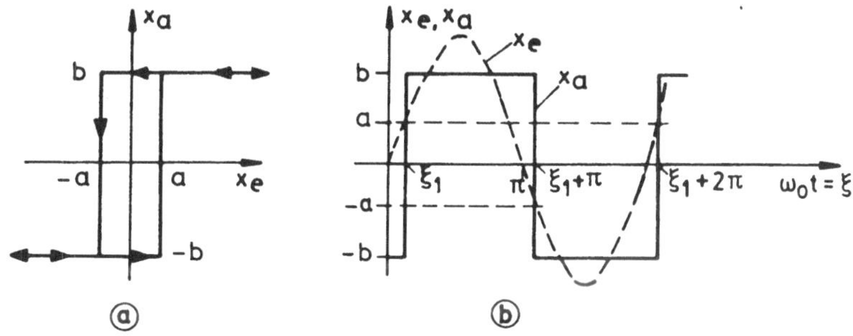

Bild 3.3.5. (a) Ursprungssymmetrische Kennlinie eines Zweipunktgliedes mit Hystereseverhalten und (b) Ausgangsgröße $x_a(t)$ desselben bei sinusförmiger Erregung $x_e(t)$

Gemäß Tabelle 3.1.1 und Bild 3.3.5 gilt für die Zweipunktkennlinie mit Hysterese

$$x_a(t) = b \operatorname{sgn}[x_e(t) - a \operatorname{sgn} \dot{x}_e(t)] \quad . \tag{3.3.19}$$

Mit $x_e(t) = \hat{x}_e \sin\omega_o t$ und der Substitution $\omega_o t = \xi$ erhält man

$$\begin{aligned} x_a(\xi) &= b \operatorname{sgn}[\hat{x}_e \sin\xi - a \operatorname{sgn}(\hat{x}_e \cos\xi)] \\ &= b \operatorname{sgn}[\frac{\hat{x}_e}{a} \sin\xi - \operatorname{sgn}(\cos\xi)] \quad . \end{aligned}$$

Somit folgt (man vgl. auch Bild 3.3.5):

$$x_a(\xi) = \phi(\hat{x}_e \sin\xi) = \begin{cases} +b & \text{für } \xi_1 < \xi < \xi_1 + \pi \\ -b & \text{für } \xi_1 + \pi < \xi < \xi_1 + 2\pi \end{cases}$$

mit $0 \leqq \xi_1 = \arcsin \frac{a}{\hat{x}_e} \leqq \frac{\pi}{2}$.

Mit den Gln. (3.3.8a, b) ergibt sich bei Verschiebung der Integrationsgrenzen um ξ_1 und für $k = 1$ der Fourierkoeffizient

$$\begin{aligned} a_1 &= \frac{b}{\pi\hat{x}_e} \left[\int_{\xi_1}^{\xi_1+\pi} \cos\xi d\xi - \int_{\xi_1+\pi}^{\xi_1+2\pi} \cos\xi d\xi \right] = \frac{2b}{\pi\hat{x}_e} \int_{\xi_1}^{\xi_1+\pi} \cos\xi d\xi = \\ &= - \frac{4b}{\pi\hat{x}_e} \sin\xi_1 \quad , \end{aligned} \tag{3.3.20}$$

und mit $a = \hat{x}_e \sin\xi_1$ (vgl. Bild 3.3.5) oder in Übereinstimmung mit Gl. (3.3.14) folgt

$$a_1 = -\frac{4ba}{\pi \hat{x}_e^2} .$$

Außerdem erhält man in entsprechender Weise

$$b_1 = \frac{b}{\pi \hat{x}_e}\left[\int_{\xi_1}^{\xi_1+\pi} \sin\xi d\xi - \int_{\xi_1+\pi}^{\xi_1+2\pi} \sin\xi d\xi\right] = \frac{2b}{\pi \hat{x}_e}\int_{\xi_1}^{\xi_1+\pi} \sin\xi d\xi =$$

$$= \frac{4b}{\pi \hat{x}_e}\cos\xi_1 . \quad (3.3.21)$$

Hieraus folgt nach Gl. (3.3.5) als Amplitudengang der Beschreibungsfunktion

$$|N(\hat{x}_e)| = \sqrt{a_1^2 + b_1^2} = \frac{4b}{\pi \hat{x}_e} \quad (3.3.22)$$

und als Phasengang der Beschreibungsfunktion

$$\arg N(\hat{x}_e) = \arctan\frac{a_1}{b_1} = \arctan(-\tan\xi_1) = -\xi_1 =$$

$$= -\arcsin\frac{a}{\hat{x}_e} . \quad (3.3.23)$$

Die Beschreibungsfunktion lautet somit

$$N(\hat{x}_e) = \frac{4b}{\pi \hat{x}_e} e^{-j\arcsin\frac{a}{\hat{x}_e}} \quad (3.3.24)$$

oder in normierter Form

$$N\left(\frac{\hat{x}_e}{a}\right) = \frac{4b}{\pi a}\frac{1}{\frac{\hat{x}_e}{a}} e^{-j\arcsin\frac{a}{\hat{x}_e}} \quad \text{für } \hat{x}_e > 0 . \quad (3.3.25)$$

Es soll nun gezeigt werden, daß die Ortskurve von $N(\hat{x}_e/a)$ für $1 < \frac{\hat{x}_e}{a} < \infty$ einen Halbkreis darstellt.

Aus Gl. (3.3.25) folgt

$$\mathrm{Re}\{N(\frac{\hat{x}_e}{a})\} \geqq 0 , \quad N(\frac{\hat{x}_e}{a} = 1) = -j\frac{4b}{\pi a} \quad \text{und} \quad N(\frac{\hat{x}_e}{a} = \infty) = 0 .$$

Der Kreismittelpunkt muß demnach bei $-j\frac{2b}{\pi a}$ liegen, und dies legt folgende Umformung von Gl. (3.3.24) nahe:

$$N(\hat{x}_e) + j\,\frac{2b}{\pi a} = \frac{4b}{\pi\hat{x}_e}\,[\cos(\arcsin\frac{a}{\hat{x}_e}) - j\,\frac{a}{\hat{x}_e}] + j\,\frac{2b}{\pi a}$$

$$= \frac{4b}{\pi\hat{x}_e}\sqrt{1 - \frac{a^2}{\hat{x}_e^2}} - j\,(\frac{4ba}{\pi\hat{x}_e^2} - \frac{2b}{\pi a}) \quad .$$

Daraus folgt

$$|N(\hat{x}_e) + j\,\frac{2b}{\pi a}|^2 = \frac{16\,b^2}{\pi^2\,\hat{x}_e^2}\,(1 - \frac{a^2}{\hat{x}_e^2}) + (\frac{4ba}{\pi\hat{x}_e^2} - \frac{2b}{\pi a})^2 = (\frac{2b}{\pi a})^2 \qquad (3.3.26)$$

oder

$$|N(\hat{x}_e) + j\,\frac{2b}{\pi a}| = \frac{2b}{\pi a} = \text{const.} \qquad (3.3.27)$$

Hieraus ist ersichtlich, daß die Ortskurve einen Kreis beschreibt mit dem Radius $\frac{2b}{\pi a}$ und dem Mittelpunkt $(0, -j\frac{2b}{\pi a})$, wie Bild 3.3.6 zeigt.

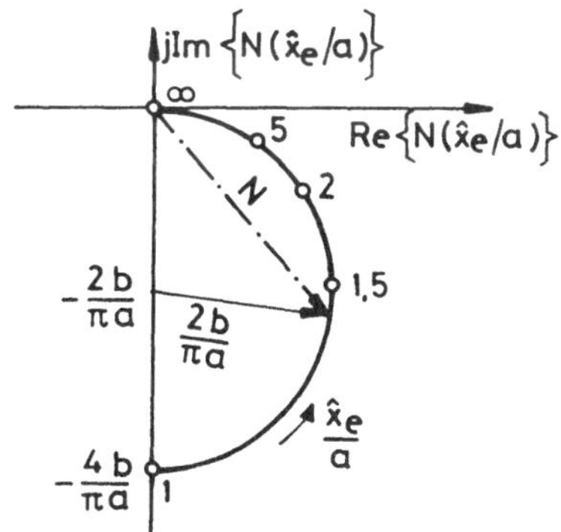

Bild 3.3.6. Ortskurve der Beschreibungsfunktion eines Zweipunkt-Hystereseglieds nach Gl. (3.3.25)

Die Beschreibungsfunktionen für zahlreiche einfache Kennlinien sind tabelliert. Für die wichtigsten nichtlinearen Glieder sind diese in der Tabelle 3.3.1 dargestellt.

3.3.4. Stabilitätsuntersuchung mittels der Beschreibungsfunktion

Wie bereits im Abschnitt 3.3.1 erwähnt, stellt die Methode der harmonischen Linearisierung ein Näherungsverfahren zur Untersuchung von Frequenz und Amplitude der Dauerschwingungen in Regelkreisen dar, die *ein* nichtlineares Übertragungsglied (entsprechend Bild 3.3.2) enthalten bzw. auf eine solche Struktur zurückgeführt werden können. Geht man da-

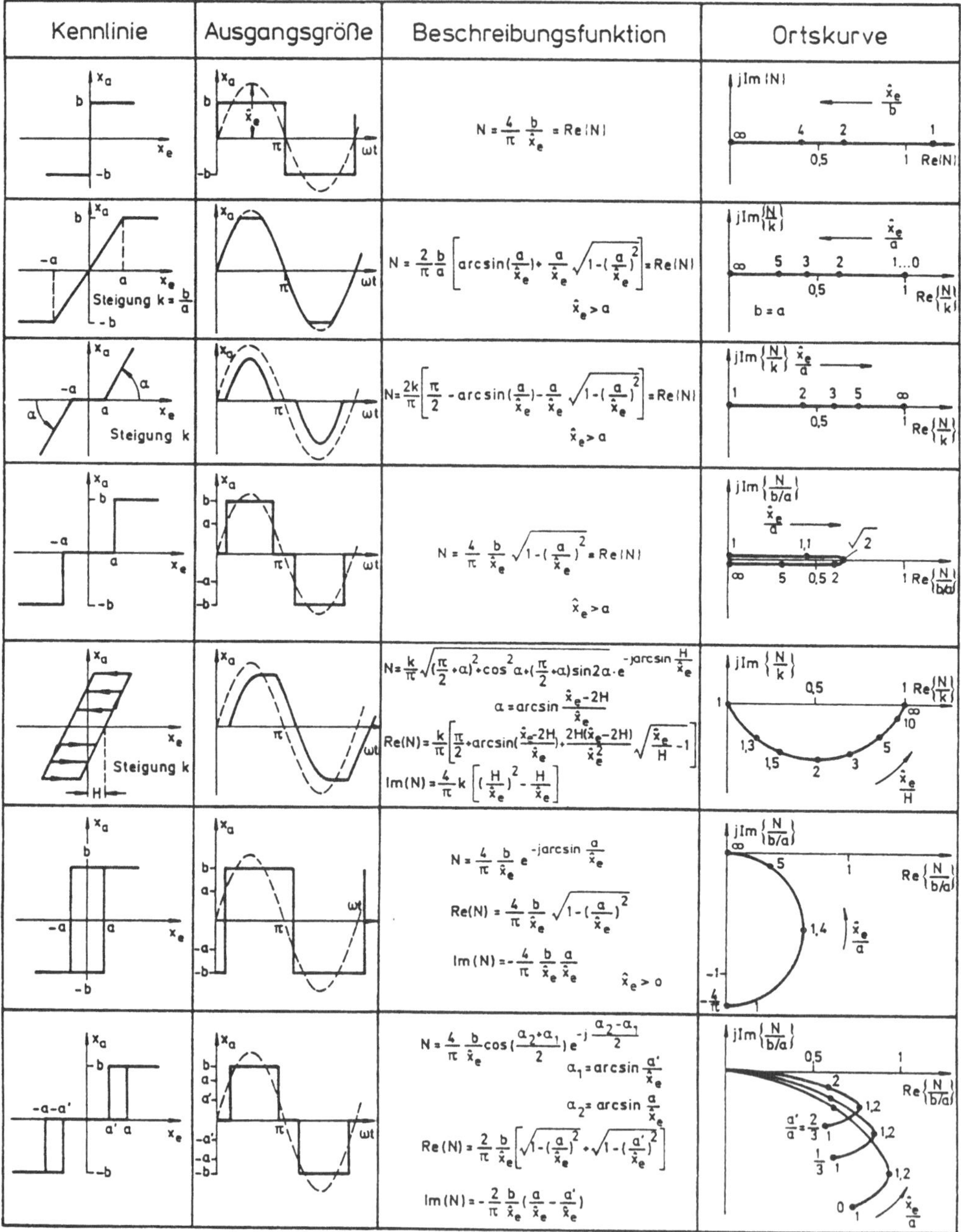

Kennlinie	Ausgangsgröße	Beschreibungsfunktion	Ortskurve
		$N = \frac{4}{\pi} \frac{b}{\hat{x}_e} = \mathrm{Re}\{N\}$	
		$N = \frac{2}{\pi} \frac{b}{a} \left[\arcsin(\frac{a}{\hat{x}_e}) + \frac{a}{\hat{x}_e} \sqrt{1-(\frac{a}{\hat{x}_e})^2} \right] = \mathrm{Re}\{N\}$ $\hat{x}_e > a$	
		$N = \frac{2k}{\pi} \left[\frac{\pi}{2} - \arcsin(\frac{a}{\hat{x}_e}) - \frac{a}{\hat{x}_e} \sqrt{1-(\frac{a}{\hat{x}_e})^2} \right] = \mathrm{Re}\{N\}$ $\hat{x}_e > a$	
		$N = \frac{4}{\pi} \frac{b}{\hat{x}_e} \sqrt{1-(\frac{a}{\hat{x}_e})^2} = \mathrm{Re}\{N\}$ $\hat{x}_e > a$	
		$N = \frac{k}{\pi} \sqrt{(\frac{\pi}{2}+\alpha)^2 + \cos^2\alpha + (\frac{\pi}{2}+\alpha)\sin 2\alpha} \cdot e^{-j \arcsin \frac{H}{\hat{x}_e}}$ $\alpha = \arcsin \frac{\hat{x}_e - 2H}{\hat{x}_e}$ $\mathrm{Re}(N) = \frac{k}{\pi} \left[\frac{\pi}{2} + \arcsin(\frac{\hat{x}_e - 2H}{\hat{x}_e}) + \frac{2H(\hat{x}_e - 2H)}{\hat{x}_e^2} \sqrt{\frac{\hat{x}_e}{H} - 1} \right]$ $\mathrm{Im}(N) = \frac{4}{\pi} k \left[(\frac{H}{\hat{x}_e})^2 - \frac{H}{\hat{x}_e} \right]$	
		$N = \frac{4}{\pi} \frac{b}{\hat{x}_e} e^{-j \arcsin \frac{a}{\hat{x}_e}}$ $\mathrm{Re}(N) = \frac{4}{\pi} \frac{b}{\hat{x}_e} \sqrt{1-(\frac{a}{\hat{x}_e})^2}$ $\mathrm{Im}(N) = -\frac{4}{\pi} \frac{b}{\hat{x}_e} \frac{a}{\hat{x}_e}$ $\hat{x}_e > a$	
		$N = \frac{4}{\pi} \frac{b}{\hat{x}_e} \cos(\frac{\alpha_2 + \alpha_1}{2}) e^{-j \frac{\alpha_2 - \alpha_1}{2}}$ $\alpha_1 = \arcsin \frac{a'}{\hat{x}_e}$ $\alpha_2 = \arcsin \frac{a}{\hat{x}_e}$ $\mathrm{Re}(N) = \frac{2}{\pi} \frac{b}{\hat{x}_e} \left[\sqrt{1-(\frac{a}{\hat{x}_e})^2} + \sqrt{1-(\frac{a'}{\hat{x}_e})^2} \right]$ $\mathrm{Im}(N) = -\frac{2}{\pi} \frac{b}{\hat{x}_e} (\frac{a}{\hat{x}_e} - \frac{a'}{\hat{x}_e})$	

Tabelle 3.3.1. Beschreibungsfunktionen der wichtigsten nichtlinearen Glieder mit statischer Kennlinie

von aus, daß das lineare Teilübertragungssystem die durch das nichtlineare Glied bedingten Oberwellen der Stellgröße u unterdrückt, dann kann - ähnlich wie für lineare Regelkreise - eine "charakteristische Gleichung"

$$N(\hat{x}_e, \omega)\ G(j\omega) + 1 = 0 \quad , \tag{3.3.28}$$

auch Gleichung der harmonischen Balance genannt, aufgestellt werden. Diese Gleichung entspricht der im Abschnitt 3.3.1 formulierten Bedingung für Dauerschwingungen oder Eigenschwingungen. Jedes Wertepaar $\hat{x}_e = x_G$ und $\omega = \omega_G$, das Gl.(3.3.28) erfüllt, beschreibt eine Grenzschwingung des geschlossenen Kreises mit der Frequenz ω_G und der Amplitude x_G. Die Bestimmung solcher Wertepaare (x_G, ω_G) aus dieser Gleichung kann analytisch oder graphisch erfolgen. Bei der *analytischen Lösung* versucht man, die komplexe Gl.(3.3.28) in Real- und Imaginärteil zu zerlegen. Aus diesen so entstehenden zwei Gleichungen lassen sich Lösungen (x_G, ω_G) prinzipiell ermitteln. Meist verwendet man jedoch als *graphische Lösung* das *Zweiortskurvenverfahren*, wobei Gl.(3.3.28) auf die Form

$$N(\hat{x}_e, \omega) = -\frac{1}{G(j\omega)} \tag{3.3.29a}$$

oder

$$G(j\omega) = -\frac{1}{N(\hat{x}_e, \omega)} \tag{3.3.29b}$$

gebracht wird. In der komplexen Ebene stellt man nun z. B. gemäß Gl. (3.3.29a) die Ortskurve $-1/G(j\omega)$ und das von beiden Parametern $\hat{x}_e$ und ω abhängige Ortskurvennetz von $N(\hat{x}_e, \omega)$ dar. Jeder Schnittpunkt dieser Ortskurven deutet auf die Möglichkeit einer Grenzschwingung (Dauerschwingung) hin, sofern die sich schneidenden Ortskurven im Schnittpunkt dieselbe Frequenz besitzen.

Beschränkt man sich auf den Fall frequenzunabhängiger Beschreibungsfunktionen $N(\hat{x}_e)$, dann kann $N(\hat{x}_e)$ als einfache Ortskurve dargestellt werden, und es ist nur der Schnittpunkt von zwei Ortskurven zu bestimmen. Die Frequenz ω_G der Grenzschwingung wird an der Ortskurve des linearen Systemteils, die Amplitude x_G an der Ortskurve der Beschreibungsfunktion abgelesen. Besitzen beide Ortskurven keinen gemeinsamen Schnittpunkt, so gibt es keine Lösung der Gl.(3.3.28) und es existiert keine Grenzschwingung des Systems. Allerdings gibt es aufgrund methodischer Fehler des hier betrachteten Näherungsverfahrens Fälle, in denen das Nichtvorhandensein von Schnittpunkten beider Ortskurven sogar zu qualitativ falschen Resultaten führt, z. B. bei dem später behandelten Fall eines Zweipunkthystereseglieds, das mit einem PT_1-Glied als Regelkreis geschaltet ist.

Nachfolgend soll anhand einiger *Beispiele* noch die Anwendung des Verfahrens gezeigt werden.

Beispiel 3.3.1: Regelkreis mit Dreipunktglied (eindeutige Kennlinie) und PT_3-Glied

In dem im Bild 3.3.7 dargestellten Regelkreis wird für die Stabilitätsuntersuchung $w = 0$ gesetzt, so daß als Eingangsgröße des nichtlinearen Gliedes $x_e = e = -y$ gilt. Tritt eine Dauerschwingung auf, dann stellt $\hat{x}_e$ die Amplitude des Ausgangssignals dar. Durch eine zusätz-

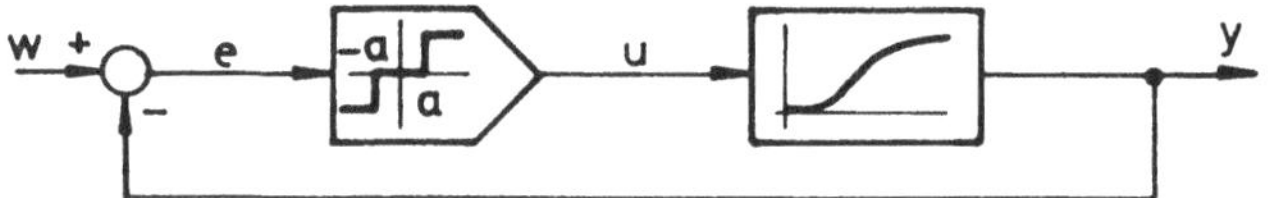

Bild 3.3.7. Regelkreis mit Dreipunktregler und PT_3-Strecke

lich eingeführte gleichfrequente, sinusförmige Störung läßt sich $\hat{x}_e$ vergrößern oder verkleinern. Für die Stabilitätsuntersuchung werden gemäß Bild 3.3.8 drei mögliche Fälle bezüglich des Schnittpunktes beider Ortskurven betrachtet.

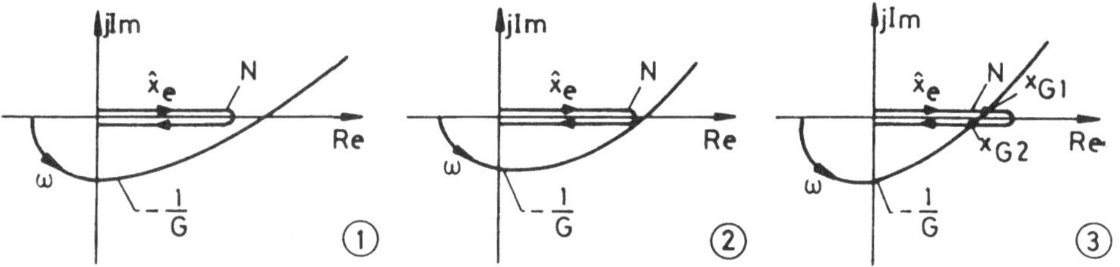

Bild 3.3.8. Zweiortskurvenverfahren bei Dreipunktregler mit PT_3-Strecke

Im Falle (1) existiert kein Schnittpunkt beider Ortskurven. Im Schnittpunkt der Ortskurve $-1/G(j\omega)$ mit der reellen Achse gilt für alle $\hat{x}_e$-Werte

$$\left|\frac{1}{G(j\omega)}\right| > |N(\hat{x}_e)| \quad \text{oder} \quad 1 > |N(\hat{x}_e)G(j\omega)| \quad .$$

Diese Ungleichung besagt, daß bei derjenigen Frequenz, bei der die Phasendrehung -180° ist, die Verstärkung des Regelkreises kleiner als Eins ist. Daher klingen unabhängig von der Anfangsamplitude $\hat{x}_e$ alle Schwingungen auf die Ruhelage Null ab. Somit liegt asymptotische Stabilität vor.

Im Falle ③ treten zwei Schnittpunkte und damit zwei Dauerschwingungen gleicher Frequenz, aber unterschiedlicher Amplitude auf. Betrachtet man die Grenzschwingung mit der Amplitude x_{G1} und verkleinert, z. B. durch Einführen einer kleinen Störung die Amplitude $\hat{x}_e < x_{G1}$, dann nimmt $|N(\hat{x}_e)|$ ab, und damit wird die Kreisverstärkung kleiner als Eins; es ergibt sich eine abklingende Schwingung. Bei einer Vergrößerung der Amplitude $\hat{x}_e > x_{G1}$ klingt die Schwingung auf, so lange die Kreisverstärkung $|N(\hat{x}_e)\ G(j\omega)| > 1$ ist. Da $|N(\hat{x}_e)|$ mit wachsendem $\hat{x}_e$ wieder abnimmt, wird sich diese Schwingung asymptotisch der durch den Schnittpunkt $\hat{x}_e = x_{G2}$ gekennzeichneten Grenzschwingung nähern. Eine weitere Vergrößerung der Amplitude liefert eine weitere Abnahme der Kreisverstärkung $|N(\hat{x}_e)\ G(j\omega)| < 1$, wodurch die Schwingung wiederum abklingt und asymptotisch auf die Grenzschwingung im Punkt $\hat{x}_e = x_{G2}$ übergeht. Man nennt die Grenzschwingung bei $\hat{x}_e = x_{G1}$ instabil, diejenige bei $\hat{x}_e = x_{G2}$ stabil. Aus diesem Sachverhalt läßt sich folgende Regel formulieren:

> Ein Schnittpunkt der beiden Ortskurven stellt eine *stabile Grenzschwingung* dar, wenn mit wachsendem $\hat{x}_e$ der Betrag der Beschreibungsfunktion abnimmt. Eine *instabile Grenzschwingung* ergibt sich, wenn $|N(\hat{x}_e)|$ mit $\hat{x}_e$ zunimmt.

Diese Regel gilt nicht generell, ist jedoch in den meisten praktischen Fällen anwendbar. Sie gilt insbesondere bei mehreren Schnittpunkten (mit verschiedenen ω-Werten) nur für denjenigen mit dem kleinsten ω-Wert.

In den Amplitudenbereichen

$$a < \hat{x}_e < x_{G1} \quad \text{und} \quad x_{G2} < \hat{x}_e < \infty$$

besitzt der Regelkreis abklingende Schwingungen, während aufklingende Schwingungen im Bereich

$$x_{G1} < \hat{x}_e < x_{G2}$$

auftreten. Man beachte dabei, daß $\hat{x}_e$ für die Amplitude des (sinusförmigen) Ausgangssignals y(t) steht.

Für den Fall ② erhält man eine *semistabile Grenzschwingung*, da bei einer Vergrößerung der Amplitude die Schwingung sich asymptotisch wieder der Grenzschwingung nähert, während sie bei Verkleinerung der

Amplitude abklingt.

Beispiel 3.3.2: Regelkreis mit Zweipunkt-Hystereseglied und PT_1-Glied

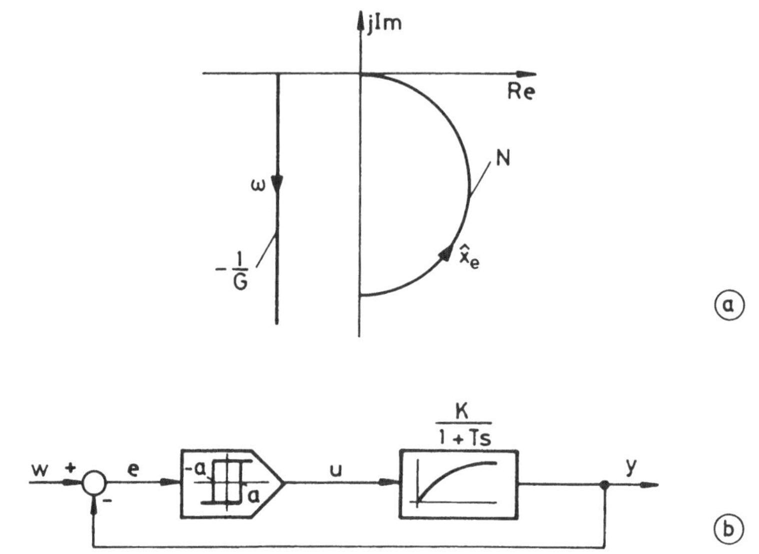

Bild 3.3.9. (a) Anwendung des Zweiortskurvenverfahrens bei einem Regelkreis (b) mit Zweipunkt-Hystereseglied und PT_1-Glied

Da sich bei diesem Regelkreis die beiden Ortskurven von N und -1/G (Bild 3.3.9) nicht schneiden, könnte man zunächst annehmen, daß keine Dauerschwingungen im vorliegenden Regelkreis auftreten. Ähnlich wie bei den früheren Überlegungen im Abschnitt 3.2.1 läßt sich aber zeigen, daß der hier betrachtete Regelkreis Dauerschwingungen ausführt. Die Ursache für dieses falsche Ergebnis ist, daß das PT_1-Glied die Oberwellen zu wenig unterdrückt, so daß die Voraussetzung für die Anwendung der Methode der harmonischen Linearisierung nicht erfüllt ist. Dies kann auch bei einem PT_n-Glied höherer Ordnung eintreten, wenn eine Zeitkonstante gegenüber den anderen dominiert.

Beispiel 3.3.3: Regelkreis mit Zweipunkt-Hystereseglied und PT_2-Glied

Im Bild 3.3.10 sind für zwei Fälle die Ortskurven dargestellt. Im Falle (1) besitzt das PT_2-Glied eine dominierende Zeitkonstante. Beide Ortskurven schneiden sich nicht, und trotzdem führt dieser Regelkreis Dauerschwingungen aus. Die Anwendung der harmonischen Linearisierung ist hier ebenfalls nicht möglich.

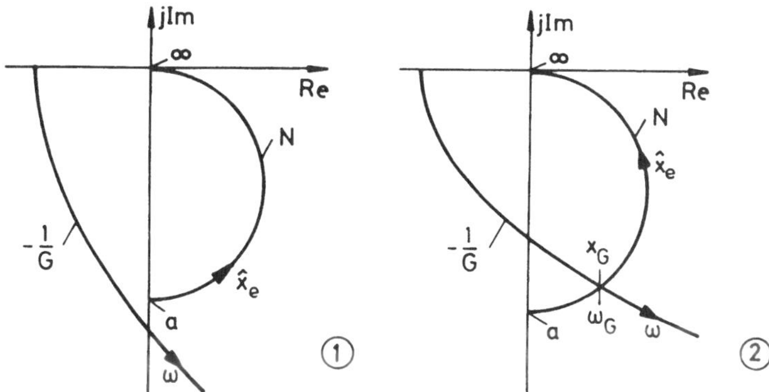

Bild 3.3.10. Anwendung des Zweiortskurvenverfahrens bei einem Regelkreis mit Zweipunkt-Hystereseglied und PT_2-Glied

Für den Fall ② erhält man stets *einen* Schnittpunkt. Somit ist nur *eine* Grenzschwingung möglich. Da $|N|$ im Schnittpunkt beider Ortskurven ($\hat{x}_e = x_G, \omega = \omega_G$) mit wachsendem $\hat{x}_e$ streng monoton abnimmt, handelt es sich um eine *stabile Grenzschwingung* mit

- aufklingenden Schwingungen für $a \leqq \hat{x}_e < x_G$ und
- abklingenden Schwingungen für $x_G < \hat{x}_e < \infty$.

Aus der Tatsache, daß die Methode im Fall ① unbrauchbar ist, muß allerdings geschlossen werden, daß die Daten der Grenzschwingung im Fall ②, ω_G und x_G, nur als Näherung für die tatsächlichen Werte betrachtet werden können.

3.4. Analyse nichtlinearer Regelsysteme in der Phasenebene

Die Analyse nichtlinearer Regelsysteme im Frequenzbereich ist, wie im vorigen Abschnitt gezeigt wurde, nur mit mehr oder weniger groben Näherungen möglich. Um exakt zu arbeiten, sollte man im Zeitbereich bleiben und die Differentialgleichungen des Systems unmittelbar benutzen. Hierfür eignet sich besonders die Beschreibung in der *Phasen-* oder *Zustandsebene* als zweidimensionaler Sonderfall des im Kapitel 1 näher behandelten Zustandsraums. Diese bereits von *Poincaré* [3.8] eingeführte Beschreibungsform erlaubt eine anschauliche graphische Darstellung des dynamischen Verhaltens linearer und nichtlinearer *Systeme zweiter Ordnung*. Sie dient nicht nur zur Berechnung des Eigenverhaltens wie die Methode der Beschreibungsfunktion, sondern auch zur Ermittlung des

Übergangsverhaltens und ist stets anwendbar, wenn die das System beschreibende Differentialgleichung zweiter Ordnung in zwei Differentialgleichungen erster Ordnung übergeführt werden kann. Dies ist der Fall, wenn die Zeit t nicht explizit auftritt.

3.4.1. Der Grundgedanke

Es sei ein System betrachtet, das durch die gewöhnliche Differentialgleichung 2. Ordnung

$$\ddot{y} - f(y,\dot{y},u) = 0 \tag{3.4.1}$$

beschrieben wird, wobei $f(y,\dot{y},u)$ eine lineare oder nichtlineare Funktion sei. Durch die Substitution

$$x_1 \equiv y \quad \text{und} \quad x_2 \equiv \dot{y} \tag{3.4.2}$$

führt man Gl. (3.4.1) in ein System zweier simultaner Differentialgleichungen 1. Ordnung

$$\left.\begin{aligned} \dot{x}_1 &= x_2 \\ \dot{x}_2 &= f(x_1,x_2,u) \end{aligned}\right\} \tag{3.4.3}$$

über. Die beiden Größen x_1 und x_2 beschreiben den Zustand des Systems in jedem Zeitpunkt vollständig. Trägt man in einem rechtwinkligen Koordinatensystem x_2 als Ordinate über x_1 als Abszisse auf, so stellt jede Lösung $y(t)$ der Systemgleichung, Gl. (3.4.1), eine Kurve in dieser Zustands- oder Phasenebene dar, die der Zustandspunkt (x_1,x_2) mit einer bestimmten Geschwindigkeit durchläuft (Bild 3.4.1a). Man bezeichnet diese Kurve als *Zustandskurve*, *Phasenbahn* oder auch als *Trajektorie*. Wichtig ist, daß zu jedem Punkt der Zustandsebene bei gegebenem $u(t)$ eine eindeutige Trajektorie gehört. Insbesondere für $u(t) = 0$ beschreiben die Trajektorien das Eigenverhalten des Systems. Zeichnet man von verschiedenen Anfangsbedingungen (x_{10},x_{20}) aus die Phasenbahnen, so erhält man eine Kurvenschar, das *Phasenporträt*, das die Phasenebene so strukturiert, daß weitere Trajektorien mit anderen Anfangswerten leicht einzutragen sind (Bild 3.4.1b).

Damit ist zwar der entsprechende Zeitverlauf von $y(t)$ nicht explizit bekannt, er läßt sich jedoch leicht berechnen, wie später noch gezeigt wird.

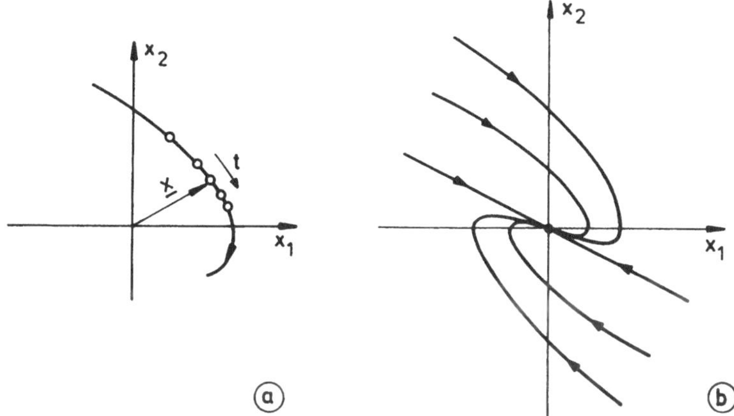

Bild 3.4.1. Systemdarstellung in der Phasenebene: (a) Trajektorie mit Zeitkodierung, (b) Phasenporträt

Stellt die Zustandskurve eine in sich geschlossene Kurve dar, dann liegt eine Dauerschwingung von y(t) vor. Dies läßt sich leicht anhand der beiden folgenden einfachen Beispiele erläutern:

Beispiel 3.4.1:

Man berechne die Zustandskurve einer Sinusschwingung, die bekanntlich als Lösung der Differentialgleichung 2. Ordnung $\ddot{y} + ay = 0$ auftritt:

$$y(t) = A\cos(\omega t - \varphi) \equiv x_1$$
$$\dot{y}(t) = -A\omega\sin(\omega t - \varphi) \equiv x_2 \quad .$$

Das Quadrieren und Addieren beider Gleichungen ermöglicht die Elimination der Zeit:

$$\left(\frac{x_1}{A}\right)^2 + \left(\frac{x_2}{\omega A}\right)^2 = 1 \quad .$$

Dies ist die Gleichung der Zustandskurve, die hier eine Ellipse mit den Halbachsen A und ωA (vgl. Bild 3.4.2a) beschreibt.

Beispiel 3.4.2:

Man berechne die Zustandskurve einer Dreieckschwingung. Wie in Bild 3.4.2b dargestellt, ist die Geschwindigkeit $dy/dt = \dot{y} = x_2$ hier abschnittsweise konstant und springt in den Umkehrpunkten auf den jeweils entgegengesetzten Wert.

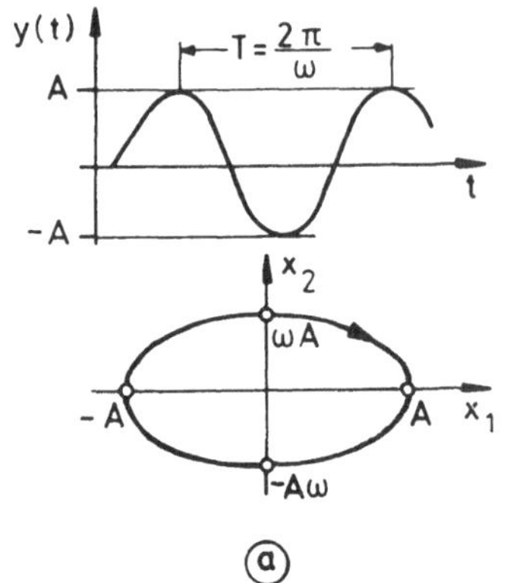

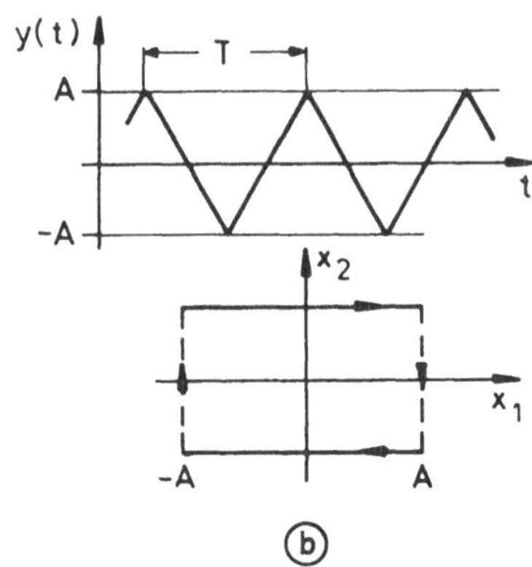

Bild 3.4.2. Beispiele zur Phasenbahn: Sinussignal (a) und Dreieckschwingung (b)

3.4.2. Der Verlauf der Zustandskurven

Für die weiteren Betrachtungen soll angenommen werden, daß u(t) eine stückweise konstante Funktion sei. In der Praxis ist dies häufig der Fall, nämlich in allen Relaissystemen, bei denen u(t) die Ausgangsgröße eines Zwei- oder Dreipunktgliedes ist. Dann kann die Zeit t aus Gl. (3.4.3) eliminiert werden, indem aus diesen beiden Gleichungen folgende Beziehung gebildet wird:

$$\frac{dx_2}{dx_1} = \frac{dx_2/dt}{dx_1/dt} = \frac{f(x_1, x_2, u)}{x_2} \qquad (u = \text{const}) \quad . \tag{3.4.4}$$

Damit ist nur noch *eine* Differentialgleichung 1. Ordnung zu lösen. Die Lösungen derselben beschreiben den Verlauf der Zustandskurven in der Phasenebene. Durch die Elimination von t geht keine Information über den weiteren Ablauf der Lösung $\underline{x}(t)$ verloren, denn bei gegebenen Anfangsbedingungen $\underline{x}_0$ ist auch die "Zeitkodierung" der Zustandskurven durch deren Verlauf *eindeutig* festgelegt. Falls man die Zeit als Parameter der Trajektorie überhaupt benötigt, läßt sich diese einfach aus der ersten Differentialgleichung von Gl.(3.4.3) nach Trennung der Variablen, aus

$$dt = \frac{dx_1}{x_2} \quad ,$$

durch Integration bestimmen als

$$t = t_o + \int_{x_{10}}^{x_1} \frac{dx_1}{x_2} \, , \qquad (3.4.5)$$

wobei x_{10} die Anfangsbedingung im Zeitpunkt t_o ist und für x_2 die Gleichung der Trajektorie $x_2 = x_2(x_1)$ eingesetzt werden muß. So ergibt sich z. B. für den im Bild 3.4.2a dargestellten Fall mit

$$x_2 = \omega \sqrt{A^2 - x_1^2}$$

als Schwingungszeit

$$T = 2 \int_{-A}^{A} \frac{dx_1}{\omega\sqrt{A^2 - x_1^2}} = \frac{2}{\omega} \arcsin \frac{x_1}{A}\Bigg|_{-A}^{A} = \frac{2}{\omega} \left(\frac{\pi}{2} + \frac{\pi}{2}\right) = \frac{2\pi}{\omega} \; .$$

Nachfolgend werden einige allgemeine *Eigenschaften* von Zustandskurven betrachtet:

1. Jede Trajektorie verläuft in der *oberen* Halbebene der Phasenebene ($x_2 > 0$) *von links nach rechts*, da wegen $x_2 = \dot{x}_1$ und $\dot{x}_1 > 0$ der Wert von x_1 zunimmt.

2. Jede Trajektorie verläuft in der *unteren* Halbebene der Phasenebene ($x_2 < 0$) *von rechts nach links*, da wegen $x_2 = \dot{x}_1$ und $\dot{x}_1 < 0$ der Wert von x_1 abnimmt.

3. Trajektorien schneiden die x_1-Achse senkrecht. Dies ist bei Stetigkeit der Trajektorien eine unmittelbare Folge der Eigenschaften 1 und 2. Damit folgt auch, daß diese Schnittpunkte gewöhnlich Extremwerte von x_1 darstellen, und daß in der oberen oder unteren Phasenhalbebene keine Bahnpunkte mit vertikaler Tangente existieren. Hiervon bilden gewisse ausgeartete Zustandskurven *Ausnahmen:* Erfolgt der Schnitt der Trajektorien mit der x_1-Achse nicht senkrecht, dann liegt ein *singulärer Punkt* vor.

4. Die *Gleichgewichtslagen* eines dynamischen Systems werden stets durch *singuläre Punkte* gebildet. Diese müssen auf der x_1-Achse liegen, da sonst keine Ruhelage möglich ist. Dabei unterscheidet man verschiedene singuläre Punkte: Wirbelpunkte, Strudelpunkte, Knotenpunkte und Sattelpunkte.

5. Im Phasenporträt stellen die in sich geschlossenen Zustandskurven Dauerschwingungen dar. Die früher erwähnten stationären Grenzschwingungen (Arbeitsbewegungen des nichtlinearen Systems) bezeichnet man

in der Phasenebene als *Grenzzyklen*. Diese Grenzzyklen sind wiederum dadurch gekennzeichnet, daß zu ihnen oder von ihnen alle benachbarten Trajektorien konvergieren oder divergieren. Je nach dem Verlauf der Trajektorien in der Nähe eines Grenzzyklus unterscheidet man *stabile, instabile* und *semistabile* Grenzzyklen (Bild 3.4.3).

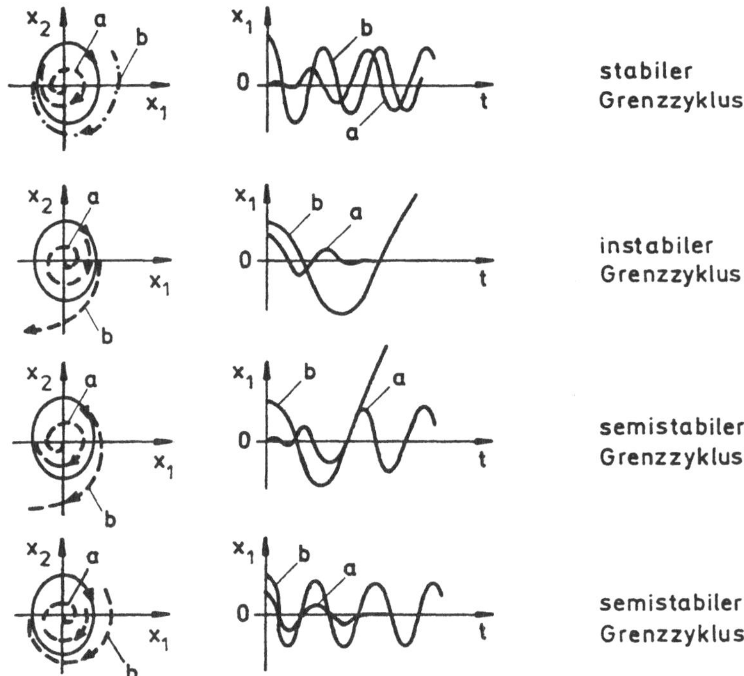

Bild 3.4.3. Arten von Grenzzyklen in der Phasenebene mit entsprechenden Zeitverläufen benachbarter Trajektorien

Es sei hier angemerkt, daß die Eigenschaften 1 bis 4 der Zustandskurven nur bei der durch Gl.(3.4.2) gegebenen Definition der Zustandsgrößen gelten. Gelegentlich benutzt man auch andere Zustandsgrößen x_1, x_2, wobei die Trajektorien eine völlig andere Gestalt haben können.

Beispiel 3.4.3:

Es sei hier der Einfachheit halber das Phasenporträt eines linearen Systems 2. Ordnung mit der Differentialgleichung

$$\ddot{y} + a_1\dot{y} + a_o y = 0 \qquad (3.4.6)$$

für verschiedene Werte von a_o und a_1 betrachtet. Je nach der Lage der

Polverteilung	Phasenporträt	Singulärer Punkt
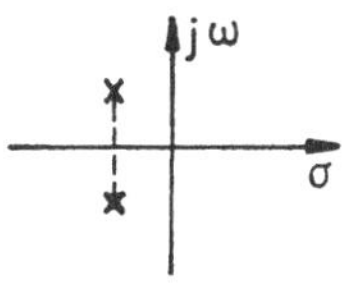 $j\omega$, σ	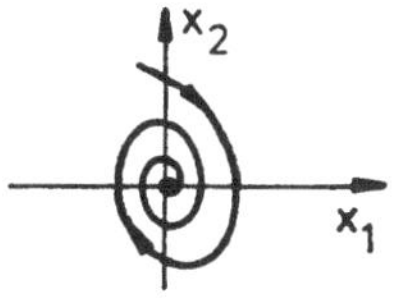 x_2, x_1	Strudelpunkt (stabil)
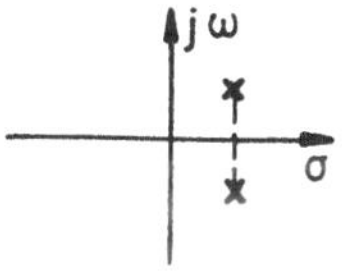 $j\omega$, σ	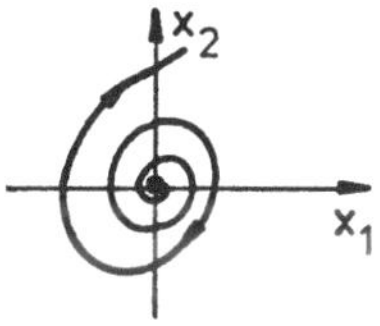 x_2, x_1	Strudelpunkt (instabil)
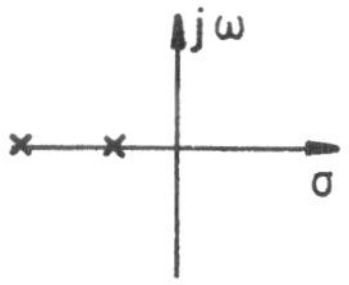 $j\omega$, σ	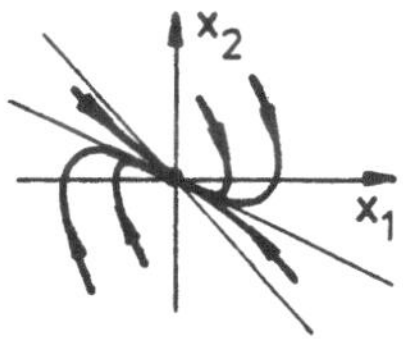 x_2, x_1	Knotenpunkt (stabil)
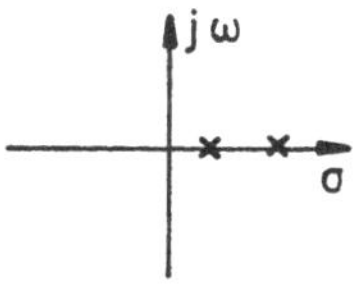 $j\omega$, σ	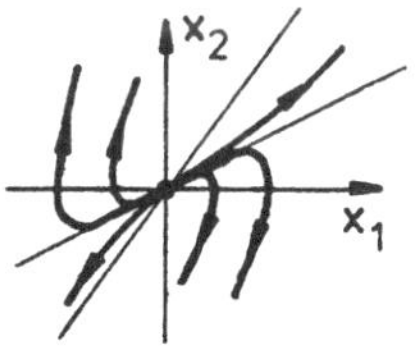 x_2, x_1	Knotenpunkt (instabil)
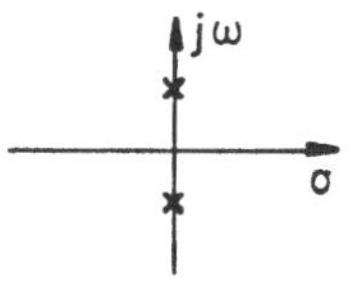 $j\omega$, σ	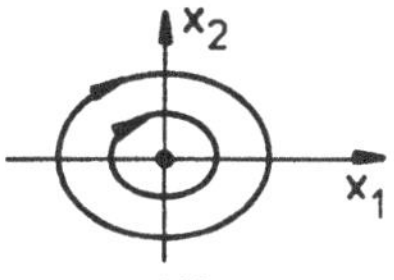 x_2, x_1	Wirbelpunkt (grenzstabil)
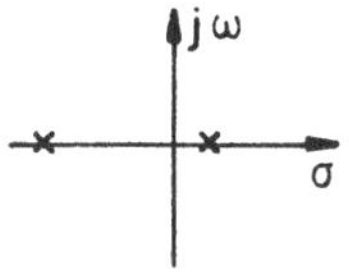 $j\omega$, σ	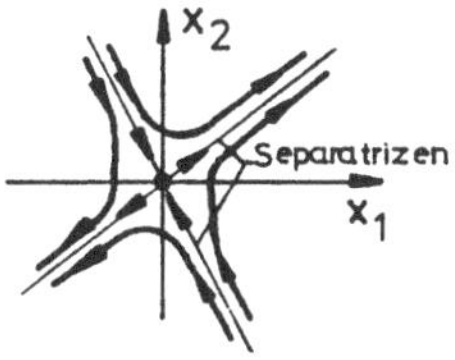 x_2, x_1, Separatrizen	Sattelpunkt (instabil)
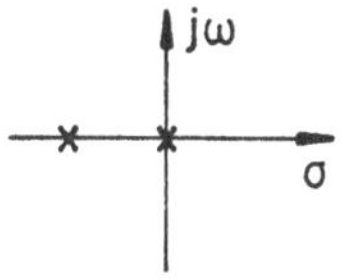 $j\omega$, σ	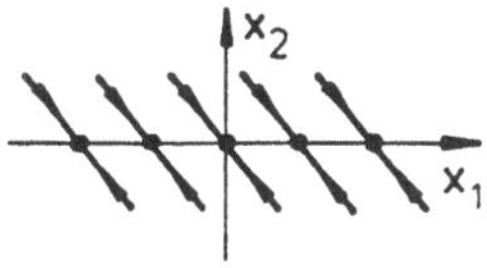 x_2, x_1	(grenzstabil)
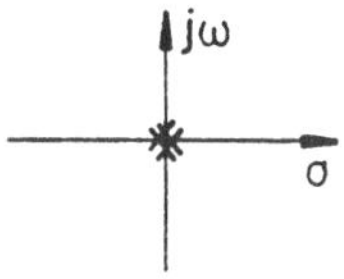 $j\omega$, σ	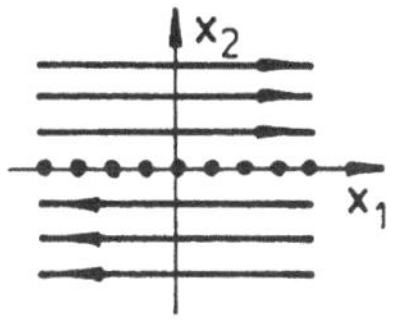 x_2, x_1	(instabil)

Tabelle 3.4.1. Phasenporträt eines linearen Systems 2. Ordnung für die angegebenen Polverteilungen

Pole dieses Systems, also der Wurzeln s_1 und s_2 der charakteristischen Gleichung

$$s^2 + a_1 s + a_o = 0 \tag{3.4.7}$$

in der komplexen Ebene, erhält man völlig verschiedene Strukturen des Phasenporträts. Die Zustandsdifferentialgleichungen ergeben sich nach Gl.(3.4.6) zu

$$\begin{aligned} \dot{x}_1 &= x_2 \\ \dot{x}_2 &= -a_o x_1 - a_1 x_2 \quad . \end{aligned} \tag{3.4.8}$$

In Tabelle 3.4.1 sind die Ergebnisse für sämtliche Polverteilungen zusammengestellt.

3.5. Anwendung der Methode der Phasenebene zur Untersuchung von Relaisregelsystemen

An zwei einfachen Relaisregelsystemen soll nun die Anwendung der Methode der Phasenebene zur Stabilitätsanalyse gezeigt werden. Dabei wird ein Zweipunktregler mit und ohne Hysterese betrachtet.

3.5.1. Zweipunktregler ohne Hysterese

Das im Bild 3.5.1 dargestellte System (das beispielsweise der Regelung einer Winkelstellung entspricht, wobei der Motor der Einfachheit halber ohne Verzögerung anspricht und als Last nur eine reine Trägheit wirkt) wird zunächst *ohne* die gestrichelte Rückkopplung betrachtet. Die Stell-

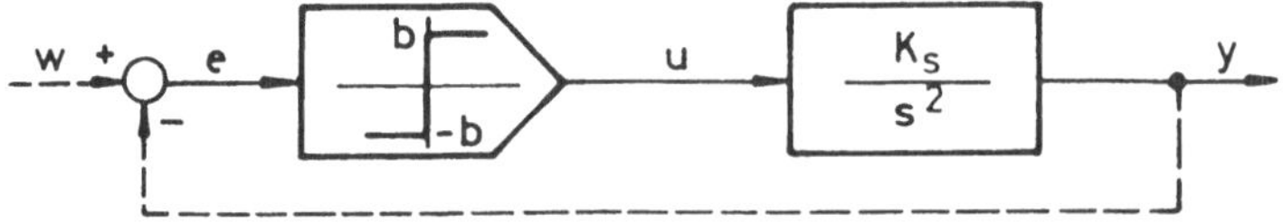

Bild 3.5.1. System mit Zweipunktregler und Regelstrecke 2. Ordnung

größe u(t) kann nur zwei Werte annehmen,

$$u(t) = \pm b \quad . \tag{3.5.1}$$

Die Differentialgleichung der Regelstrecke lautet

$$\ddot{y} = K_S u \quad . \tag{3.5.2}$$

Als Zustandsgrößen werden gewählt

$$x_1 = y \quad \text{und} \quad x_2 = \dot{x}_1 \quad .$$

Man erhält damit anstelle von Gl.(3.5.2) die Zustandsdarstellung

$$\begin{aligned} \dot{x}_1 &= x_2 \quad , \\ \dot{x}_2 &= K_S u \quad . \end{aligned} \tag{3.5.3}$$

Entsprechend Gl.(3.4.4) folgt hieraus die Differentialgleichung für die Bestimmung der Trajektorien

$$\frac{dx_2}{dx_1} = \frac{K_S u}{x_2} \quad . \tag{3.5.4}$$

Da u betragsmäßig eine konstante Größe ist, ergibt sich als Lösung

$$x_2^2 = 2K_S u(x_1 - C) \quad . \tag{3.5.5}$$

Diese Gleichung beschreibt mit $u = \pm b$ zwei Parabelscharen, die C als Parameter enthalten und die symmetrisch zur x_1-Achse verlaufen mit dem Scheitelpunkt $x_1 = C$ gemäß Bild 3.5.2. Durch jeden Punkt der Phasenebe-

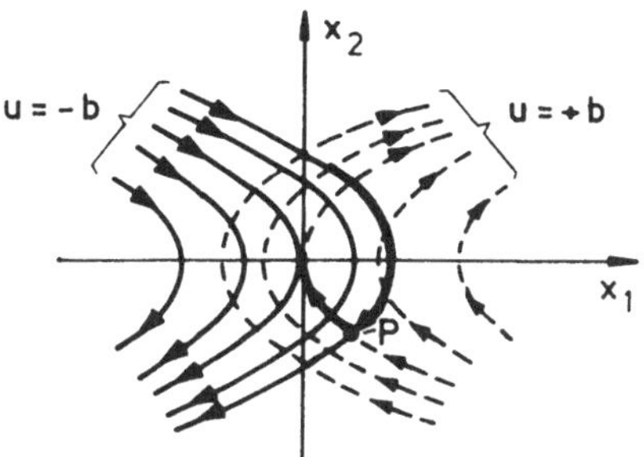

Bild 3.5.2. Verlauf der Trajektorien des Teilsystems mit Doppel-I-Verhalten

ne verläuft jeweils eine Parabel beider Scharen. Der Zustandspunkt bewegt sich so lange auf derselben Parabel, bis die Stellgröße u(t) ihr Vorzeichen wechselt. Die Trajektorie wird dann auf der diesem Punkt P entsprechenden Parabel der anderen Schar fortgesetzt.

Für den geschlossenen Regelkreis gilt nun (*mit* gestrichelter Rückkopplung)

$$u = \begin{cases} -b & \text{für } e = w - y < 0 \\ +b & \text{für } e = w - y > 0 \quad . \end{cases} \tag{3.5.6}$$

Daraus folgt, daß die Umschaltung gerade bei $e = 0$, also ($x_1 = w$) stattfindet. Wird nun vorausgesetzt, daß die Führungsgröße konstant ist, also $w = \text{const}$ gilt, so wird zweckmäßigerweise als Zustandsgröße

$$x_1 = y - w = -e$$

gewählt. Diese Beziehung kann auch als Nullpunktverschiebung der x_1-Achse interpretiert werden. Damit liegt der Systemzustand, der durch die Regelung erreicht werden soll, unabhängig von w im Ursprung der Phasenebene. Demnach bildet als Verbindungslinie aller Umschaltpunkte hier also die x_2-Achse die *Schaltlinie* bzw. *Schaltgerade* des geschlossenen Regelkreises. Jede Trajektorie setzt sich aus zwei bezüglich der x_2-Achse spiegelbildlichen Parabelästen zusammen und ist damit eine geschlossene Kurve, die der Zustandspunkt periodisch durchläuft (Bild 3.5.3). Bei dieser Dauerschwingung des Regelkreises handelt es sich allerdings nicht um einen Grenzzyklus, da die Amplitude x_{10} nur durch den Anfangszustand bestimmt ist und alle benachbarten Trajektorien ebenfalls in sich selbst geschlossen sind.

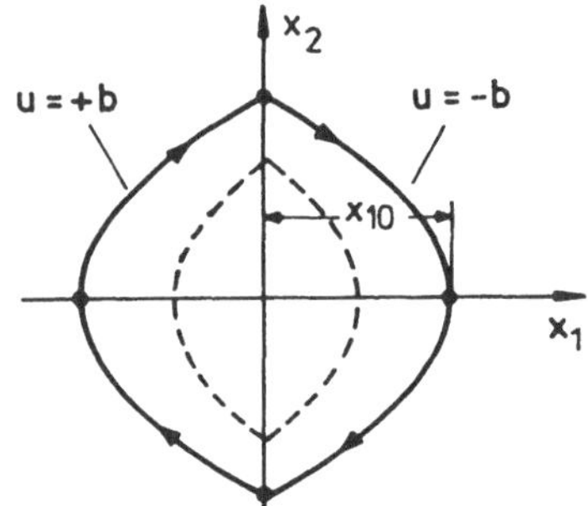

Bild 3.5.3. Phasenbahn des Regelkreises in Bild 3.5.1

Für die Schwingungsdauer T folgt aus Gl. (3.4.5) mit $x_2^2 = 2\,K_S u(x_1 - C)$ für $C = x_{10}$ und $u = -b$

$$T = 4 \int_{x_{10}}^{0} \frac{dx_1}{x_2} = 4 \int_{x_{10}}^{0} \frac{dx_1}{-\sqrt{2K_S b}\,\sqrt{x_{10} - x_1}}$$

$$T = 4 \sqrt{\frac{2x_{10}}{K_S b}} \; . \tag{3.5.7}$$

Man nennt die Ruhelage $x_1 = 0$, $x_2 = 0$ dieses Systems stabil. Sie ist jedoch nicht asymptotisch stabil, da die Trajektorien für $t \to \infty$ nicht gegen die Ruhelage konvergieren. Will man dies erreichen, so benötigt man anstelle der senkrechten eine nach links geneigte Schaltgerade gemäß Bild 3.5.4, die durch die Gleichung

$$x_1 + kx_2 = 0 \quad ; \qquad k > 0 \tag{3.5.8}$$

beschrieben wird. Für die Trajektorien links dieser Schaltgeraden gilt

$$x_1 + kx_2 < 0 \quad ,$$

für jene rechts davon

$$x_1 + kx_2 > 0 \quad .$$

Somit muß für die Stellgröße u(t) gelten:

$$u = \begin{cases} -b & \text{für } x_1 + kx_2 > 0 \text{ oder } e + k\dot{e} < 0 \\ +b & \text{für } x_1 + kx_2 < 0 \text{ oder } e + k\dot{e} > 0 \end{cases} \tag{3.5.9}$$

oder

$$u = -b \, \mathrm{sgn}(x_1 + kx_2) = b \, \mathrm{sgn}(e + k\dot{e}) \quad . \tag{3.5.10}$$

Daraus geht hervor, daß die Eingangsgröße des Zweipunktreglers durch

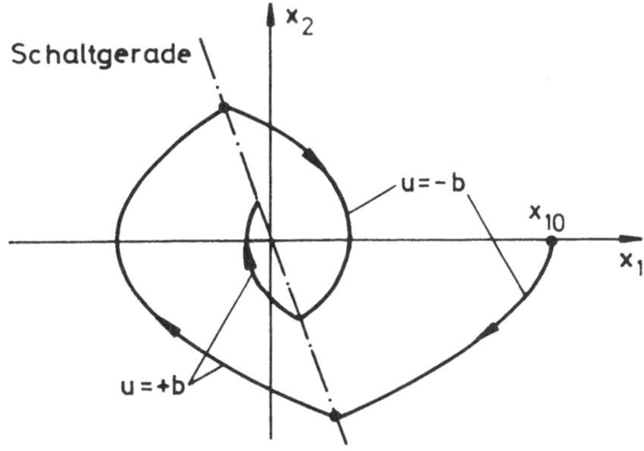

Bild 3.5.4. Phasenbahn bei geneigter Schaltgerade

$(e + k\dot{e})$ gebildet werden muß, was z. B. durch ein vorgeschaltetes PD-Glied erfolgen kann (vgl. Bild 3.5.5).

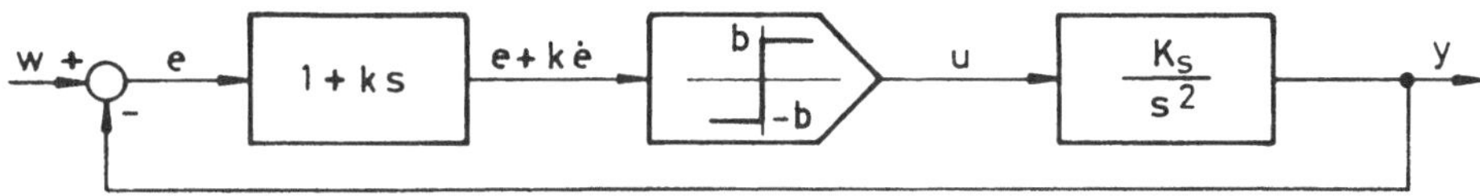

Bild 3.5.5. Regelkreis mit geneigter Schaltgerade

Mit abnehmender Amplitude der Schwingung dieses Regelkreises erreicht der Zustandspunkt einen Bereich der Schaltgeraden in der Nähe des Ursprungs, dessen Endpunkte P und P' die Berührungspunkte mit den Trajektorien sind und der dadurch gekennzeichnet ist, daß die Schaltgerade nicht mehr verlassen werden kann. Betrachtet man z. B. die Trajektorie (1) mit $u = -b$ in Bild 3.5.6, so ist ersichtlich, daß im Schnittpunkt mit der Schaltgeraden umgeschaltet wird ($u = +b$), wonach dann das Teilstück (2) durchlaufen werden müßte. Da dieses jedoch auf der gleichen

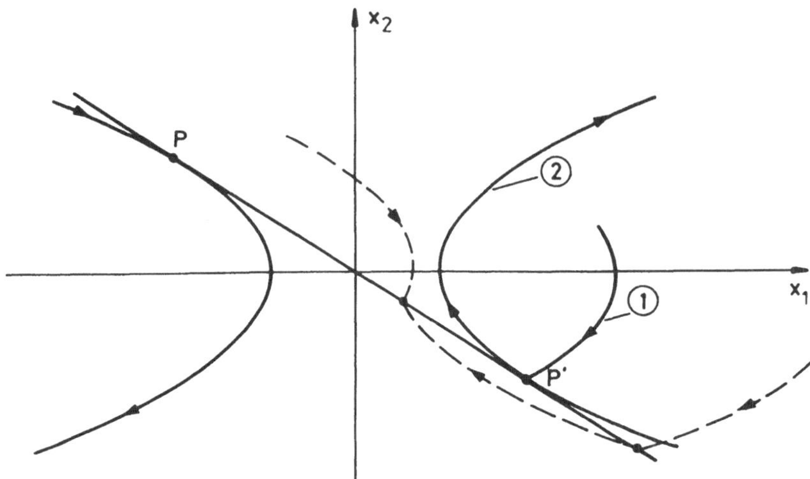

Bild 3.5.6. Kriechvorgang auf der geneigten Schaltgeraden in der Nähe des Ursprungs

Seite der Schaltgeraden verläuft wie (1), auf der entsprechend dem Stellgesetz $u = -b$ gilt, wird sofort wieder umgeschaltet, so daß der Zustandspunkt die Schaltgerade nicht mehr verlassen kann. Entsprechendes gilt für einen beliebigen Schnittpunkt einer Trajektorie innerhalb des Bereiches $\overline{PP'}$ der Schaltgeraden (gestrichelter Verlauf im Bild 3.5.6). Erreicht eine Trajektorie diesen Bereich, dann kriecht der Zustandspunkt unter dauerndem Schalten mit hoher Frequenz ("Rattern") auf dieser Geraden in den Ursprung. Die Differentialgleichung dieser Bewegung ist gegeben durch Gl. (3.5.8) bzw. durch

$$e(t) + k\dot{e}(t) = 0 \quad ; \tag{3.5.11}$$

ihre Lösung lautet

$$e(t) = \text{const}\; e^{-t/k} \quad . \tag{3.5.12}$$

Damit ist der Regelkreis asymptotisch stabil.

Um die Stelleinrichtung durch dieses Rattern nicht allzusehr zu belasten, ist bei der Bestimmung der Steigung der Schaltgeraden ein Kompromiß zu schließen. Je kleiner die Steigung -1/k, desto schneller klingt die Schwingung (spiralförmige Trajektorie) ab, desto länger ist aber auch der Bereich $\overline{PP'}$ und desto kleiner die Kriechgeschwingigkeit auf der Schaltgeraden.

3.5.2. Zweipunktregler mit Hysterese

In dem im Bild 3.5.1 dargestellten Regelkreis soll nun die eindeutige Zweipunktkennlinie durch eine solche mit Hysterese (Hysteresebreite 2a) ersetzt werden. Außerhalb der Hysteresebreite gilt die Schaltbedingung

$$u = \begin{cases} -b & \text{für } e < -a \text{ oder } w - y < -a \\ +b & \text{für } e > +a \text{ oder } w - y > +a \quad . \end{cases} \tag{3.5.13}$$

Außerhalb des Streifens $-a \leq x_1 \leq a$ kann also eindeutig der Wert von u und damit auch der Verlauf der Trajektorien des Systems festgelegt werden, wie es Bild 3.5.7 als (unvollständiges) Phasendiagramm zeigt.

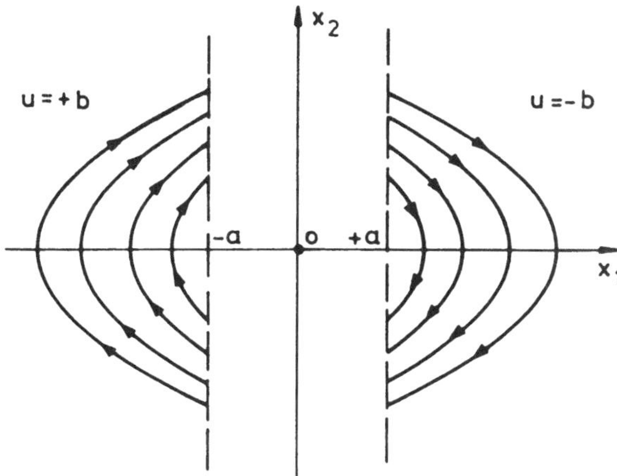

Bild 3.5.7. Verlauf der Trajektorien außerhalb der Hysteresebreite 2a

Zu klären bleibt nun, wo in der Phasenebene jeweils die Umschaltung von u erfolgt. Anhand der Hysteresekurve ist unmittelbar ersichtlich, daß die Umschaltung von $u = +b$ auf $u = -b$ dann geschieht, wenn gerade $e (= -x_1)$ von positiven Werten kommend den Wert -a erreicht, d. h. wenn mit wachsendem x_1 (also $x_2 > 0$) die Gerade $x_1 = a$ geschnitten wird. Eine Umschaltung von $u=-b$ auf $u=+b$ erfolgt umgekehrt dann, wenn eine Trajektorie mit abnehmendem x_1 (d. h. $x_2<0$) die Gerade $x_1=-a$ erreicht. Die Zustandsebene wird somit in zwei Bereiche aufgeteilt, längs deren Grenze die Umschaltung stattfindet. Im vorliegenden Fall erhält man eine *gebrochene Schaltlinie*, die aus den beiden Halbgeraden

$$x_1 = a \quad \text{für} \quad x_2 > 0 \qquad \text{und} \qquad x_1 = -a \quad \text{für} \quad x_2 < 0$$

besteht.

Damit können nun die Trajektorien des geschlossenen Regelkreises dargestellt werden. Je nach dem gewählten Anfangspunkt A_i können verschiedene Fälle unterschieden werden (Bild 3.5.8). Unabhängig davon, wo der Anfangspunkt der Trajektorie liegt, erhält man stets eine aufklingende Schwingung. Der Regelkreis wird also durch Einsatz der Zweipunktkennlinie mit Hysterese instabil.

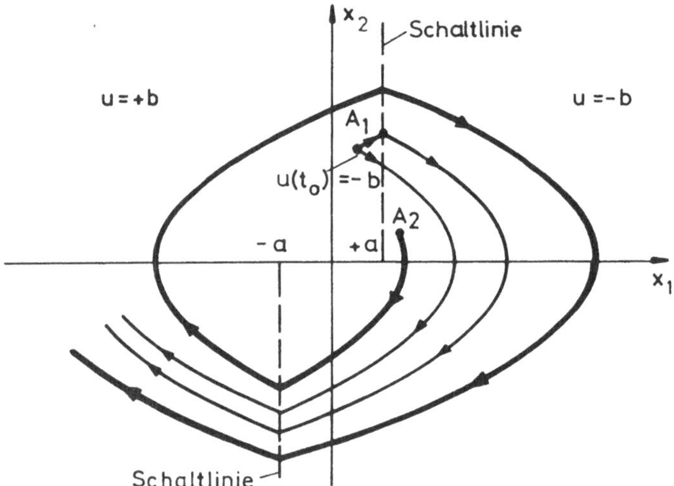

Bild 3.5.8. Schaltlinie und instabile Trajektorie bei Hysterese

Nachfolgend soll daher die Möglichkeit untersucht werden, ob wiederum durch Einführung eines PD-Glieds das Stabilitätsverhalten dieses Regelkreises verbessert werden kann. Ebenso wie im hysteresefreien Fall bewirkt das PD-Glied eine Neigung der beiden Geraden, die die Schaltlinie beschreiben. Für diese beiden Geraden gemäß Bild 3.5.9 folgt somit:

$$x_1 + kx_2 + a = 0 \qquad \text{(Gerade ①)} \tag{3.5.14a}$$

und

$$x_1 + kx_2 - a = 0 \qquad \text{(Gerade ②)} \quad . \tag{3.5.14b}$$

Während links der Geraden (1) immer $u = +b$ und rechts der Geraden (2) immer $u = -b$ ist, können innerhalb des Streifens zwischen diesen Geraden, für den $|x_1 + kx_2| < a$ gilt, beide Schaltzustände vorkommen (vgl. Bild 3.5.9). Eine Umschaltung erfolgt immer dann, wenn eine Trajektorie diesen Streifen verläßt, nicht dagegen bei Eintritt in den Streifen. Wie aus Bild 3.5.9 deutlich wird, müssen die Schaltlinien gegen-

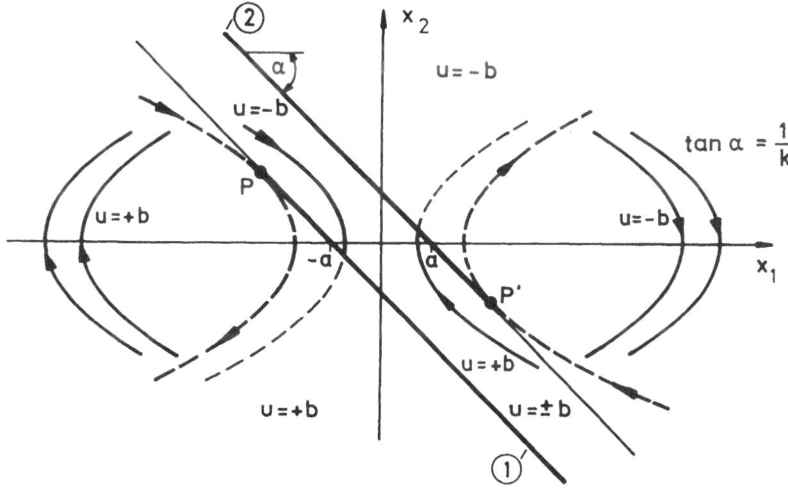

Bild 3.5.9. Zur Ermittlung der Schaltbedingungen beim Zweipunkt-Hystereseglied mit geneigten Schaltlinien

über Bild 3.5.8 noch einseitig verlängert werden. Es kommen jedoch nur Punkte des stark ausgezogenen Teilstücks der Geraden (1) und (2) als Umschaltpunkte in Betracht. Sie sind durch die Berührungspunkte P und P' mit den Trajektorien begrenzt.

Nun können gemäß Bild 3.5.10 für beliebige Anfangszustände die Trajektorien skizziert werden. In der Nähe des Ursprungs liegen die Verhältnisse ähnlich wie in Bild 3.5.8 bei senkrechter Schaltlinie. Die Schwingungsamplitude wächst mit der Zeit an. Im Gegensatz dazu bilden die Trajektorien in großem Abstand vom Ursprung Spiralen mit abklingender Amplitude. In beiden Fällen streben die Phasenbahnen asymptotisch einer geschlossenen Kurve zu, die einen Grenzzyklus beschreibt. Es ist leicht einzusehen, daß sich dieser Grenzzyklus gerade aus den Abschnitten der Parabeläste zusammensetzt, die durch den Schnittpunkt der Schaltgeraden mit der x_2-Achse hindurchgehen. Aufgrund der früheren Definition handelt es sich um einen stabilen Grenzzyklus. Der Regelkreis ist zwar nicht

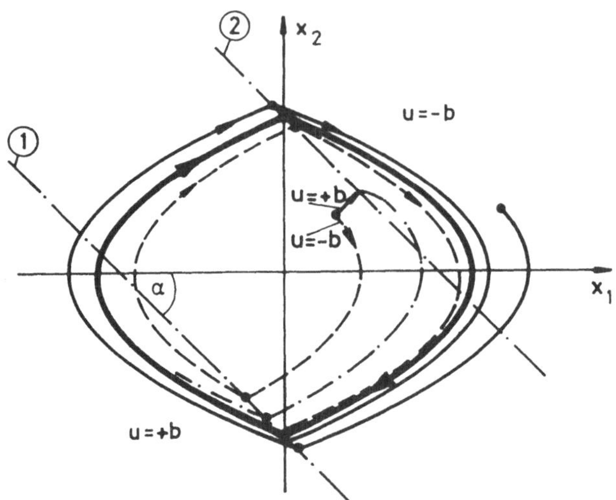

Bild 3.5.10. Phasendiagramm bei Zweipunkt-Hystereseglied mit geneigten Schaltlinien

asymptotisch stabil - der Ursprungspunkt ($x_1 = x_2 = 0$) selbst ist noch instabil -, doch hat das Vorschalten des PD-Gliedes zur Folge, daß die Amplitude der aufklingenden Schwingung durch den Grenzzyklus beschränkt wird. Insgesamt wurde somit eine Stabilisierung des Regelkreises erzielt.

3.6. Zeitoptimale Regelung

3.6.1. Beispiel in der Phasenebene

Als Regelstrecke wird nachfolgend ein bewegtes Objekt betrachtet, z. B. ein Fahrzeug, dessen Position y geregelt werden soll. Die Stellgröße ist gegeben durch die Beschleunigungs- bzw. Verzögerungskraft u(t). Damit hat die Regelstrecke Doppel-I-Verhalten und wird durch die Übertragungsfunktion

$$G(s) = \frac{K_S}{s^2} , \tag{3.6.1}$$

beschrieben. Ein System mit dieser Übertragungsfunktion wurde im vorhergehenden Abschnitt ausführlich behandelt. Die Zustandsdarstellung lautet

$$\begin{aligned} \dot{x}_1 &= x_2 \\ \dot{x}_2 &= K_S u \end{aligned} , \tag{3.6.2}$$

und die Phasenbahnen für konstantes u sind zur x_1-Achse symmetrische Parabeln. Bild 3.6.1 zeigt das Blockschaltbild.

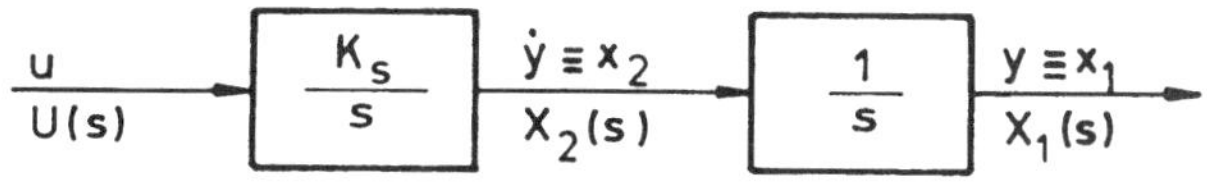

$$\xrightarrow[U(s)]{u} \boxed{\frac{K_s}{s}} \xrightarrow[X_2(s)]{\dot{y} \equiv x_2} \boxed{\frac{1}{s}} \xrightarrow[X_1(s)]{y \equiv x_1}$$

Bild 3.6.1. Blockschaltbild der Regelstrecke "Fahrzeug"

Das Fahrzeug befinde sich zunächst in der Position $y = -y_o < 0$ und soll möglichst schnell die Position $y = 0$ erreichen. Es ist leicht einzusehen, daß dies durch maximale Beschleunigung über die gesamte Wegstrecke erreicht wird, so daß

$$u(t) = u_{max} = b \tag{3.6.3}$$

gilt. Dabei erreicht das Fahrzeug im Punkt $y = 0$ aber maximale Geschwindigkeit. Es wird deshalb zusätzlich gefordert, daß das Fahrzeug bei $y = 0$ zum Stehen kommt, also in eine Ruhelage mit $\dot{y} = 0$ einläuft. Einen solchen Vorgang, bei dem ein dynamisches System in minimaler Zeit von irgendeinem Anfangszustand in eine Ruhelage übergeführt wird, bezeichnet man als *zeitoptimal* oder *schnelligkeitsoptimal*. Im vorliegenden Beispiel muß das Fahrzeug also auf dem zweiten Teil des Wegstückes gebremst werden, und zwar mit maximaler Verzögerungskraft. Ist diese betragsmäßig gleich der maximalen Beschleunigung b, so muß die Umschaltung auf halbem Weg bzw. in der Mitte des Zeitintervalls t_1 erfolgen. Bild 3.6.2 zeigt die Zeitverläufe von Stellsignal, Geschwindigkeit und Weg. Die optimale Steuerfunktion lautet demnach

$$u(t) = \begin{cases} +b & \text{für } -y_o \leqq y < -y_o/2 \quad \text{bzw. } 0 \leqq t < t_1/2 \\ -b & \text{für } -y_o/2 \leqq y < 0 \quad \text{bzw. } t_1/2 \leqq t < t_1 \\ 0 & \text{für } y = 0 \quad \text{bzw. } t > t_1 \quad . \end{cases} \tag{3.6.4}$$

Sie ist stückweise konstant und nimmt während des Bewegungsvorgangs nur den oberen und unteren Maximalwert an.

Dieses Stellverhalten läßt sich durch ein Zweipunktglied mit

$$u(t) = \pm b$$

leicht realisieren, und man kann nun den zeitoptimalen Regelverlauf in der Phasenebene untersuchen. Bild 3.6.3 zeigt das Phasendiagramm für $u = \pm b$. Ausgehend von einem beliebigen Anfangszustand $P = (-y_o, 0)$

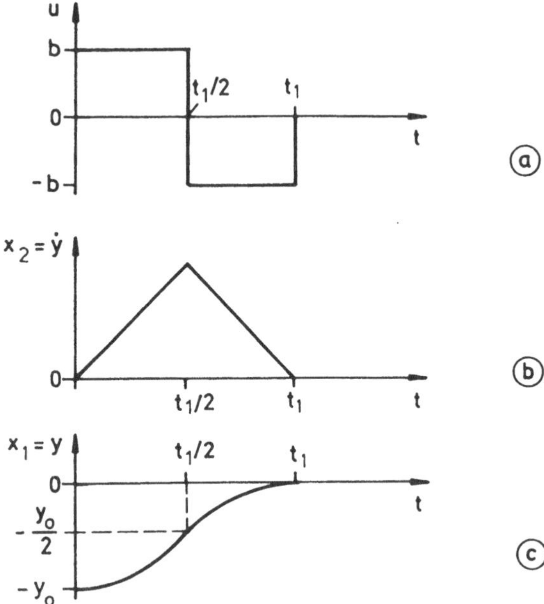

Bild 3.6.2. Zeitlicher Verlauf von (a) Stellsignal, (b) Geschwindigkeit und (c) Weg bei zeitoptimaler Steuerung

wird die kürzeste Trajektorie gesucht, auf der der Zustandspunkt in die Ruhelage O = (O,O) gelangen kann. Diese ist offensichtlich durch die Kurve PQO gegeben. Der Vorgang beginnt im Punkt P mit u = +b. Die Umschaltung auf u = -b erfolgt im Punkt Q. Die Schaltkurve des zeitoptimalen Systems fällt also mit derjenigen Trajektorie zusammen, die den Ursprung der Phasenebene enthält und auf der das System ohne weiteres

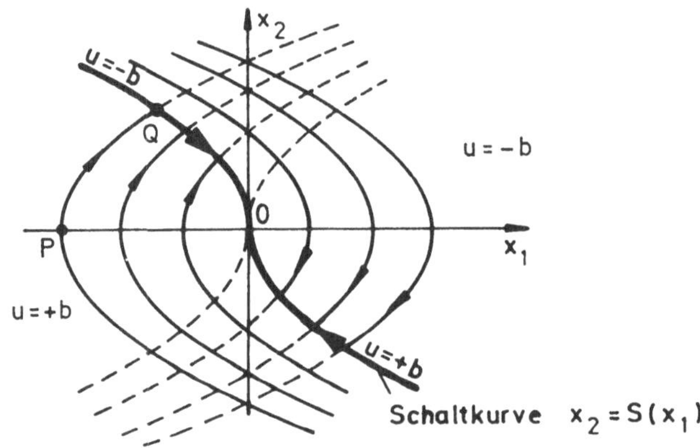

Bild 3.6.3. Phasendiagramm des Systems nach Gl.(3.6.2)

Schalten in seine Ruhelage (0,0) einlaufen kann. Dementsprechend benötigt der zeitoptimale Vorgang unabhängig von der Anfangsbedingung *eine* Umschaltung. Liegt P zufällig auf der Schaltkurve, dann ist keine Umschaltung erforderlich.

Um nun die hierdurch beschriebene optimale Steuerfunktion u_{opt} in Form eines optimalen Regelgesetzes zu realisieren, muß sie als Funktion der Zustandsgrößen ausgedrückt werden. Zunächst bestimmt man die Gleichung der Schaltkurve

$$x_2 = S(x_1) \quad .$$

Mit Gl.(3.5.5) gilt für die beiden Ursprungsparabeln, aus deren Ästen sie zusammengesetzt ist,

$$x_2^2 = 2K_S u x_1 \quad \text{mit} \quad u = \pm b$$

und damit

$$x_2 = S(x_1) = -\mathrm{sgn}(x_1)\cdot\sqrt{2K_S b|x_1|} \quad . \tag{3.6.5}$$

Die Beziehung für die optimale Steuerfunktion liest man nun aus Bild 3.6.3 unmittelbar ab:

$$u_{opt} = \begin{cases} +b & \text{für } x_2 < S(x_1) \\ -b & \text{für } x_2 > S(x_1) \end{cases} \tag{3.6.6}$$

oder mit Gl.(3.6.5)

$$u_{opt} = -b \,\mathrm{sgn}[x_2 + \mathrm{sgn}(x_1)\cdot\sqrt{2K_S b|x_1|}] \quad . \tag{3.6.7}$$

Zur Vereinfachung ist hier die Schaltkurve selbst als Trajektorie ausgeschlossen, da u_{opt} für $x_2 = S(x_1)$ nicht definiert, bzw. wegen der Definition der Signumfunktion gleich Null ist. Ein System mit dieser Steuerfunktion würde in einem infinitesimal kleinen Abstand von der Schaltkurve in die Ruhelage einlaufen und benötigte theoretisch unendlich viele Umschaltungen. Wegen der ohnehin unvermeidlichen Ungenauigkeiten bei realen Systemen ist diese Vereinfachung jedoch ohne Bedeutung.

Gl.(3.6.7) setzt die optimale Steuerfunktion in eine Beziehung zu den Zustandsgrößen x_1 und x_2 und stellt somit das gesuchte zeitoptimale Regelgesetz dar. Dieses kann leicht durch einen Zweipunktregler realisiert werden, wobei nur Verstärker und ein Funktionsgeber für $S(x_1)$, aber keine dynamischen Glieder erforderlich sind (Bild 3.6.4). Lediglich für den Fall, daß x_2 nicht meßbar ist, muß diese Größe durch Differenzieren der Ausgangsgröße y gebildet werden, was in Bild 3.6.4 gestrichelt dargestellt ist. Durch Einführen des Sollwertes $w \neq 0$ kann jede beliebige Ruhelage (w,0) in minimaler Zeit erreicht werden.

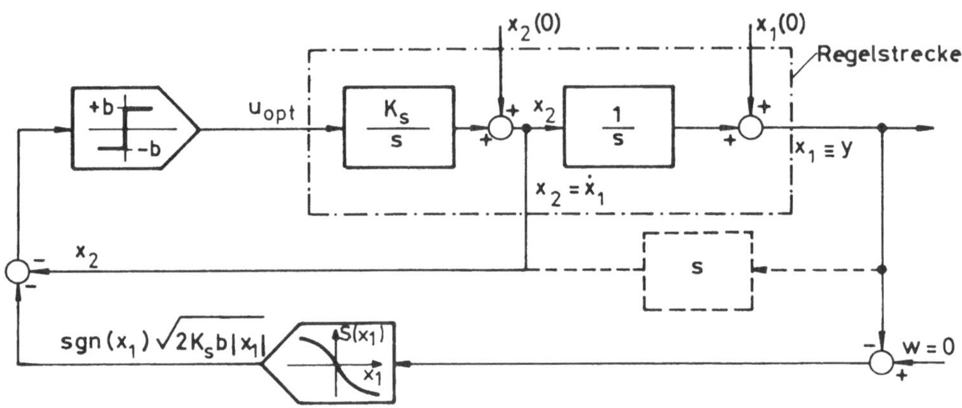

Bild 3.6.4. Blockschaltbild der zeitoptimalen Regelung

Zur Vereinfachung dieses Regelgesetzes könnte man den Funktionsgeber durch ein P-Glied ersetzen, also die Funktion $S(x_1)$ durch eine Gerade annähern. Man bezeichnet eine solche Näherung als *suboptimale Lösung*. Der so entstehende Regelkreis ist mit dem im Abschnitt 3.5.1 behandelten identisch, weicht also durch das schwingende Verhalten und das langsame Einlaufen in die Ruhelage deutlich vom zeitoptimalen Fall ab. Die Ruhelage ist jedoch in beiden Fällen durch dauerndes Schalten des Reglers gekennzeichnet.

3.6.2. Zeitoptimale Systeme höherer Ordnung

Die zuvor behandelte Problemstellung, nämlich ein dynamisches System aus einem beliebigen Anfangszustand in möglichst kurzer Zeit in eine gewünschte Ruhelage zu bringen, tritt bei technischen Systemen recht häufig auf, besonders bei der Steuerung bewegter Objekte (Luft- und Raumfahrt, Förderanlagen, Walzantriebe, Fahrzeuge). Wegen der Begrenzung der Stellamplitude kann diese Zeit nicht beliebig klein gemacht werden.

Wie an dem Beispiel gezeigt wurde, befindet sich während des zeitoptimalen Vorgangs die Stellgröße immer an einer der beiden Begrenzungen; für das System 2. Ordnung ist *eine* Umschaltung erforderlich. Dieses

Verhalten ist tatsächlich für zeitoptimale Systeme charakteristisch, wie von A. Feldbaum [3.9] bewiesen wurde. Der *Satz von Feldbaum* beschreibt diese Tatsache:

> Ein System werde durch eine gebrochen rationale Übertragungsfunktion G(s) der Ordnung n beschrieben, deren Pole s_i die Bedingung
>
> $$Re(s_i) \leqq 0 \quad \text{für } i = 1,2,\ldots,n$$
>
> erfüllen. Dann ist die zeitoptimale Steuerfunktion u_{opt} stückweise konstant und nimmt abwechselnd den unteren und oberen Maximalwert an. Sind zudem sämtliche Pole s_1, $s_2,\ldots,s_n$ reell, dann weist die Steuerfunktion höchstens n-1 Umschaltungen auf.

Man kann sich dieses Ergebnis durch die Erweiterung der Phasenebene auf einen dreidimensionalen Zustandsraum etwas veranschaulichen. In diesem Raum gibt es nur eine Trajektorie, auf der das System in die Ruhelage gelangen kann, eine räumliche Schaltkurve 1. Ordnung. Diese wird wiederum nur von ganz bestimmten Trajektorien geschnitten, deren Gesamtheit eine *Schaltfläche* (2. Ordnung) bilden. Diese wird von allen Trajektorien des Systems für $u = \pm b$ geschnitten. Erreicht der Zustandspunkt diese Schaltfläche, so läuft er nach Umschaltung darauf zur Schaltkurve 1. Ordnung, wo wiederum umgeschaltet wird. Für das System 3. Ordnung sind also im allgemeinen 2 Umschaltungen erforderlich. Ähnlich wie im vorhergehenden Beispiel könnte man ein solches Regelgesetz mit Hilfe eines Zweipunktgliedes realisieren, wenn man die Gleichungen der Schaltkurven 1. und 2. Ordnung im dreidimensionalen Raum bestimmt.

Eine Besonderheit dieses Entwurfsproblems für zeitoptimale Regler sei zum Schluß noch erwähnt: Man erhält als Ergebnis das optimale Regelgesetz nach Struktur und Parametern. Entgegen den bisherigen Gewohnheiten, einen bestimmten Regler vorzugeben (z. B. mit PID-Verhalten) und dessen Parameter nach einem bestimmten Kriterium zu optimieren, wird in diesem Fall über die Reglerstruktur keine Annahme getroffen. Sie ergibt sich vollständig aus dem *Optimierungskriterium* (minimale Zeit) zusammen mit den *Nebenbedingungen* (Begrenzung, Randwerte, Systemgleichung). Man bezeichnet diese Art der Optimierung, im Gegensatz zu der Parameteroptimierung vorgegebener Reglerstrukturen (s. Band I), gelegentlich auch als *Strukturoptimierung*. Diese Art von Problemstellung läßt sich mathematisch als *Variationsproblem* formulieren und zum Teil mit Hilfe der klassischen *Variationsrechnung* oder auch mit Hilfe des *Maximumprinzips von Pontrjagin* [3.10] lösen. Darauf wird erst im Band III näher eingegangen.

3.7. Stabilitätstheorie nach Ljapunow

Bei der Behandlung linearer Systeme wurde die Stabilität als grundlegende Systemeigenschaft eingeführt (vgl. Band I). Ein lineares System wird als asymptotisch stabil definiert, wenn alle seine Pole, d. h. sämtliche Wurzeln seiner charakteristischen Gleichung negative Realteile aufweisen. Instabilität liegt vor, wenn der Realteil mindestens eines Pols positiv ist. Liegen einfache Pole auf der Imaginärachse der s-Ebene, so bezeichnet man das System als grenzstabil. Tritt auf der Imaginärachse jedoch mindestens ein mehrfacher Pol auf, so bedeutet dies ebenfalls instabiles Systemverhalten.

Anhand der in den vorhergehenden Abschnitten behandelten Beispiele ist leicht einzusehen, daß der Begriff der Stabilität bei nichtlinearen Systemen einer Erweiterung bedarf. Die Definition der Stabilität nichtlinearer Systeme sollte jedoch den bisher benutzten Stabilitätsbegriff mit einschließen.

Rein mathematisch gesehen handelt es sich bei der Stabilität um ein Problem der qualitativen Theorie der Differentialgleichungen, das grob folgendermaßen formuliert werden kann: Eine Lösung einer Differentialgleichung, beschrieben durch eine Trajektorie $\underline{x}$ ist stabil, wenn jede andere Lösung, die in der Nähe von $\underline{x}$ beginnt, für alle Zeiten in der Nähe von $\underline{x}$ bleibt. Ist dies nicht der Fall, so nennt man die Lösung $\underline{x}$ instabil. Die Untersuchung dieser Problemstellung ist Gegenstand der von A.M. Ljapunow um 1892 eingeführten *Stabilitätstheorie* [3.11 bis 3.15], deren bedeutendstes Werkzeug die sogenannte *direkte Methode von Ljapunow* ist. Diese Methode hat den wesentlichen Vorteil, daß sie qualitative Aussagen über die Stabilität ermöglicht, ohne eine explizite Kenntnis der Lösungen der zugehörigen Differentialgleichung zu benötigen [3.16].

3.7.1. Definition der Stabilität

Zunächst soll von der allgemeinen Zustandsraumdarstellung eines dynamischen Systems ausgegangen werden:

$$\dot{\underline{x}}(t) = \underline{f}[\underline{x}(t), \underline{u}(t), t] \qquad \underline{x}(t_0) = \underline{x}_0 \ . \tag{3.7.1}$$

Hierbei ist $\underline{x}(t)$ der Zustandsvektor und $\underline{u}(t)$ der Vektor der Eingangsgrößen, deren Anzahl r im allgemeinen $r > 1$ sein kann. In Gl.(3.7.1) ist $\underline{f}$ eine beliebige Vektorfunktion, die linear oder nichtlinear und zeitvariant oder zeitinvariant sein kann. Die Dimension von $\underline{x}(t)$ und $\underline{f}$ ist die Ordnung n des Systems. Für $n = 2$ und skalares $u(t)$ $(r = 1)$ entspricht Gl. (3.7.1) der im Abschnitt 3.4 eingeführten Darstellung in der Zustandsebene, die auch im folgenden zur Veranschaulichung gebraucht werden soll.

Um die Stabilität einer speziellen Lösung von Gl. (3.7.1), etwa $\underline{x}^*(t)$, also die *"Stabilität der Bewegung"* (dieser Begriff stammt ursprünglich aus der Mechanik) zu definieren und zu untersuchen, betrachtet man eine beliebige Lösung $\underline{x}(t)$, auch gestörte Bewegung genannt, die im Zeitpunkt $t=0$ in der Nähe von $\underline{x}^*(t)$ liegt, und prüft, ob diese mit fortschreitender Zeit $t > 0$ in der Nähe von $\underline{x}^*(t)$ bleibt. Die Abweichung beider Bewegungen ist gegeben durch

$$\underline{x}'(t) = \underline{x}(t) - \underline{x}^*(t) \quad , \tag{3.7.2}$$

woraus mit der Differentialgleichung der gestörten Bewegung

$$\dot{\underline{x}}'(t) + \dot{\underline{x}}^*(t) = \underline{f}[\underline{x}'(t) + \underline{x}^*(t),\ \underline{u}(t),\ t] \tag{3.7.3}$$

eine neue Systemgleichung in $\underline{x}'(t)$,

$$\dot{\underline{x}}'(t) = \underline{f}'[\underline{x}'(t),\ \underline{u}(t),\ t] \tag{3.7.4}$$

entsteht. Die betrachtete Lösung $\underline{x}^*(t)$ entspricht in der Darstellung von $\underline{x}'(t)$ für alle Werte von $t \geq 0$ der Beziehung

$$\underline{x}'(t) = \underline{0} \quad , \tag{3.7.5}$$

also einem Punkt im Zustandsraum, den man wegen $\dot{\underline{x}}'(t) = \underline{0}$ auch als Ruhelage des durch Gl. (3.7.4) beschriebenen "transformierten" Systems bezeichnet. Da eine solche "Transformation" immer möglich ist, kann in der Theorie die Stabilität immer als *Stabilität der Ruhelage*, und zwar der Ruhelage des Ursprungs des Zustandsraumes $\underline{x} = \underline{0}$ interpretiert werden (ohne Verlust der Allgemeingültigkeit).

Im weiteren wird nur der wichtigste Fall der zeitinvarianten Systeme behandelt mit der Beschränkung auf autonome Systeme $(\underline{u}(t) = \underline{0})$ und mit der Zustandsraumdarstellung

$$\dot{\underline{x}}(t) = \underline{f}[\underline{x}(t)], \qquad \underline{x}(0) = \underline{x}_0 \quad , \tag{3.7.6}$$

da zumindest der Fall $\underline{u}(t)$ = const in ähnlicher Weise durch eine Transformation auf diese Form zurückgeführt werden kann.

In der Praxis ist es meist gerade die Ruhelage, deren Stabilität interessiert. Lineare Systeme besitzen nur *eine* Ruhelage, nämlich $\underline{x}(t) = \underline{0}$, oder aber unendlich viele, z. B. Systeme mit integralem Verhalten (vgl. Tab. 3.4.1). Aus der Stabilität einer Ruhelage folgt in diesem Fall die

Stabilität jeder beliebigen Bewegung des Systems, also insgesamt die Stabilität des Systems. Nichtlineare Systeme können mehrere Ruhelagen mit unterschiedlichem Stabilitätsverhalten besitzen, die jeweils in den Ursprung transformiert werden können.

Nach diesen Vorbetrachtungen lassen sich nun die allgemeinen Definitionen für Stabilität, die ursprünglich von Ljapunow vorgeschlagen wurden, formulieren.

Definition 1: *(Einfache) Stabilität*

Die Ruhelage $\underline{x}(t) = \underline{0}$ des Systems gemäß Gl. (3.7.6) heißt *stabil* (im Sinne von Ljapunow), wenn für jede reelle Zahl $\varepsilon > 0$ eine andere reelle Zahl $\delta = \delta(\varepsilon) > 0$ existiert, so daß für alle $\underline{x}(0)$ mit

$$\| \underline{x}(0) \| \leqq \delta(\varepsilon)$$

die Bedingung

$$\| \underline{x}(t) \| \leqq \varepsilon \, , \quad t \geqq 0$$

erfüllt ist.

Dabei beschreibt die Euklidische Norm $\| \underline{x} \|$ des Vektors $\underline{x}(t)$ die Entfernung des Zustandspunktes von der Ruhelage $\underline{0}$ und zwar durch die Länge des Zustandsvektors

$$\| \underline{x} \| = \sqrt{\underline{x}^T \underline{x}} = \sqrt{\sum_{i=1}^{n} x_i^2} \quad .$$

Diese Definition 1 enthält die Aussage, daß alle Trajektorien, die in der Nähe einer stabilen Ruhelage beginnen, für alle Zeiten in der Nähe der Ruhelage bleiben. Sie müssen nicht gegen diese konvergieren. Bild 3.7.1 veranschaulicht dies für ein System 2. Ordnung. Zusätzlich ist jedoch die Bedingung mit enthalten, daß der maximale Abstand der Trajektorie von der Ruhelage beliebig klein gemacht werden kann, indem $\| \underline{x}(0) \|$ hinreichend klein gewählt wird.

In vielen Fällen begnügt man sich aber nicht mit dieser Definition der einfachen Stabilität. So ist es z. B. häufig nach einer Störung erforderlich, daß die Bewegung eines Systems in die Ruhelage $\underline{x} = \underline{0}$ zurück geht. Dies führt dann zur Definition der asymptotischen Stabilität.

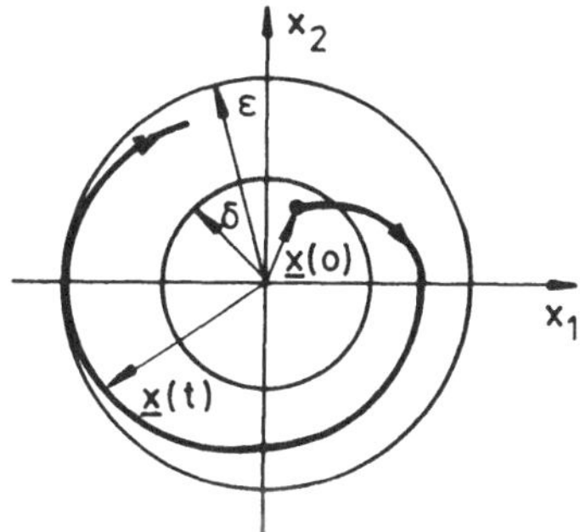

Bild 3.7.1. Zur Definition der Stabilität

Definition 2: *Asymptotische Stabilität*

Die Ruhelage $\underline{x}(t) = \underline{0}$ des Systems gemäß Gl.(3.7.6) heißt *asymptotisch stabil*, wenn sie stabil ist und wenn für alle Trajektorien $\underline{x}(t)$, die hinreichend nahe bei der Ruhelage beginnen,

$$\lim_{t \to \infty} \| \underline{x}(t) \| = 0$$

gilt.

Die Gesamtheit aller Punkte des Zustandsraums, die Anfangspunkte solcher Trajektorien sein können, die für $t \to \infty$ gegen die Ruhelage konvergieren, wird als *Einzugsbereich* der Ruhelage bezeichnet. Umfaßt der Einzugsbereich den gesamten Zustandsraum, so heißt die Ruhelage *global asymptotisch stabil*.

3.7.2. Der Grundgedanke der direkten Methode von Ljapunow

Die direkte Methode von Ljapunow stellt die wichtigste bisher bekannte Methode zur Stabilitätsanalyse dar. Sie bietet die Möglichkeit, eine Aussage über die Stabilität der Ruhelage eines dynamischen Systems (und damit entsprechend obigen Überlegungen jeder beliebigen Trajektorie) zu machen, ohne die das System beschreibende Differentialgleichung zu lösen. Da es häufig - vor allem bei nichtlinearen Systemen - nicht möglich ist, explizite Lösungen anzugeben, ist dies ein entscheidender Vorteil.

Man kann das Prinzip der direkten Methode am zweckmäßigsten durch eine physikalische Überlegung verdeutlichen. Die Ruhelage eines physikalischen Systems, beispielsweise eines mechanischen Schwingers, ist dadurch gekennzeichnet, daß die Gesamtenergie als Summe aus kinetischer und potentieller Energie gleich Null ist. In jedem anderen Bewegungszustand dagegen ist sie positiv. Außerdem ist bekannt, daß die Ruhelage eines passiven Systems stabil ist und daß andererseits die Gesamtenergie autonomer passiver Systeme nicht zunehmen kann. Dies legt den Schluß nahe, daß eine stabile Ruhelage dadurch gekennzeichnet sein muß, daß die zeitliche Änderung der Gesamtenergie des Systems in der Umgebung der Ruhelage nie positiv wird.

Gelingt es nun, die Energie als Funktion der Zustandsgrößen darzustellen, und für diese skalare Funktion $V(\underline{x})$ zu zeigen, daß

1. $V(\underline{x}) > 0$ für alle $\underline{x} \neq \underline{0}$,
2. $V(\underline{x}) = 0$ für $\underline{x} = \underline{0}$,
3. $\dot{V}(\underline{x}) \leq 0$

wird, so hat man die Stabilität der Ruhelage ohne explizite Kenntnis der Lösungen bewiesen.

Was hier am Beispiel einer Energiebetrachtung veranschaulicht wurde, läßt sich auch verallgemeinern. Daß dies möglich ist, wurde von A.M. Ljapunow gezeigt: Die physikalische Bedeutung der Funktion $V(\underline{x})$ ist selbst nicht entscheidend. Falls es gelingt, irgendeine Funktion $V(\underline{x})$ zu finden, die den obigen Bedingungen genügt, so ist die Stabilität bewiesen. Das Problem besteht also darin, eine geeignete Funktion $V(\underline{x})$ zu finden, was häufig nicht einfach ist.

Bevor die wichtigsten Stabilitätssätze von Ljapunow dargestellt werden, sollen zuerst noch einige Begriffe definiert werden.

Eine Funktion $V(\underline{x})$ heißt *positiv definit* in einer Umgebung Ω des Ursprungs $\underline{x} = \underline{0}$, falls

1. $V(\underline{x}) > 0$ für alle $\underline{x} \in \Omega$, $\underline{x} \neq \underline{0}$
2. $V(\underline{x}) = 0$ für $\underline{x} = \underline{0}$

gilt. $V(\underline{x})$ heißt *positiv semidefinit* in Ω, wenn sie auch für $\underline{x} \neq \underline{0}$ den Wert Null annehmen kann, d. h. wenn

1. $V(\underline{x}) \geq 0$ für alle $\underline{x} \in \Omega$
2. $V(\underline{x}) = 0$ für $\underline{x} = \underline{0}$

wird. Die Begriffe *negativ definit* und *negativ semidefinit* werden ganz entsprechend definiert.

Im folgenden werden einige Beispiele positiv definiter Funktionen $V(\underline{x})$ betrachtet. Dabei kommt es nicht darauf an, daß die entsprechende Bedingung für alle $\underline{x}$, d. h. im gesamten Zustandsraum erfüllt ist. Vielmehr genügt es häufig, wenn man ein Gebiet Ω angeben kann, in dem eine Funktion definit ist. Ω kann beispielsweise durch die Menge aller $\underline{x}$ definiert sein, für die gilt

$$\|\underline{x}\| < c \quad ,$$

wobei c eine positive Konstante ist. Im übrigen kann $V(\underline{x})$ eine beliebige nichtlineare Funktion sein. Beispiele für positiv definite Funktionen sind:

1. $V(\underline{x}) = e^{\|\underline{x}\|} - 1$ im gesamten Zustandsraum,
2. $V(\underline{x}) = \|\underline{x}\|^2 + \|\underline{x}\|^4$ im gesamten Zustandsraum,
3. $V(\underline{x}) = \|\underline{x}\|^2 - \|\underline{x}\|^4$ für $\|\underline{x}\| < 1$,

und speziell für den zweidimensionalen Fall $\underline{x} = [x_1 \ x_2]^T$

4. $V(\underline{x}) = \sin^4 x_1 + 1 - \cos x_2$ für $-\pi < x_1 < \pi$ und $-2\pi < x_2 < 2\pi$,

5. $V(\underline{x}) = x_1^4 + \dfrac{x_2^2}{1 + x_2^2}$ im gesamten Zustandsraum.

Dagegen ist im zweidimensionalen Fall die Funktion

$$V(\underline{x}) = x_1^2$$

nur positiv semidefinit, da $V(\underline{x})$ auch dann Null sein kann, wenn $\underline{x} \neq 0$ ist.

Eine wichtige Klasse positiv definiter Funktionen $V(\underline{x})$ hat die *quadratische Form*

$$V(\underline{x}) = \underline{x}^T \underline{P} \, \underline{x} \quad , \qquad (3.7.8)$$

wobei $\underline{P}$ eine symmetrische Matrix sei.

Als zweidimensionales Beispiel sei die Funktion

$$V(x_1,x_2) = [x_1 \quad x_2] \cdot \begin{bmatrix} p_{11} & p_{12} \\ p_{12} & p_{22} \end{bmatrix} \cdot \begin{bmatrix} x_1 \\ x_2 \end{bmatrix}$$

$$= p_{11}x_1^2 + 2p_{12}x_1x_2 + p_{22}x_2^2$$

betrachtet. Auch wenn alle Elemente von $\underline{P}$ positiv sind, ist wegen des gemischten Produkts die Funktion nicht unbedingt positiv definit. Durch quadratische Ergänzung erhält man

$$V(x_1,x_2) = p_{11}(x_1 + \frac{p_{12}}{p_{11}} x_2)^2 + (p_{22} - \frac{p_{12}^2}{p_{11}}) x_2^2$$

und damit als zusätzliche Bedingung

$$p_{22} - p_{12}^2/p_{11} > 0 \quad ,$$

was gleichbedeutend ist mit

$$\det \underline{P} > 0 \quad .$$

Eine Verallgemeinerung für Matrizen höherer Dimension stellt das *Kriterium von Sylvester* [3.17] dar:

> Die quadratische Form $V(\underline{x}) = \underline{x}^T \underline{P} \underline{x}$ ist positiv definit, falls alle ("nordwestlichen") Hauptdeterminanten von $\underline{P}$ positiv sind.

Genügt eine Matrix $\underline{P}$ dem Kriterium von Sylvester, so wird sie auch als positiv definit bezeichnet.

3.7.3. Stabilitätssätze von Ljapunow

Wie oben bereits erwähnt, ist bei der Stabilitätsanalyse mit Hilfe der direkten Methode die Funktion $V(\underline{x})$, eine Art verallgemeinerter Energiefunktion, von entscheidender Bedeutung. Die folgenden von Ljapunow aufgestellten Stabilitätssätze beruhen auf der Verwendung derartiger Funktionen.

Satz 1: *Stabilität im Kleinen*

Das System

$$\dot{\underline{x}} = \underline{f}(\underline{x})$$

besitze die Ruhelage $\underline{x} = \underline{0}$. Existiert eine Funktion $V(\underline{x})$, die in einer Umgebung Ω der Ruhelage folgende Eigenschaften besitzt:

1. $V(\underline{x})$ und der dazugehörige Gradient $\nabla V(\underline{x})$ sind stetig,
2. $V(\underline{x})$ ist positiv definit,
3. $\dot{V}(\underline{x}) = [\nabla V(\underline{x})]^T \dot{\underline{x}} = [\nabla V(\underline{x})]^T \, \underline{f}(\underline{x})$ ist negativ semidefinit,

dann ist die Ruhelage stabil. Eine solche Funktion $V(\underline{x})$ wird als *Ljapunow-Funktion* bezeichnet.

Satz 2: *Asymptotische Stabilität im Kleinen*

Ist $\dot{V}(\underline{x})$ in Ω negativ definit, so ist die Ruhelage asymptotisch stabil.

Der Zusatz "im Kleinen" soll andeuten, daß eine Ruhelage auch dann stabil ist, wenn die Umgebung Ω, in der die Bedingungen erfüllt sind, beliebig klein ist. Man benutzt bei einer solchen asymptotisch stabilen Ruhelage mit sehr kleinem Einzugsbereich, außerhalb dessen nur instabile Trajektorien verlaufen, den Begriff der *"praktischen Instabilität"*.

Die Aussage dieser beiden Sätze läßt sich in der Phasenebene leicht geometrisch veranschaulichen. In Bild 3.7.2 ist eine Ljapunow-Funktion

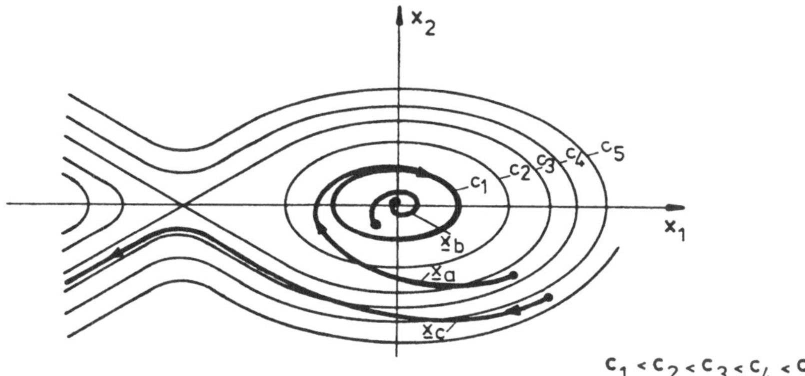

Bild 3.7.2. Geometrische Deutung der Stabilitätssätze

durch ihre Höhenlinien $V(\underline{x}) = c$ mit verschiedenen Werten $c > 0$ dargestellt. Schneiden die Trajektorien des Systems diese Linien in Richtung abnehmender Werte von c, so entspricht dies der Bedingung $\dot{V}(\underline{x}) < 0$, es liegt also Stabilität vor. Dies gilt auch für die Trajektorie $\underline{x}_a(t)$, die für $t \to \infty$ auf einer Höhenlinie verläuft ($\dot{V}(\underline{x}) = 0$ für $\underline{x} \neq 0$). Die Trajektorie $\underline{x}_b(t)$ entspricht dagegen einer asymptotisch stabilen Ruhelage.

Eine Besonderheit stellt die Trajektorie $\underline{x}_c(t)$ dar. Sie strebt von der Ruhelage weg, obwohl $V(\underline{x}_c)$ positiv definit und $\dot{V}(\underline{x}_c)$ negativ semidefinit ist, wie aus Bild 3.7.2 deutlich hervorgeht. Offensichtlich gehört also der Startpunkt dieser Trajektorie nicht zum Einzugsbereich der Ruhelage. Sie verläuft in einer Richtung gegen unendlich, in der auch die Höhenlinien von $V(\underline{x})$ ins Unendliche streben. Es ist unmittelbar einleuchtend, daß dies bei solchen Trajektorien sicher nicht geschehen kann, die in dem Gebiet beginnen, in dem die Höhenlinien von $V(\underline{x})$ geschlossene Kurven sind. Dies ist die Aussage des folgenden Satzes.

<u>Satz 3:</u> *Asymptotische Stabilität im Großen*

Das System

$$\dot{\underline{x}} = \underline{f}(\underline{x})$$

habe die Ruhelage $\underline{x} = \underline{0}$. Es sei $V(\underline{x})$ eine Funktion und Ω_k ein Gebiet des Zustandsraums, definiert durch

$$V(\underline{x}) < k, \quad k > 0 \quad .$$

Ist nun

1. Ω_k beschränkt,
2. $V(\underline{x})$ und $\nabla V(\underline{x})$ stetig in Ω_k,
3. $V(\underline{x})$ positiv definit in Ω_k,
4. $\dot{V}(\underline{x}) = [\nabla V(\underline{x})]^T \underline{f}(\underline{x})$ negativ definit in Ω_k,

dann ist die Ruhelage asymptotisch stabil und Ω_k gehört zu ihrem Einzugsbereich.

Wesentlich hierbei ist, daß der Bereich Ω_k, in dem $V(\underline{x}) < k$ ist, beschränkt ist. In der Regel ist der gesamte Einzugsbereich nicht identisch mit Ω_k, d. h. er ist größer als Ω_k.

Um für die Ruhelage den gesamten Zustandsraum als Einzugsbereich zu sichern, muß folgender Satz erfüllt sein.

<u>Satz 4:</u> *Globale asymptotische Stabilität*

Das System

$$\dot{\underline{x}} = \underline{f}(\underline{x})$$

habe die Ruhelage $\underline{x} = \underline{0}$. Existiert eine Funktion $V(\underline{x})$, die im gesamten Zustandsraum folgende Eigenschaften besitzt:

1. $V(\underline{x})$ und $\nabla V(\underline{x})$ sind stetig,
2. $V(\underline{x})$ ist positiv definit,
3. $\dot{V}(\underline{x}) = [\nabla V(\underline{x})]^T \underline{f}(\underline{x})$ ist negativ definit,

und ist außerdem

4. $\lim\limits_{||\underline{x}|| \to \infty} V(\underline{x}) = \infty$,

so ist die Ruhelage global asymptotisch stabil.

Die Bedingungen 1 bis 3 dieses Satzes können durchaus erfüllt sein, ohne daß globale asymptotische Stabilität vorliegt. Ein Beispiel hierfür ist die in Bild 3.7.2 dargestellte Funktion mit Höhenlinien, die auch bei ins Unendliche strebenden Werten von $||\underline{x}||$ endlich bleiben, und die damit Bedingung 4 nicht erfüllen. Im zweidimensionalen Fall ist diese Bedingung also gleichbedeutend mit der Forderung, daß alle Höhenlinien von $V(\underline{x})$ geschlossene Kurven in der Phasenebene sind.

Häufig gelingt es nur, eine Ljapunow-Funktion zu finden, deren zeitliche Ableitung negativ semidefinit ist, obwohl asymptotische Stabilität vorliegt. In diesen Fällen ist folgender *Zusatz* wichtig:

Asymptotische Stabilität liegt auch dann vor, wenn $\dot{V}(\underline{x})$ negativ semidefinit ist und die Punktmenge des Zustandsraums, auf der $\dot{V}(\underline{x}) = 0$ ist, außer $\underline{x} = \underline{0}$ keine Trajektorie des Systems enthält.

In der Phasenebene bedeutet dies, daß keine Trajektorie mit einer Höhenlinie $V(\underline{x}) = k$ zusammenfallen darf.

Die Ljapunowschen Stabilitätssätze liefern nur *hinreichende Bedingungen*, die nicht unbedingt notwendig sind. Sind z. B. die Stabilitätsbedingungen erfüllt, so ist das System sicher stabil, es kann aber zusätzlich auch dort stabil sein, wo diese Bedingungen nicht erfüllt sind, d. h. bei Wahl einer anderen Ljapunow-Funktion $V(\underline{x})$ kann u. U. ein erweitertes Stabilitätsgebiet erfaßt werden. Mit diesen Kriterien lassen sich nun die wichtigsten Fälle des Stabilitätsverhaltens eines Regelsystems behandeln, sofern es gelingt, eine entsprechende Ljapunow-Funktion zu finden. Gelingt es nicht, so ist keine Aussage möglich. Die direkte Methode bietet jedoch auch die Möglichkeit, Instabilität nachzuweisen. Dazu wird folgender Satz formuliert:

Satz 5: *Totale Instabilität*

Das System

$$\dot{\underline{x}} = \underline{f}(\underline{x})$$

habe die Ruhelage $\underline{x} = \underline{0}$. Existiert eine Funktion $V(\underline{x})$, die in einer Umgebung Ω der Ruhelage folgende Eigenschaften besitzt:

1. $V(\underline{x})$ und $\nabla V(\underline{x})$ sind stetig,
2. $V(\underline{x})$ ist positiv definit,
3. $\dot{V}(\underline{x})$ ist positiv definit,

dann ist die Ruhelage instabil.

Zur Anwendung der direkten Methode sei nun das folgende Beispiel betrachtet.

Beispiel 3.7.1:

Die Differentialgleichung des mathematischen Pendels in Bild 3.7.3 lautet

$$\ddot{\varphi} + \frac{g}{\ell} \sin \varphi = 0 \quad .$$

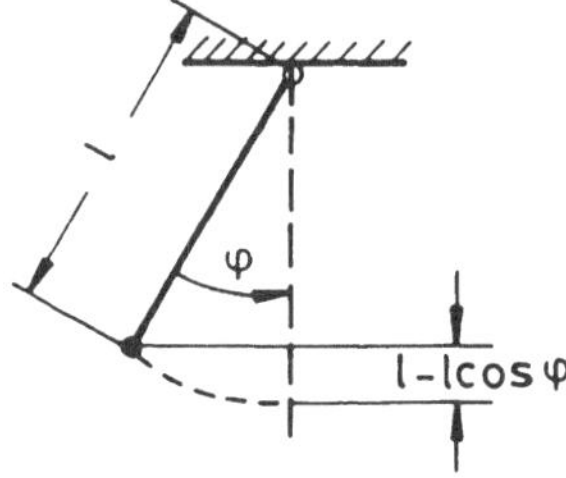

Bild 3.7.3. Mathematisches Pendel

Mit den Zustandsgrößen

$$x_1 = \varphi \quad \text{und} \quad x_2 = \dot{\varphi}$$

ergibt sich die Zustandsraumdarstellung

$$\dot{x}_1 = x_2$$
$$\dot{x}_2 = -(g/\ell)\cdot\sin x_1 \quad .$$

Nun soll die Stabilität der Ruhelage dieses physikalischen Systems untersucht werden, die dem Ursprung der Phasenebene ($x_1 = x_2 = 0$) entspricht. Hierbei kann man versuchen, anhand der Gesamtenergie eine Ljapunow-Funktion zu bestimmen. Für die Gesamtenergie folgt

$$E_{ges} = E_{pot} + E_{kin} = mg\ell(1-\cos\varphi) + \frac{1}{2}\, m(\ell\dot{\varphi})^2 \quad .$$

Als Ljapunow-Funktion wird nun eine der Gesamtenergie proportionale Funktion

$$V(\underline{x}) = 2g(1-\cos x_1) + \ell\, x_2^2$$

gewählt. Wegen dieser Proportionalität zu der Energiefunktion ist $V(\underline{x})$ selbstverständlich positiv, was man auch anhand der Gleichung leicht erkennt. Sie verschwindet für $x_1 = x_2 = 0$, ist also in einem Bereich mit $|x_1| < 2\pi$ sicherlich positiv definit.

Nun muß ihre zeitliche Ableitung betrachtet werden:

$$\dot{V}(\underline{x}) = \frac{\partial V}{\partial x_1}\,\dot{x}_1 + \frac{\partial V}{\partial x_2}\,\dot{x}_2$$

$$= 2gx_2 \sin x_1 + 2\ell x_2[-\frac{g}{\ell}\sin x_1] \; .$$

Es ist leicht zu erkennen, daß nicht nur für $x_1 = x_2 = 0$, sondern auch für $x_1 = \pm n\pi$ $(n = 1,2,\ldots)$ die Beziehung $\dot{V}(\underline{x}) = 0$ gilt. Die Funktion $V(\underline{x})$ ist somit negativ semidefinit. Deshalb ist nach Satz 1 die Ruhelage $x_1 = x_2 = 0$ stabil.

Weist die Pendelschwingung eine zusätzliche geschwindigkeitsproportionale Dämpfung auf, dann lauten die Zustandsgleichungen

$$\dot{x}_1 = x_2$$

$$\dot{x}_2 = -g/\ell \sin x_1 - dx_2 \quad .$$

Es wird nun die gleiche Ljapunow-Funktion wie zuvor verwendet. Damit erhält man für

$$\dot{V}(\underline{x}) = -2\ell dx_2^2 \quad ,$$

wiederum eine negativ semidefinite Funktion, da $\dot{V}(\underline{x})$ nicht nur im Ursprung, sondern bei $x_2 = 0$ für alle $x_1 \neq 0$ verschwindet.

Man kann zwar daraus zunächst nur auf Stabilität, nicht aber auf asymptotische Stabilität schließen. Letztere liegt hier aber offensichtlich vor. Die weitere Betrachtung zeigt jedoch, daß es keine Trajektorien dieses Systems gibt, die durch $x_2 = 0$, $x_1 \neq 0$ beschrieben werden, d. h. die vollständig auf der x_1-Achse der Phasenebene verlaufen. Aufgrund dieser zusätzlichen Überlegung kann deshalb geschlossen werden, daß die Ruhelage tatsächlich asymptotisch stabil ist.

Diese zusätzliche Prüfung hätte man sich eventuell ersparen können, wenn man durch eine geschicktere Wahl von $V(\underline{x})$ erreicht hätte, daß $\dot{V}(\underline{x})$ negativ definit wird. Dies zeigt, daß der Ansatz der Gesamtenergie selbst in den Fällen, wo er direkt möglich ist, nicht die "ideale" Ljapunow-Funktion liefert. Beispielsweise wäre es damit auch nicht möglich, die Instabilität der zweiten Ruhelage dieses Systems bei $x_1 = \pi$, $x_2 = 0$ nach Satz 5 zu beweisen, da die Gesamtenergie bekanntlich konstant ist, hier aber ein $V(\underline{x})$ mit positiv definiter Ableitung gefordert wird.

3.7.4. Ermittlung geeigneter Ljapunow-Funktionen

Mit der direkten Methode von Ljapunow wird das Problem der Stabilitätsanalyse jeweils auf die Bestimmung einer zweckmäßigen Ljapunow-Funktion zurückgeführt, die anhand der besprochenen Stabilitätssätze eine möglichst vollständige Aussage über das Stabilitätsverhalten des untersuchten Regelsystems zuläßt. Denn hat man beispielsweise eine Ljapunow-Funktion gefunden, die zwar nur den Bedingungen von Satz 1 genügt, so ist damit noch keineswegs ausgeschlossen, daß die Ruhelage global asymptotisch stabil ist. Ein systematisches Verfahren, das mit einiger Sicherheit zu einem gegebenen nichtlinearen System die beste Ljapunow-Funktion liefert, gibt es nicht. Meist ist ein gewisses Probieren erforderlich, verbunden mit einiger Erfahrung und Intuition.

Für lineare Systeme mit der Zustandsraumdarstellung

$$\dot{\underline{x}} = \underline{A}\,\underline{x} \qquad (3.7.9)$$

kann man allerdings zeigen, daß der Ansatz einer quadratischen Form

$$V(\underline{x}) = \underline{x}^T\,\underline{P}\,\underline{x} \qquad (3.7.10)$$

mit einer positiv definiten symmetrischen Matrix $\underline{P}$ immer eine Ljapunow-Funktion liefert. Die zeitliche Ableitung von $V(\underline{x})$ lautet

$$\dot{V}(\underline{x}) = \dot{\underline{x}}^T\,\underline{P}\,\underline{x} + \underline{x}^T\,\underline{P}\,\dot{\underline{x}} \quad ,$$

und mit Gl.(3.7.9) und $\dot{\underline{x}}^T = \underline{x}^T\underline{A}^T$ erhält man

$$\dot{V}(\underline{x}) = \underline{x}^T\,[\underline{A}^T\underline{P} + \underline{P}\,\underline{A}]\,\underline{x} \quad . \qquad (3.7.11)$$

Diese Funktion besitzt wiederum eine quadratische Form, die bei asymptotischer Stabilität negativ definit sein muß. Mit einer positiv definiten Matrix $\underline{Q}$ gilt also

$$\underline{A}^T\underline{P} + \underline{P}\,\underline{A} = -\underline{Q} \quad . \tag{3.7.12}$$

Man bezeichnet diese Beziehung auch als *Ljapunow-Gleichung*. Gemäß Satz 4 gilt folgende Aussage: Ist die Ruhelage $\underline{x} = \underline{0}$ des Systems nach Gl. (3.7.9) global asymptotisch stabil, so existiert zu jeder positiv definiten Matrix $\underline{Q}$ eine positiv definite Matrix $\underline{P}$, die die Gl.(3.7.12) erfüllt. Man kann also ein beliebiges positiv definites $\underline{Q}$ vorgeben, die Ljapunow-Gleichung nach $\underline{P}$ lösen und anhand der Definitheit von $\underline{P}$ die Stabilität überprüfen.

Globale asymptotische Stabilität bedeutet in diesem Fall gleichzeitig, daß alle Eigenwerte λ_i der Matrix $\underline{A}$ negative Realteile haben. In diesem Fall ist Gl.(3.7.12) eindeutig nach $\underline{P}$ auflösbar. Als allgemeine Bedingung für eine eindeutige Lösung darf die Summe zweier beliebiger Eigenwerte nicht Null werden, d. h. es gilt $\lambda_i + \lambda_j \neq 0$ für alle i,j.

Für nichtlineare Systeme ist ein solches Vorgehen nicht unmittelbar möglich. Es gibt jedoch verschiedene Ansätze, die in vielen Fällen zu einem befriedigenden Ergebnis führen. Hierzu gehört das *Verfahren von Aiserman* [3.18; 3.11], bei dem ebenfalls eine quadratische Form entsprechend Gl.(3.7.10) verwendet wird. Die Systemdarstellung erfolgt dabei in der Form

$$\dot{\underline{x}} = \underline{A}(\underline{x})\;\underline{x} \quad , \tag{3.7.13}$$

mit einer von $\underline{x}$ abhängigen Systemmatrix, die in einen konstanten linearen und einen nichtlinearen Anteil aufgespalten wird:

$$\underline{A}(\underline{x}) = \underline{A}_L + \underline{A}_N(\underline{x}) \quad . \tag{3.7.14}$$

Löst man Gl.(3.7.12) für den linearen Anteil $\underline{A}_L$, z. B. mit $\underline{Q} = \underline{I}$, so ergibt sich eine Matrix $\underline{P}$, die bei stabilem $\underline{A}_L$ positiv definit ist. Geht nun $\underline{A}_N(\underline{x})$ gegen $\underline{0}$ für $\underline{x} \to \underline{0}$, so besteht Grund zu der Annahme, daß $\dot{V}(\underline{x})$ auch für $\underline{A}(\underline{x})$ negativ definit ist, zumindest in einer Umgebung des Ursprungs. Dies kann mit Hilfe des Kriteriums von Sylvester nachgeprüft werden. Allerdings muß $\underline{A}_N(\underline{x})$ nicht unbedingt so gewählt werden, daß $\underline{A}_N(\underline{x}) \to \underline{0}$ für $\underline{x} \to \underline{0}$ gilt. In manchen Fällen liefert eine andere Wahl u. U. ebenfalls brauchbare Ergebnisse (siehe Anwendung auf S. 248!).

Da das Verfahren von Aiserman recht aufwendig ist, wird häufig bevorzugt das *Verfahren von Schultz-Gibson* [3.19] (Methode der variablen

Gradienten) angewandt, da es auch bei komplizierten Systemen höherer Ordnung noch einigermaßen handlich ist. Das Verfahren von Schultz-Gibson geht von dem Gradienten $\nabla V(\underline{x})$ aus, der als lineare Funktion angesetzt wird. Daraus berechnet man $V(\underline{x})$ und $\dot{V}(\underline{x})$ und wählt die Koeffizienten so, daß die entsprechenden Bedingungen erfüllt werden. Für ein System 3. Ordnung beispielsweise mit den Zustandsgleichungen

$$\dot{\underline{x}} = \underline{f}(\underline{x}) \quad , \tag{3.7.15}$$

oder in Komponentenform

$$\dot{x}_1 = f_1(x_1, x_2, x_3) \tag{3.7.15a}$$

$$\dot{x}_2 = f_2(x_1, x_2, x_3) \tag{3.7.15b}$$

$$\dot{x}_3 = f_3(x_1, x_2, x_3) \quad , \tag{3.7.15c}$$

lautet der lineare Ansatz für die Elemente des Gradientenvektors

$$\frac{\partial V}{\partial x_1} = \alpha_{11}x_1 + \alpha_{12}x_2 + \alpha_{13}x_3 \tag{3.7.16a}$$

$$\frac{\partial V}{\partial x_2} = \alpha_{21}x_1 + \alpha_{22}x_2 + \alpha_{23}x_3 \tag{3.7.16b}$$

$$\frac{\partial V}{\partial x_3} = \alpha_{31}x_1 + \alpha_{32}x_2 + \alpha_{33}x_3 \quad , \tag{3.7.16c}$$

der für Systeme höherer Ordnung nur entsprechend erweitert werden muß. Um sicherzustellen, daß die Funktionen auf der rechten Seite tatsächlich die partiellen Ableitungen einer Funktion $V(\underline{x})$ darstellen, müssen folgende Integrabilitätsbedingungen erfüllt sein:

$$\frac{\partial}{\partial x_i}\left(\frac{\partial V}{\partial x_j}\right) = \frac{\partial}{\partial x_j}\left(\frac{\partial V}{\partial x_i}\right) \quad \text{für } i \neq j \quad . \tag{3.7.17}$$

Diese Bedingungen sind erfüllt, wenn die der Gl.(3.7.16) entsprechende Koeffizientenmatrix mit den Elementen α_{ij} symmetrisch ist. Damit gilt im vorliegenden Fall:

$$\alpha_{12} = \alpha_{21}, \ \alpha_{13} = \alpha_{31} \ \text{und} \ \alpha_{23} = \alpha_{32} \quad .$$

Weiterhin sind diese Bedingungen auch dann noch erfüllt, wenn zugelassen wird, daß die Diagonalelemente α_{ii} dieser Matrix nur von x_i abhängig und damit variabel sind. Somit gilt

$$\alpha_{11} = \alpha_{11}(x_1), \ \alpha_{22} = \alpha_{22}(x_2) \ \text{und} \ \alpha_{33} = \alpha_{33}(x_3) \quad .$$

Das ursprüngliche Gleichungssystem geht dann über in die Form

$$\frac{\partial V}{\partial x_1} = \alpha_{11}(x_1)x_1 + \alpha_{12}x_2 + \alpha_{13}x_3 \tag{3.7.18a}$$

$$\frac{\partial V}{\partial x_2} = \alpha_{12}x_1 + \alpha_{22}(x_2)x_2 + \alpha_{23}x_3 \tag{3.7.18b}$$

$$\frac{\partial V}{\partial x_3} = \alpha_{13}x_1 + \alpha_{23}x_2 + \alpha_{33}(x_3)x_3 \quad . \tag{3.7.18c}$$

Damit hat man einen Ansatz für die Ljapunow-Funktion, der zwar nicht eine allgemeine Form darstellt, aber doch in vielen Fällen zum Ziel führt. Er erfüllt die obigen Integrabilitätsbedingungen; z. B. gilt:

$$\frac{\partial}{\partial x_1}\left(\frac{\partial V}{\partial x_2}\right) = \alpha_{12} \quad \text{und} \quad \frac{\partial}{\partial x_2}\left(\frac{\partial V}{\partial x_1}\right) = \alpha_{12} \quad .$$

Nun kann mit der schon früher verwendeten Beziehung

$$\dot{V}(\underline{x}) = [\nabla V(\underline{x})]^T \, \dot{\underline{x}}$$

die zeitliche Ableitung $\dot{V}(\underline{x})$ gebildet werden. Unter Berücksichtigung von Gl.(3.7.15) ergibt sich

$$\dot{V}(\underline{x}) = \sum_{i=1}^{3} (\alpha_{i1}x_1 + \alpha_{i2}x_2 + \alpha_{i3}x_3) \cdot f_i(x_1,x_2,x_3) \quad . \tag{3.7.19}$$

An dieser Stelle versucht man, die Koeffizienten α_{ij} jetzt so zu wählen, daß $\dot{V}(\underline{x})$ in einem möglichst großen Bereich um den Ursprung $\underline{x} = \underline{0}$ negativ definit oder zumindest negativ semidefinit wird.

Im nächsten Schritt wird aus den partiellen Ableitungen in Gl.(3.7.18) die Funktion $V(\underline{x})$ berechnet. Dazu geht man von dem vollständigen Differential

$$dV = \frac{\partial V}{\partial x_1}\,dx_1 + \frac{\partial V}{\partial x_2}\,dx_2 + \frac{\partial V}{\partial x_3}\,dx_3$$

aus und integriert es z. B. längs des Integrationsweges C, der sich - wie im Bild 3.7.4 dargestellt - aus drei Strecken parallel den Koordinatenachsen zusammensetzt.

Dieses Integral

$$V(\underline{x}) = \int_C \left(\frac{\partial V}{\partial x_1}\,dx_1 + \frac{\partial V}{\partial x_2}\,dx_2 + \frac{\partial V}{\partial x_3}\,dx_3\right) \tag{3.7.20}$$

ist vom Integrationsweg C unabhängig und liefert eine Funktion $V(\underline{x})$, die im Ursprung verschwindet, d. h. $V(\underline{0}) = 0$. Da C in drei Teilstücke zerlegt werden kann, auf denen jeweils zwei Koordinaten konstant sind, ist das Integral, Gl. (3.7.20), als Summe dreier gewöhnlicher Integrale darstellbar:

$$V(\underline{x}) = \int_0^{x_1} \frac{\partial V}{\partial x_1}\bigg|_{(\xi,0,0)} d\xi + \int_0^{x_2} \frac{\partial V}{\partial x_2}\bigg|_{(x_1,\xi,0)} d\xi + \int_0^{x_3} \frac{\partial V}{\partial x_3}\bigg|_{(x_1,x_2,\xi)} d\xi \quad . \tag{3.7.21}$$

Mit Hilfe dieser Beziehung läßt sich $V(\underline{x})$ in vielen Fällen leicht berechnen. Nun muß noch überprüft werden, in welchem Bereich um $\underline{0}$ die gefundene Ljapunow-Funktion $V(\underline{x})$ positiv definit ist. Eventuell noch frei wählbare Koeffizienten α_{ij} sollten dabei so festgelegt werden, daß die-

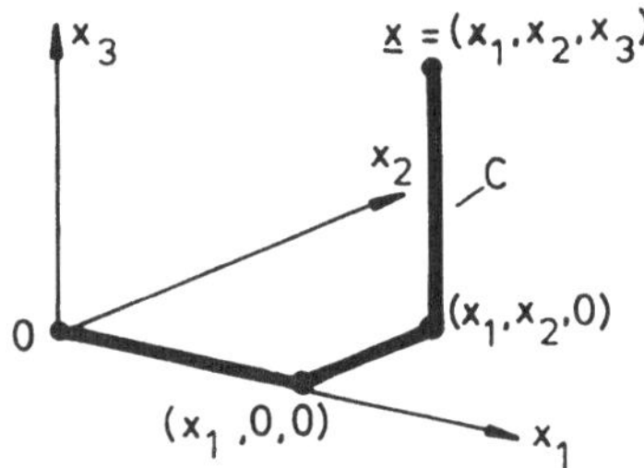

Bild 3.7.4. Integrationsweg zur Integration eines vollständigen Differentials

ser Bereich möglichst groß wird. Man beachte, daß $V(\underline{x})$ meist keine quadratische Form darstellt; es ist jedoch oft möglich, diese Funktion zum Teil auf eine solche Form zu bringen, so daß man ihre Definitheit mit Hilfe des Kriteriums von Sylvester überprüfen kann. Dieses ist auch dann anwendbar, wenn die entsprechende Matrix noch eine Funktion des Zustandsvektors $\underline{x}$ ist.

Beispiel 3.7.2:

Für das System

$$\dot{x}_1 = -x_1 + 2x_1^2 x_2$$

$$\dot{x}_2 = -x_2$$

soll eine Ljapunow-Funktion gefunden werden. Als Ansatz wird gewählt:

$$\frac{\partial V}{\partial x_1} = \alpha_{11}x_1 + \alpha_{12}x_2$$

$$\frac{\partial V}{\partial x_2} = \alpha_{12}x_1 + 2x_2 \quad .$$

Die Ableitung von V liefert dann

$$\dot{V}(\underline{x}) = (\alpha_{11}x_1+\alpha_{12}x_2)\dot{x}_1 + (\alpha_{12}x_1+2x_2)\dot{x}_2$$

$$= (\alpha_{11}x_1+\alpha_{12}x_2)(-x_1+2x_1^2x_2)+(\alpha_{12}x_1+2x_2)(-x_2)$$

$$=-\alpha_{11}x_1^2 + 2\alpha_{11}x_1^3x_2 - \alpha_{12}x_1x_2 + 2\alpha_{12}x_1^2x_2^2 - \alpha_{12}x_1x_2 - 2x_2^2 \quad .$$

Setzt man versuchsweise

$$\alpha_{11} = 1 \quad \text{und} \quad \alpha_{12} = 0 \quad ,$$

dann erhält man

$$\dot{V}(\underline{x}) = - x_1^2 + 2x_1^3x_2 - 2x_2^2 = - x_1^2(1-2x_1x_2) - 2x_2^2 \quad .$$

$\dot{V}(\underline{x})$ ist negativ definit, wenn

$$1 - 2x_1x_2 > 0$$

wird. Somit erhält man für die Elemente des Gradientenvektors

$$\frac{\partial V}{\partial x_1} = x_1$$

$$\frac{\partial V}{\partial x_2} = 2x_2 \quad .$$

Die Integrabilitätsbedingung nach Gl.(3.7.17)

$$\frac{\partial}{\partial x_1}\left(\frac{\partial V}{\partial x_2}\right) = \frac{\partial}{\partial x_2}\left(\frac{\partial V}{\partial x_1}\right) = 0$$

ist erfüllt. Nun kann $V(\underline{x})$ nach Gl.(3.7.21) wie folgt berechnet werden;

$$V(\underline{x}) = \int_0^{x_1} \frac{\partial V}{\partial x_1}\bigg|_{(\xi,0)} d\xi + \int_0^{x_2} \frac{\partial V}{\partial x_2}\bigg|_{(x_1,\xi)} d\xi$$

$$= \int_0^{x_1} x_1\bigg|_{(\xi,0)} d\xi + \int_0^{x_2} 2x_2\bigg|_{(x_1,\xi)} d\xi$$

$$V(\underline{x}) = \frac{x_1^2}{2} + x_2^2 \quad .$$

Aufgrund dieser Ljapunow-Funktion kann festgestellt werden, daß die Ruhelage $x_1 = x_2 = 0$ im Bereich $1 > 2x_1x_2$ asymptotisch stabil ist. Es kann gezeigt werden, daß obige Ljapunow-Funktion nicht die einzige mögliche Funktion ist.

3.7.5. Anwendung der direkten Methode von Ljapunow

Als Beispiel zur Anwendung der direkten Methode von Ljapunow auf einen Regelkreis mit einem nichtlinearen Element soll das im Bild 3.7.5 dargestellte Beispiel behandelt werden. Dieses Beispiel eines Regelkreises mit einer nichtlinearen statischen Kennlinie dient gleichzeitig auch als Überleitung zum Abschnitt 3.8.

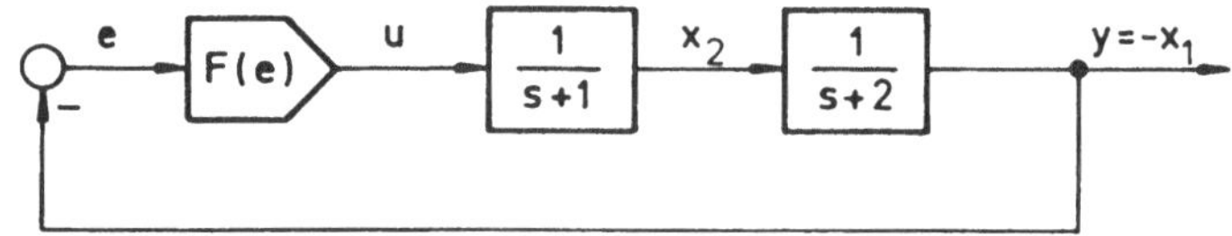

Bild 3.7.5. Nichtlinearer Regelkreis

Über die nichtlineare Kennlinie F(e) soll zunächst keinerlei Aussage gemacht werden. Es wird nun untersucht, für welche Funktionen F(e) dieser Regelkreis eine stabile Ruhelage hat. Dabei ist für die nichtlineare Funktion die Darstellung

$$f(e) = \frac{F(e)}{e} \qquad (3.7.22)$$

zweckmäßig.

Zunächst folgt für den linearen Teil des Regelkreises, hier speziell für die Regelstrecke, aus Bild 3.7.5

$$\dot{y} = -2y + x_2 \quad ,$$

und mit der Zustandsgröße $x_1 = -y$ erhält man

$$\dot{x}_1 = -2x_1 - x_2 \quad .$$

Ebenso ergibt sich für die zweite Zustandsgröße

$$\dot{x}_2 = -x_2 + u \quad .$$

Als Stellgröße folgt

$$u = F(x_1) = f(x_1)\, x_1 \quad .$$

Somit lauten die Zustandsgleichungen für den geschlossenen Regelkreis

$$\dot{x}_1 = -2x_1 - x_2$$

$$\dot{x}_2 = -x_2 + f(x_1)\, x_1 \quad .$$

Man muß nun die Stabilität der Ruhelage $x_1 = x_2 = 0$ dieses Systems untersuchen. Um zur Konstruktion einer Ljapunow-Funktion das Verfahren von Aiserman anwenden zu können, bringt man dieses Gleichungssystem gemäß Gl.(3.7.13) auf die Form

$$\begin{bmatrix} \dot{x}_1 \\ \dot{x}_2 \end{bmatrix} = \begin{bmatrix} -2 & -1 \\ f(x_1) & -1 \end{bmatrix} \begin{bmatrix} x_1 \\ x_2 \end{bmatrix}$$

$$\underline{\dot{x}} = \underline{A}(\underline{x}) \cdot \underline{x} \quad .$$

Nun wird $\underline{A}(\underline{x})$ entsprechend Gl.(3.7.14) aufgespalten, beispielsweise in die beiden Teilmatrizen

$$\underline{A}(\underline{x}) = \begin{bmatrix} -2 & 0 \\ 0 & -1 \end{bmatrix} + \begin{bmatrix} 0 & -1 \\ f(x_1) & 0 \end{bmatrix} = \underline{A}_L + \underline{A}_N(\underline{x}) \quad . \qquad (3.7.23)$$

Für den linearen Anteil $\underline{A}_L$ wird eine quadratische Form $V(\underline{x}) = \underline{x}^T\, \underline{P}\, \underline{x}$ angesetzt und die Matrix $\underline{P}$ aus Gl.(3.7.12) bestimmt, wobei in diesem Fall für $\underline{Q}$ speziell die Matrix

$$\underline{Q}_L = \begin{bmatrix} 4\alpha & 0 \\ 0 & 2 \end{bmatrix}$$

mit einem noch freien Parameter $\alpha > 0$ gewählt werden soll. Gl.(3.7.12) liefert somit

$$\begin{bmatrix} -2 & 0 \\ 0 & -1 \end{bmatrix} \begin{bmatrix} p_{11} & p_{12} \\ p_{12} & p_{22} \end{bmatrix} + \begin{bmatrix} p_{11} & p_{12} \\ p_{12} & p_{22} \end{bmatrix} \begin{bmatrix} -2 & 0 \\ 0 & -1 \end{bmatrix} = \begin{bmatrix} -4\alpha & 0 \\ 0 & -2 \end{bmatrix}$$

oder

$$\begin{bmatrix} -4p_{11} & -3p_{12} \\ -3p_{12} & -2p_{22} \end{bmatrix} = \begin{bmatrix} -4\alpha & 0 \\ 0 & -2 \end{bmatrix} \quad .$$

Durch Gleichsetzen der Elemente werden die Koeffizienten p_{ij} bestimmt:

$$p_{11} = \alpha$$

$$p_{12} = 0$$

$$p_{22} = 1 \quad ,$$

und damit erhält man schließlich die Matrix

$$\underline{P} = \begin{bmatrix} \alpha & 0 \\ 0 & 1 \end{bmatrix} .$$

Diese Matrix ist unter obiger Voraussetzung, $\alpha > 0$, positiv definit; der lineare Anteil $\underline{A}_L$ des Systems ist also stabil, und die Ljapunow-Funktion lautet somit

$$V(\underline{x}) = \underline{x}^T \underline{P}\, \underline{x} = \alpha x_1^2 + x_2^2 \quad . \tag{3.7.24}$$

Nun muß mit der Matrix $\underline{P}$ und der nichtlinearen Systemmatrix $\underline{A}(\underline{x})$ auch die Gl.(3.7.12) mit positiv definitem $\underline{Q}$ erfüllt sein, damit die Ruhelage stabil ist. Man erhält daher mit den Gln.(3.7.12) und (3.7.23)

$$\begin{aligned} -\underline{Q}(\underline{x}) &= \underline{A}^T(\underline{x})\, \underline{P} + \underline{P}\, \underline{A}(\underline{x}) \\ &= [\underline{A}_L^T\, \underline{P} + \underline{P}\, \underline{A}_L] + [\underline{A}_N^T(\underline{x})\, \underline{P} + \underline{P}\, \underline{A}_N(\underline{x})] \\ &= -\underline{Q}_L - \underline{Q}_N(\underline{x}) \quad . \end{aligned}$$

$\underline{Q}_L$ wurde oben bereits gewählt, während $\underline{Q}_N(\underline{x})$ jetzt noch berechnet werden muß. Mit $\underline{A}_N(\underline{x})$ aus Gl.(3.7.23) folgt aus der vorhergehenden Beziehung

$$\begin{bmatrix} 0 & f(x_1) \\ -1 & 0 \end{bmatrix} \begin{bmatrix} \alpha & 0 \\ 0 & 1 \end{bmatrix} + \begin{bmatrix} \alpha & 0 \\ 0 & 1 \end{bmatrix} \begin{bmatrix} 0 & -1 \\ f(x_1) & 0 \end{bmatrix} =$$

$$= \begin{bmatrix} 0 & f(x_1)-\alpha \\ f(x_1)-\alpha & 0 \end{bmatrix} = -\underline{Q}_N(\underline{x}) \quad .$$

Damit erhält man

$$\underline{Q}(\underline{x}) = \begin{bmatrix} 4\alpha & \alpha-f(x_1) \\ \alpha-f(x_1) & 2 \end{bmatrix} .$$

Wegen $\dot{\underline{V}}(\underline{x}) = -\underline{x}^T\underline{Q}(\underline{x})\underline{x}$ entsprechend Gl.(3.7.11) muß nun die Matrix $\underline{Q}(\underline{x})$ positiv definit sein. Mit dem Kriterium von Sylvester läßt sich der Bereich, in dem dies erfüllt ist, ermitteln. Hieraus folgt

$$8\alpha - [\alpha - f(x_1)]^2 > 0$$

oder umgeformt

$$\sqrt{8\alpha} > |\alpha - f(x_1)|$$

$$-\sqrt{8\alpha} < \alpha - f(x_1) < \sqrt{8\alpha} \qquad (3.7.25)$$

$$\alpha - \sqrt{8\alpha} < f(x_1) < \alpha + \sqrt{8\alpha} \quad .$$

Damit wurde ein interessantes Ergebnis erhalten. Es wurde ein Grenzbereich für die Nichtlinearität $f(x_1)$ ermittelt, für den die Ruhelage des geschlossenen Regelkreises global asymptotisch stabil ist; innerhalb dieses Bereiches kann die Nichtlinearität völlig beliebig verlaufen. Wegen Gl.(3.7.22) stellt $f(x_1)$ eine "mittlere" Steigung der nichtlinearen Kennlinie dar, und damit beschreibt Gl.(3.7.25) einen Sektor, der durch zwei Ursprungsgeraden g_1 und g_2 abgegrenzt ist und in dem die Kennlinie $u = F(x_1)$ $[=F(e)]$ verlaufen muß, wie Bild 3.7.6 zeigt.

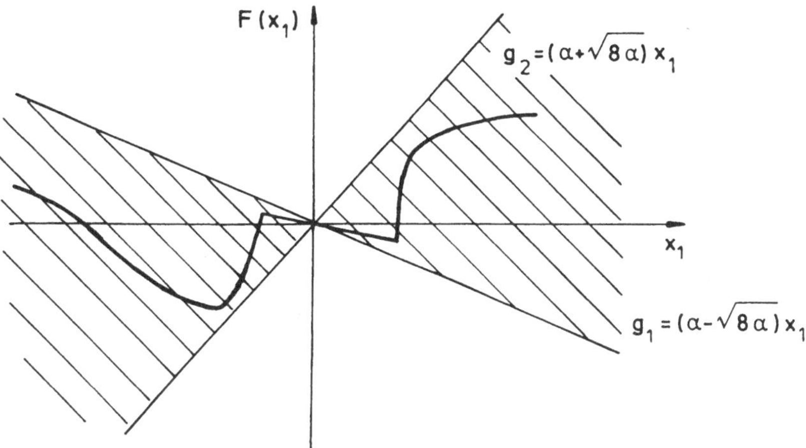

Bild 3.7.6. Erlaubter Bereich der nichtlinearen Kennlinie $u = F(x_1)$ bei globaler asymptotischer Stabilität des Regelkreises nach Bild 3.7.5

Dieses Ergebnis soll noch etwas ausführlicher diskutiert werden. Durch den Parameter α hat man die Möglichkeit, den Sektor für die Kennlinie zu variieren, ihn z. B. an einen gegebenen Verlauf $F(x_1)$ anzupassen.

Zunächst sieht man, daß die Steigung der unteren Grenzgeraden auch negativ werden kann. Um hier den Extremwert zu finden, bildet man

$$\frac{d}{d\alpha}(\alpha-\sqrt{8\alpha}) = 0$$

also

$$1 - \frac{\sqrt{2}}{\sqrt{\alpha}} = 0$$

und erhält daraus

$$\alpha = 2 \quad .$$

Für diesen Fall ist die Gleichung der unteren Grenzgeraden

$$g_1 = -2x_1 \quad ;$$

die der oberen Grenzgeraden lautet:

$$g_2 = 6x_1 \quad .$$

Bild 3.7.7a zeigt diesen Bereich mit einer zulässigen nichtlinearen Kennlinie. Sie darf den Bereich nicht verlassen, da sonst die Stabilität nicht mehr global wäre.

Ein weiterer Sonderfall liegt vor, wenn die untere Grenzgerade die Steigung Null hat. Dies führt mit der Beziehung (3.7.25) auf

$$\alpha = 8$$

und damit

$$g_2 = 16x_1 \quad .$$

Diesen Sektor zeigt Bild 3.7.7b mit einer entsprechenden Kennlinie.

Bei größeren Werten von α haben beide Grenzgeraden positive Steigung, die mit wachsendem α immer größer wird. Für $\alpha \to \infty$ fallen beide Geraden mit der Ordinate zusammen. Dies bedeutet, daß der geschlossene Regelkreis auch mit einer unendlich großen Verstärkung stabil ist.

Wenn man als Kennlinie $F(x_1)$ eine Gerade mit der Steigung K verwendet, so entspricht dies einem Proportionalglied mit der Verstärkung K. Der lineare Fall ist also hier mit enthalten, und aus der Beziehung (3.7.25) folgt mit den obigen Überlegungen, daß der lineare Regelkreis global asymptotisch stabil ist, für alle K im Bereich

$$-2 < K < \infty \quad . \tag{3.7.26}$$

Das gleiche Ergebnis kann man auch durch Anwendung des Hurwitz-Kriteriums auf das charakteristische Polynom des geschlossenen Regelkreises erhalten. Man nennt den durch die Ungleichung (3.7.26) definierten Sektor auch *Hurwitz-Sektor*. Es ist der größtmögliche Bereich, in dem lineare Kennlinien verlaufen dürfen, so daß globale asymptotische Stabilität im geschlossenen Regelkreis herrscht.

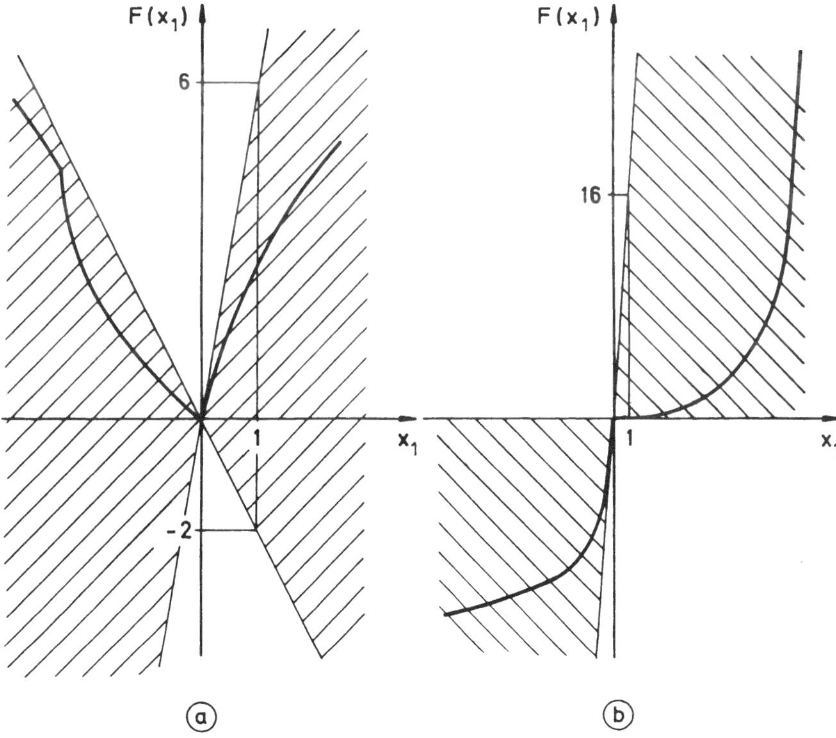

Bild 3.7.7. Mögliche stabile Sektoren für $F(x_1)$ mit der Ljapunow-Funktion nach Gl.(3.7.24) mit $\alpha = 2$ (a) und $\alpha = 8$ (b)

Die Sektoren, die sich mit Hilfe der Ljapunow-Funktion ergeben, sind immer kleiner als der Hurwitz-Sektor. Man kann vermuten, daß der geschlossene Regelkreis auch für beliebige nichtlineare Funktionen, die innerhalb des Hurwitz-Sektors verlaufen, stabil ist (*Aisermansche Vermutung* [3.20]). Dies läßt sich aber mit der gewählten Ljapunow-Funktion nicht nachweisen. Hier stößt man an die Grenzen der direkten Methode, die darin begründet sind, daß es sich bei den Stabilitätssätzen immer um *hinreichende* Bedingungen handelt und daß notwendige Bedingungen nicht existieren. Somit hängt der Erfolg sehr stark von einer geschickten Wahl von $V(\underline{x})$ ab. Dies zeigt dieses Beispiel sehr anschaulich. Obwohl bei beiden in Bild 3.7.7 gezeigten Kennlinien Stabilität herrscht, ist es im Fall (a) nur mit $\alpha = 2$ und im Fall (b) nur mit $\alpha = 8$ möglich, die Stabilität mit Hilfe der gewählten Ljapunow-Funktion nachzuweisen.

3.8. Das Stabilitätskriterium von Popov

Die direkte Methode von Ljapunow geht von den Differentialgleichungen des Systems aus und ist damit ein Verfahren im Zeitbereich. Die Untersuchung der Stabilität im Frequenzbereich, die bei linearen Systemen sehr einfach ist (z. B. mit Hilfe des Nyquist-Kriteriums), erscheint bei nichtlinearen Systemen zunächst nicht möglich, da hier die Fourier- und Laplace-Transformation nicht anwendbar sind. Zwar sind Näherungsverfahren wie die Harmonische Balance durchaus brauchbar, doch liefert speziell dieses Verfahren keine direkte Aussage über die Stabilität der Ruhelage, außerdem ist es nur unter bestimmten Voraussetzungen anwendbar.

Nun ist es naheliegend, bei einem nichtlinearen Regelkreis den linearen Systemteil mit der Übertragungsfunktion G(s) vom nichtlinearen abzuspalten. Dabei ist der Fall eines Regelkreises mit einer statischen Nichtlinearität entsprechend Bild 3.8.1 von besonderer Bedeutung. Für

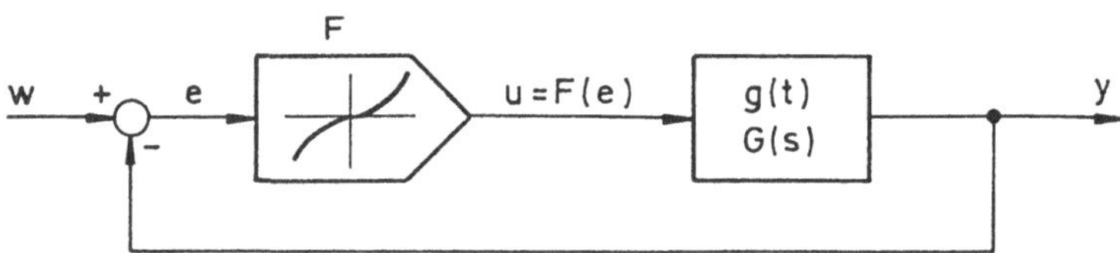

Bild 3.8.1. Standardregelkreis mit einer statischen Nichtlinearität

diesen Fall wurde von V. Popov [3.21; 3.22] ein Stabilitätskriterium angegeben, das anhand des Frequenzgangs $G(j\omega)$ des linearen Systemteils ohne Verwendung von Näherungen eine hinreichende Bedingung für die Stabilität liefert.

3.8.1. Absolute Stabilität

Bei der Diskussion des Beispiels im Abschnitt 3.7.5, das genau die Struktur des Standardregelkreises nach Bild 3.8.1 aufweist, wurde gezeigt, daß es auf die genaue Form der nichtlinearen Kennlinie überhaupt nicht ankommt. Die Stabilitätsuntersuchung mit Hilfe der direkten Methode nach Ljapunow führte zur Definition eines Grenzbereichs, in dem die nichtlineare Kennlinie verlaufen muß. Dieser Bereich wird durch zwei Geraden begrenzt, deren Steigung K_1 und $K_2 > K_1$ sei (Bild 3.8.2).

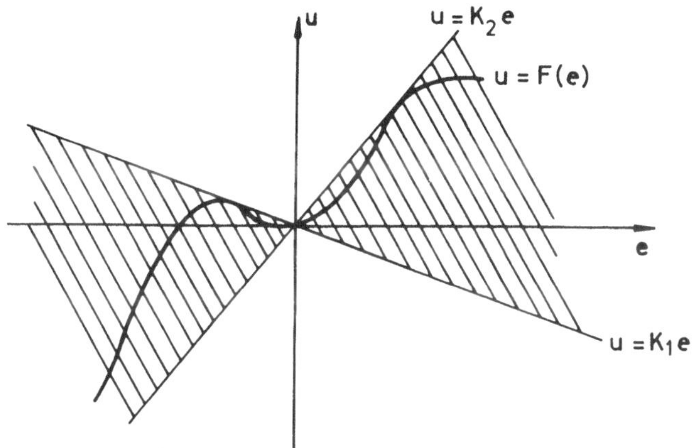

Bild 3.8.2. Zur Definition der absoluten Stabilität

Man bezeichnet ihn als *Sektor* $[K_1, K_2]$. Es gilt also für eine Kennlinie, die in dem Sektor $[K_1, K_2]$ liegt ähnlich wie in Gl.(3.7.25)

$$K_1 < \frac{F(e)}{e} < K_2 \quad , \qquad e \neq 0 \quad .$$

Diese Kennlinie geht außerdem durch den Ursprung ($F(0) = 0$) und sei im übrigen eindeutig und stückweise stetig. Unter diesen Bedingungen ist folgende Definition der Stabilität des betrachteten nichtlinearen Regelkreises zweckmäßig:

Definition: *Absolute Stabilität*

> Der nichtlineare Regelkreis in Bild 3.8.1 heißt *absolut stabil* im Sektor $[K_1, K_2]$, wenn es für jede Kennlinie $F(e)$, die vollständig innerhalb dieses Sektors verläuft, eine global asymptotisch stabile Ruhelage des geschlossenen Regelkreises gibt.

Zur Vereinfachung ist es zweckmäßig, den Sektor $[K_1, K_2]$ auf einen Sektor $[0, K]$ zu transformieren. Dies geschieht am einfachsten anhand des Blockschaltbildes entsprechend Bild 3.8.3. Da zwischen den beiden Blöcken $F(e)$ und $G(s)$ das gleiche Signal addiert und subtrahiert wird (man beachte, daß $e = -y$ gilt!), ändert sich am Verhalten des geschlossenen Regelkreises gegenüber Bild 3.8.1 nichts. Anstelle von $F(e)$ und $G(s)$

kann also auch F'(e) und G'(s) verwendet werden. Aus Bild 3.8.3 ergeben sich unmittelbar die Beziehungen

$$F'(e) = F(e) - K_1 e \tag{3.8.1}$$

und

$$G'(s) = \frac{G(s)}{1 + K_1 G(s)} \quad . \tag{3.8.2}$$

F'(e) verläuft nun in dem Sektor [O, K], wobei

$$K = K_2 - K_1 \tag{3.8.3}$$

ist. Da eine solche Transformation für $w = 0$ immer möglich ist, bedeutet es keine Einschränkung, wenn im folgenden nur noch der Sektor [O, K] betrachtet wird. Für die weiteren Überlegungen wird davon ausgegangen,

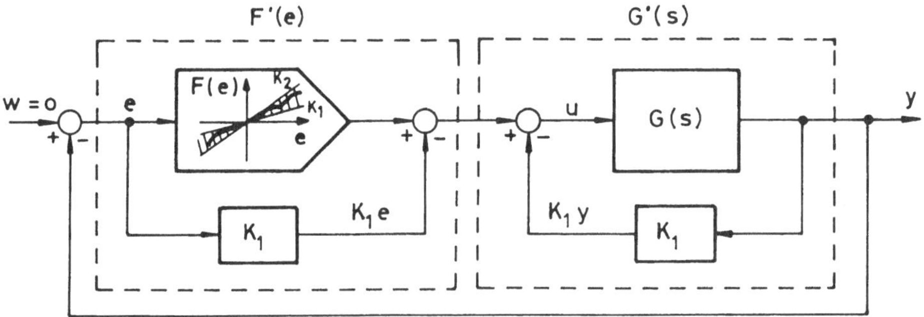

Bild 3.8.3. Transformation von F(e) auf den Sektor [O, K]

daß diese Transformation bereits durchgeführt ist, wobei jedoch nicht die Bezeichnungen F'(e) und G'(s) verwendet werden sollen, sondern der Einfachheit halber F(e) und G(s) beibehalten werden.

3.8.2. Formulierung des Popov-Kriteriums

Das Popov-Kriterium liefert eine Aussage über die absolute Stabilität des Standardregelkreises gemäß Bild 3.8.1. Dabei sei G(s) eine gebrochen rationale Übertragungsfunktion der Form

$$G(s) = \frac{b_o + b_1 s + \ldots + b_m s^m}{a_o + a_1 s + \ldots + s^n} \qquad m < n \quad , \tag{3.8.4}$$

die keine Pole mit positivem Realteil enthalten darf. Der offene Regelkreis muß also stabil sein, und es sollen zunächst auch Pole mit verschwindendem Realteil ausgeschlossen werden. Weiterhin wird im Falle $b_o/a_o \neq 1$ die Verstärkung zweckmäßigerweise der Nichtlinearität F(e) zugerechnet. Wie bereits oben erwähnt, muß die Nichtlinearität F(e) eindeutig und stückweise stetig sein und durch den Nullpunkt gehen. Dann gilt das

Popov-Kriterium:

> Der Regelkreis nach Bild 3.8.1 ist absolut stabil im Sektor [0, K], falls eine beliebige reelle Zahl q existiert, so daß für alle $\omega \geqq 0$ die *Popov-Ungleichung*
>
> $$\mathrm{Re}\,[(1+j\omega q)\;G(j\omega)] + \frac{1}{K} > 0 \qquad (3.8.5)$$
>
> erfüllt ist.

Dabei ist zu beachten, daß es sich hier, ebenso wie bei der direkten Methode von Ljapunow, um eine *hinreichende* Bedingung handelt. Man kann dieses Kriterium tatsächlich anhand einer geeigneten Ljapunow-Funktion beweisen, doch soll darauf hier nicht eingegangen werden. Der Beweis ist für die praktische Anwendung im übrigen auch nicht wesentlich.

Ehe nun die Auswertung der Popov-Ungleichung diskutiert wird, soll noch der Fall betrachtet werden, daß das lineare Teilsystem Pole auf der imaginären Achse aufweist. Da der Sektor [0, K] auch die Möglichkeit zuläßt, daß $F(e) \rightarrow 0$ und somit $u \approx 0$ wird, entspricht dies der Untersuchung des Stabilitätsverhaltens des linearen Teilsystems. Absolute Stabilität im Sektor [0, K] setzt jedoch voraus, daß dann im vorliegenden Fall das lineare Teilsystem asymptotisch stabil ist. Dies ist aber beim Vorhandensein von Polen auf der imaginären Achse nicht mehr der Fall. Deshalb muß der Fall $F(e) = 0$ ausgeschlossen werden, indem man als untere Sektorgrenze eine Gerade mit beliebig kleiner positiver Steigung γ benutzt, also den Sektor $[\gamma, K]$ betrachtet. Damit gilt das Popov-Kriterium auch für diese Systeme, wobei aber nun noch gefordert werden muß, daß der geschlossene Regelkreis mit der Verstärkung γ (linearer Fall) asymptotisch stabil ist.

3.8.3. Geometrische Auswertung der Popov-Ungleichung

Die Auswertung der Popov-Ungleichung kann *rechnerisch* oder *geometrisch* durchgeführt werden. Ist die nichtlineare Kennlinie F(e) gegeben, so kann man die Sektorgrenze K unmittelbar ablesen und in Gl. (3.8.5) einsetzen. Dann muß nur noch ein passender Wert für q gefunden werden, der für alle $\omega \geqq 0$ diese Ungleichung erfüllt. Will man dagegen beispielsweise ein möglichst großes K bestimmen, dann muß die Popov-Ungleichung mit zwei Unbekannten q und K gelöst werden. Dies ist bei niedriger Ordnung von $G(j\omega)$ keine schwierige Aufgabe. Nachfolgend soll jedoch eine geometrische Interpretation des Popov-Kriteriums diskutiert werden, die sich auf die Frequenzgang-Ortskurve stützt.

Schreibt man die Popov-Ungleichung in der Form

$$\text{Re}\,[G(j\omega)] + q\,\text{Re}\,[j\omega G(j\omega)] + \frac{1}{K} > 0 \quad ,$$

so ergibt sich mit

$$j\omega G(j\omega) = j\omega\,\text{Re}\,[G(j\omega)] - \omega\,\text{Im}\,[G(j\omega)]$$

die Darstellung

$$\text{Re}\,[G(j\omega)] - q\omega\,\text{Im}\,[G(j\omega)] + \frac{1}{K} > 0 \quad . \tag{3.8.6}$$

Nun definiert man $\text{Re}\,[G(j\omega)]$ als Realteil und $\omega\,\text{Im}\,[G(j\omega)]$ als Imaginärteil einer modifizierten Ortskurve, der sogenannten *Popov-Ortskurve*, die demnach beschrieben wird durch

$$G^*(j\omega) = \text{Re}\,[G(j\omega)] + j\omega\,\text{Im}\,[G(j\omega)] = X + jY \quad . \tag{3.8.7}$$

Indem man nun allgemeine Koordinaten X und Y für den Real- und Imaginärteil von $G^*(j\omega)$ ansetzt, erhält man aus der Ungleichung (3.8.6) die Beziehung

$$X - qY + \frac{1}{K} > 0 \quad . \tag{3.8.8}$$

Diese Ungleichung wird durch alle Punkte der (X,Y)-Ebene erfüllt, die rechts von einer Grenzlinie mit der Gleichung

$$X - qY + \frac{1}{K} = 0 \tag{3.8.9}$$

liegen, wie man durch Einsetzen eines beliebigen Punktes leicht sieht. Diese Grenzlinie ist eine Gerade. Durch Auflösen der Gl.(3.8.9) nach Y,

$$Y = \frac{1}{q}\,(X + \frac{1}{K}) \tag{3.8.10}$$

sieht man, daß ihre Steigung 1/q beträgt und der Schnittpunkt mit der X-Achse bei -1/K liegt. Man nennt diese Gerade die *Popov-Gerade*. Ein Vergleich der Beziehung (3.8.6) mit dieser Geradengleichung, Gl. (3.8.9), zeigt, daß das Popov-Kriterium genau dann erfüllt ist, wenn die Popov-Ortskurve, definiert durch Gl.(3.8.7), in einem gemeinsamen

Diagramm dargestellt, vollständig rechts der Popov-Geraden verläuft.

Diese Zusammenhänge sind in Bild 3.8.4 dargestellt. Daraus ergibt sich

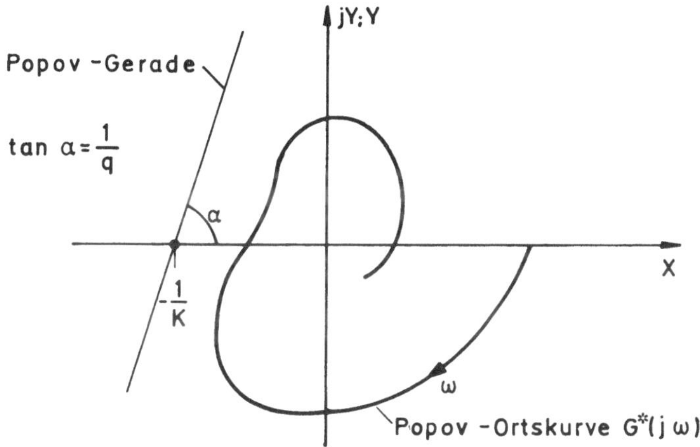

Bild 3.8.4. Zur geometrischen Auswertung des Popov-Kriteriums

folgendes Vorgehen bei der Anwendung des Popov-Kriteriums:

1. Man zeichnet gemäß Gl.(3.8.7) die Popov-Ortskurve $G^*(j\omega)$, die sich unmittelbar aus der Frequenzgang-Ortskurve des linearen Teilsystems ergibt, in der X, jY-Ebene.

2a. Ist K gegeben, so versucht man, eine Gerade durch den Punkt $-1/K$ auf der X-Achse zu legen, mit einer solchen Steigung $1/q$, daß die Popov-Gerade vollständig links der Popov-Ortskurve liegt. Gelingt dies, so ist der Regelkreis absolut stabil. Gelingt es nicht, so ist keine Aussage möglich.

Hier zeigt sich die Verwandtschaft zum Nyquist-Kriterium, bei dem zumindest der kritische Punkt -1 der reellen Achse ebenfalls links der Ortskurve liegen muß.

Oft stellt sich auch die Aufgabe, den größten Sektor $[0, K_{krit}]$ der absoluten Stabilität zu ermitteln. Dann wird der zweite Schritt entsprechend modifiziert:

2b. Man legt eine Tangente von links so an die Popov-Ortskurve, daß der Schnittpunkt mit der X-Achse möglichst weit rechts liegt. Dies ergibt die maximale obere Grenze K_{krit}. Man nennt diese Tangente auch die *kritische Popov-Gerade* (Bild 3.8.5).

Der maximale Sektor $[0, K_{krit}]$ wird als *Popov-Sektor* bezeichnet. Da das Popov-Kriterium nur eine hinreichende Stabilitätsbedingung liefert, ist es durchaus möglich, daß der maximale Sektor der absoluten Stabilität größer als der Popov-Sektor ist. Er kann jedoch nicht größer sein als der *Hurwitz-Sektor* $[0, K_H]$, der durch die maximale Verstärkung K_H des entsprechenden linearen Regelkreises begrenzt wird und der sich nach Nyquist aus dem Schnittpunkt der Ortskurve mit der X-Achse ergibt, wie Bild 3.8.5 zeigt. Man beachte dabei, daß die Realteile von Frequenzgang- und Popov-Ortskurve identisch sind, wie leicht aus Gl.(3.8.7) ersichtlich ist.

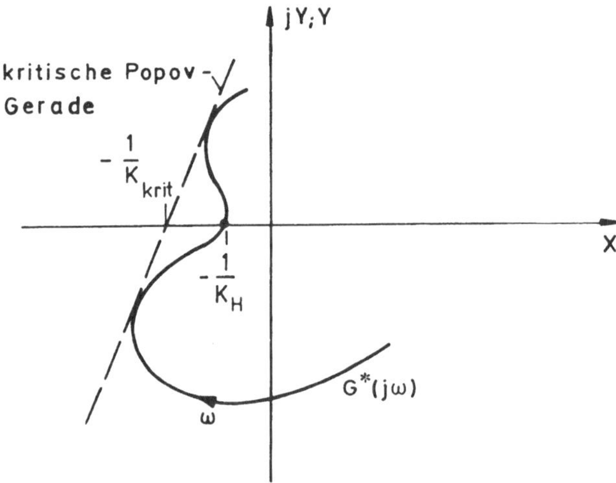

Bild 3.8.5. Ermittlung des maximalen Wertes K_{krit}, der das Popov-Kriterium noch erfüllt

Die *Aisermansche Vermutung*, die in Abschnitt 3.7.5 schon erwähnt wurde, besagt übrigens, daß der Sektor der absoluten Stabilität mit dem Hurwitz-Sektor identisch ist. Dies läßt sich mit dem Popov-Kriterium nur dann beweisen, wenn der Popov-Sektor gerade mit dem Hurwitz-Sektor übereinstimmt. Für den im Bild 3.8.5 dargestellten Fall ist dieser Beweis allerdings nicht möglich; es gibt bisher aber auch keine Methode, das Gegenteil zu beweisen. Allerdings lassen sich auch Gegenbeispiele zur Aisermanschen Vermutung aufführen.

Besitzt G(s) eine Totzeit T_t, dann läßt sich ebenfalls das Popov-Kriterium anwenden. Dabei muß allerdings für q ein positiver Wert ermittelt werden. Außerdem muß F(e) stetig sein.

Zum Schluß sollen die Vorteile des Popov-Kriteriums noch einmal zusammengestellt werden.

1. Die geometrische Auswertung erfordert keine analytische Beschreibung des Regelsystems. Ein punktweise gemessener Frequenzgang des linearen Systemteils genügt hierfür.
2. Es werden keine Näherungen verwendet.
3. Das Kriterium ist im Vergleich zur direkten Methode von Ljapunow sehr einfach anwendbar.
4. Die genaue Form der nichtlinearen Kennlinie ist ohne Bedeutung.

3.8.4. Anwendung des Popov-Kriteriums

Noch einmal soll das im Abschnitt 3.7.5 behandelte Beispiel betrachtet werden, bei dem es mit Hilfe einer Ljapunow-Funktion von quadratischer Form gelungen war, für lineare Kennlinien asymptotische Stabilität im Bereich $-2 < K < \infty$ nachzuweisen. Allerdings war es noch nicht möglich, für diesen Hurwitz-Sektor auch absolute Stabilität zu beweisen, obwohl diese Vermutung naheliegt.

Die Übertragungsfunktion des linearen Teilsystems gemäß Bild 3.7.5 lautet

$$G(s) = \frac{1}{(s+1)(s+2)} = \frac{1}{s^2 + 3s + 2} \quad . \tag{3.8.11}$$

Bild 3.8.6a zeigt die Ortskurve des Frequenzgangs $G(j\omega)$ sowie die Popov-Ortskurve $G^*(j\omega)$. Wegen Gl. (3.8.7) gilt allgemein, daß sich beide Ortskurven bei $\omega = 1$ schneiden. Für $\omega < 1$ liegen die Punkte der Popov-Ortskurve oberhalb, für $\omega > 1$ unterhalb der entsprechenden Punkte der Frequenzgang-Ortskurve bei jeweils gleichen ω-Werten.

Zur Untersuchung der absoluten Stabilität in dem genannten Sektor muß man zuerst die in Abschnitt 3.8.1 beschriebene Transformation durchführen, die die untere Grenzgerade in die Abszisse $(u = 0)$ überführt. Es ist also entsprechend Gl. (3.8.2) das transformierte System

$$G'(s) = \frac{G(s)}{1 + K_1 G(s)}$$

zu betrachten, das mit $K_1 = -2$ die Übertragungsfunktion

$$G'(s) = \frac{1}{s^2 + 3s} = \frac{1}{s(s+3)} \tag{3.8.12}$$

annimmt. Der Frequenzgang lautet

$$G'(j\omega) = \frac{1}{-\omega^2 + 3j\omega} ,$$

oder nach Aufspalten in Real- und Imaginärteil

$$G'(j\omega) = \frac{-\omega^2}{\omega^4 + 9\omega^2} - j\,\frac{3\omega}{\omega^4 + 9\omega^2} .$$

Für die Popov-Ortskurve erhält man durch Multiplikation des Imaginärteils mit ω entsprechend Gl.(3.8.7)

$$G'^{*}(j\omega) = -\frac{1}{\omega^2 + 9} - 3j\,\frac{1}{\omega^2 + 9} . \qquad (3.8.13)$$

Da sich Real- und Imaginärteil dieser Funktion nur durch den Proportionalitätsfaktor 3 unterscheiden, sieht man sofort, daß die Popov-Ortskurve in der komplexen Ebene auf einer Ursprungsgeraden mit der Steigung 3 liegt. Bild 3.8.6b zeigt die beiden Ortskurven.

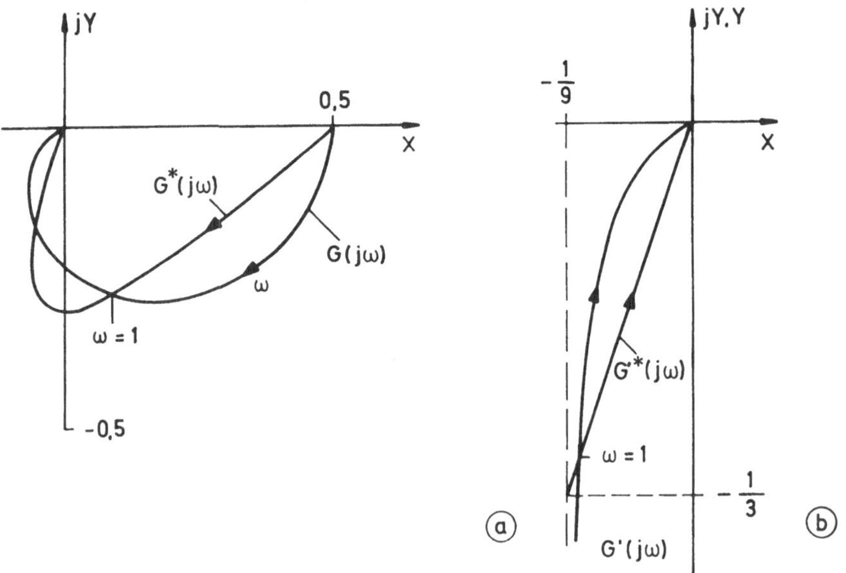

Bild 3.8.6. Frequenzgang-Ortskurve $G(j\omega)$ und Popov-Ortskurve $G^{*}(j\omega)$ des Systems gemäß Gl.(3.8.11) (a) und des transformierten Systems nach Gl.(3.8.12) (b)

Nun sind zwei Beobachtungen von Bedeutung:

a) Das transformierte System $G'(s)$ besitzt einen Pol bei $s = 0$, ist also selbst nicht asymptotisch stabil. Man kann daher nur für einen Sektor $[\gamma, K]$ mit beliebig kleinem $\gamma > 0$ absolute Stabilität nachweisen. Das bedeutet in bezug auf das ursprüngliche System, daß der Wert $K_1 = -2$ nicht mehr zum Sektor der absoluten Stabilität gehört.

b) Aus Bild 3.8.6b ergibt sich, daß jede Gerade mit einer Steigung $1/q < 3$, die die negative reelle Achse schneidet, als Popov-Gerade geeignet ist. Der Schnittpunkt darf beliebig nahe am Ursprung liegen, ohne daß die Popov-Ungleichung verletzt ist, d. h. $1/K \to 0$ bzw. $K \to \infty$.

Damit wurde als Popov-Sektor der Sektor $[\gamma, K]$ mit $K \to \infty$ ermittelt. Man kann zeigen, daß für diesen Fall der Popov-Sektor auch als offener Sektor $(0, \infty)$ darstellbar ist, d. h. für das transformierte System gilt somit

$$0 < \frac{F'(e)}{e} < \infty \quad .$$

Diese Unterscheidung hat jedoch nur eine mathematische Bedeutung im Zusammenhang mit dem Beweis des Kriteriums. Für die praktische Anwendung ist der Unterschied unwesentlich.

Nach der Rücktransformation auf das ursprüngliche System ergibt sich der neue Sektor $(-2, \infty)$ oder

$$-2 < \frac{F(e)}{e} < \infty \quad .$$

Mit Hilfe des Popov-Kriteriums ist es also gelungen, für dieses Beispiel nachzuweisen, daß der maximale Sektor der absoluten Stabilität mit dem Hurwitz-Sektor (vgl. die Beziehung (3.7.26)) identisch ist.

Literatur

[1.1] Freund, E.: Zeitvariable Mehrgrößensysteme. Springer-Verlag, Berlin 1971.

[1.2] Rosenbrock, H.: Computer-aided control system design. Academic Press, London 1974.

[1.3] Csaki, F.: Die Zustandsraum-Methode in der Regelungstechnik. VDI-Verlag, Düsseldorf 1973.

[1.4] Kalman, R.: On the general theory of control systems. Proceed. 1rst IFAC-Congress, Moskau 1960, Bd. 1, S. 481-492; Butterworth, London und R. Oldenbourg-Verlag, München 1961.

[1.5] Zielke, G.: Numerische Berechnung von benachbarten inversen Matrizen und linearen Gleichungssystemen. Vieweg-Verlag, Braunschweig 1970.

[1.6] Wonham, W.: On pole assignment in multi-input controllable linear systems. IEEE Trans. Automatic Control, AC-12 (1967), S. 660-665.

[1.7] Brogan, W.: Applications of a determinant identity to pole-placement and observer problems. IEEE Trans. Automatic Control, AC-19 (1974), S. 612-614.

[1.8] Chen, C.: Introduction to linear systems. Verlag Holt, Rinehart and Winston, New York 1970.

[1.9] Ackermann, J.: Entwurf durch Polvorgabe. Regelungstechnik 25 (1977), S. 173-179 und S. 209-215.

[1.10] Schmid, Chr.: KEDDC a computer-aided analysis and design package for control systems. Proceed. 1982 American Control conference, Arlington, USA, S. 211-212.

[1.11] Luenberger, D.: An introduction to observers. IEEE Trans. Automatic Control, AC-16 (1971), S. 596-602.

[1.12] Grübel, G.: Beobachter zur Reglersynthese. Habilitationsschrift Ruhr-Universität, Bochum 1977.

[2.1] Doetsch, G.: Anleitung zum praktischen Gebrauch der Laplace-Transformation und der z-Transformation. 3. Aufl. R. Oldenbourg-Verlag, München 1967.

[2.2] Jury, E.: Theory and application of the z-transform method. Verlag John Wiley & Sons Inc., New York 1964.

[2.3] Tou, T.: Digital and sampled-data control systems. Verlag McGraw-Hill, New York 1959.

[2.4] Zypkin, S.: Theorie der linearen Impulssysteme. R. Oldenbourg-Verlag, München 1967.

[2.5] Tustin, A.: Method of analysing the behaviour of linear systems in terms of time series. JIEE 94 (1947), II-A, S. 130-142.

[2.6] Ackermann, J.: Abtastregelung. Springer-Verlag, Berlin 1972.

[2.7] Föllinger, O.: Lineare Abtastsysteme. R. Oldenbourg-Verlag, München 1982.

[2.8] Takahashi, Y., C. Chan und D. Auslander: Parametereinstellung bei linearen DDC-Algorithmen. Regelungstechnik 19 (1971), S. 237-244.

[2.9] Böttiger, F.: Untersuchung von Kompensationsalgorithmen für die direkte digitale Regelung. Kernforschungszentrum Karlsruhe GmbH. PDV-Bericht KfK-PDV 146 (1978).

[3.1] Unbehauen, H.: Stabilität und Regelgüte linearer und nichtlinearer Regler in einschleifigen Regelkreisen bei verschiedenen Streckentypen mit P- und I-Verhalten. Fortschr. Ber. VDI-Z. Reihe 8, Nr. 13, VDI-Verlag Düsseldorf 1970.

[3.2] Atherton, D.: Nonlinear control engineering. Verlag van Nostrand, London 1981.

[3.3] Gelb, A. und W. van der Velde: Multiple-input describing functions and nonlinear system design. Verlag McGraw-Hill, New York 1968.

[3.4] Gibson, H.: Nonlinear automatic control. Verlag McGraw-Hill, New York 1963.

[3.5] Föllinger, O.: Nichtlineare Regelung I. R. Oldenbourg-Verlag, München 1978.

[3.6] Göldner, K.: Nichtlineare Systeme der Regelungstechnik. Verlag Technik, Berlin 1973.

[3.7] Starkermann, R.: Die harmonische Linearisierung, Bd. I und II. BI-Taschenbücher. Bibliographisches Institut Mannheim 1969.

[3.8] Gille, J., M. Pelegrin und P. Decaulne: Lehrgang der Regelungstechnik, Bd. I (S. 415), R. Oldenbourg-Verlag, München 1960.

[3.9] Feldbaum, A.: Rechengeräte in automatischen Systemen. R. Oldenbourg-Verlag, München 1962.

[3.10] Boltjanski, W.: Mathematische Methoden der Optimierung. C. Hauser-Verlag, München 1972.

[3.11] Föllinger, O.: Nichtlineare Regelung II. R. Oldenbourg-Verlag, München 1980.

[3.12] Hahn, W.: Theorie und Anwendung der direkten Methode von Ljapunow. Springer-Verlag, Berlin 1959.

[3.13] Schäfer, W.: Theoretische Grundlagen der Stabilität technischer Systeme. Akademie-Verlag, Berlin 1976.

[3.14] Willems, J.: Stabilität dynamischer Systeme. R. Oldenbourg-Verlag, München 1973.

[3.15] Parks, P. und V. Hahn: Stabilitätstheorie. Springer-Verlag, Berlin 1981.

[3.16] La Salle, J. und S. Lefschetz: Die Stabilitätstheorie von Ljapunow. BI-Taschenbuch. Bibliographisches Institut, Mannheim 1967.

[3.17] Zurmühl, R.: Matrizen und ihre technischen Anwendungen. (4. Aufl., Abschn. 11.2). Springer-Verlag, Berlin 1964.

[3.18] Aiserman, M. und F. Gantmacher: Die absolute Stabilität von Regelsystemen. R. Oldenbourg-Verlag, München 1965.

[3.19] Schultz, D. und J. Gibson: The variable gradient method for generating Ljapunow functions. Trans. AIEE 81, II (1962), S. 203-210.

[3.20] Aiserman, M.: Über ein Problem der Stabilität "im Großen" bei dynamischen Systemen (russ.) Usp. mat. nauk. 4 (1949), S. 187-188.

[3.21] Popov, V.: Absolute stability of nonlinear systems of automatic control. Automation and Remote Control 22 (1961), S. 961-978.

[3.22] Desoer, C.: A generalisation of the Popov criterion. IEEE Trans. Automatic Control, AC-10 (1965), S. 182-185.

Sachverzeichnis

A

B

C

D

E

F

G

H

I

J

K

L

M

N

O

P

Q

R

S

T

U

V

W

Z